胡 泽◎编著

数字声频技术应用

ShuZi ShengPin
JiShu
YingYong

CUCP 中国传媒大学出版社
· 北京 ·

数字声频技术应用

数字声频技术是20世纪50年代发展起来的音频相关技术。本书主要涉及音频信号由模拟到数字的转换、音频信号的压缩编码、传输、重放等方面的内容。重点阐述模拟信号转换成数字信号的PCM技术,包括采样、量化、编码等基础知识;相关的纠错、检错方法;无损压缩技术、有损压缩技术;音频存储技术以及数字音频技术在计算机、互联网等方面的应用和该技术的一些最新发展动态等。

目　录

1 模拟音频信号的数字化技术

1.1 声音与数字

本章节包括声音的基本知识、数字基础两大部分,明确声音的产生和传播、声压和声压级以及数制、二进制编码等内容,了解数字和模拟之间的本质区别,掌握声音在数字化之后的优势所在。

1.1.1 关于声音的基本知识

1.1.1.1 声音的产生与传播

振动系统在振动过程中,如果与介质发生耦合,振动能量就会通过介质以波的形式进行传播、辐射。波是振动的传播,说得再确切一些,是振动状态的传播,即振动方向、振动位相或振动能量的传播。需要特别指出的是,波的传播并不是介质或物理量本身的向前运动。波的四个要素即振幅、位相、(振动的)频率、波的传播速度或波长。机械振动的传播,即物质质点位置振动的传播,叫作机械波(Mechanic Wave),如水波、声波、地震波等。机械波要通过介质传播。我们讨论的声波就是其中的一种。

声波从本质上来说就是机械振动产生之后其能量在介质中传播的过程。声波的产生必须具备两个条件,一是振动物体即声源,二是传输介质。声波在传输过程中介质或物理量的振动方向与波的传播方向相同,因此被叫作纵波,也叫疏密波或压缩波。

声波的传输一定需要介质的存在,如果没有介质存在的话,声波将不能进行传输。而且介质的性质也会对声波的传播产生影响,如声波的传输速度在不同的介质中是不同的。例如,在空气介质中,声波的传输速度在常温下(20℃时)为 343 m/s。表 1-1-1 列出了一些介质中的声波传输速度,即声速。

表 1-1-1　声波在不同介质中的传播速度

介质	空气	水蒸气(15℃)	淡水(100℃)	海水(20℃)	铝棒(15℃)	钢棒	玻璃	混凝土	松木
声速(m/s)	340	405	1481	1500	5150	5050	5200	3100	3500

声波的频率是指传输介质质点振动的频率,是由声源振动频率决定的,一般默认是指正弦波的频率。如果声源的振动是更复杂的振动形态,则将包含多个频率分量,声波的频率就不止一个,而是由多个频率组成。

声波的波长是指简谐振动状态在一个周期传播的距离,一般用 λ 表示,单位为米(m)。当声速相同时,波长主要与频率有关,一个频率对应一个波长。频率越低,波长越长;频率越高,波长越短。在 20Hz~20kHz 的声频范围内,波长的变化范围大约是 17mm~17m。

一般的声波都不是纯粹的正弦波,所有的周期振动都可以被分解成各种频率、振幅和位相的正弦波,看成它们的叠加。我们把频率最低的叫作基频(Fundamental Frequency),其倍频叫作谐波(Harmonics)或泛音(Over Tone)。分音(Partial)具有比谐波更加广泛的含义,除谐波外,还包括不完全是整数倍频的非谐波。现在常只把非谐部分称为分音。低于基频的谐波被称为次谐波。次谐波存在时,听感有时会"听到"较低的频率。

声波在传播过程中,其传播介质的密度与声速的乘积 ρv 叫作声阻抗。当声波在两种不同介质中传播时,两者的声阻抗相差越大,声波的反射成分就越大。极端地说,在完全相同的介质中,理想地想象一个面,则这个理想面的两侧是同一种介质,有相同的声阻抗,于是声波没有反射。在刮风天气声音不能传远,除了风声掩盖等以外,空气疏密变化造成反射损失,也是使声波有传播损失的一个原因。

声波存在的空间叫作声场,这与电场、引力场等概念是相似的。常被研究的声场有扩散声场,即声源向四方传播,没有反射,这可以用消声室来模拟;有广场声场,即除地面反射外,其他方向的声波没有反射,这也可以用半消声室来模拟;还有音乐厅、剧院等室内声场以及录音室、试听室中的室内声场等。另外还有家庭室内声场、汽车声场、机舱内声场等。

我们知道,机械波在均匀介质中传播时,传播方向不会改变;机械波在非均匀介质中传播时,会改变方向;当机械波从一种介质传播到另一种介质的界面时,会发生反射或折射,即一部分反射,一部分透射,一部分被吸收。当波在传播中遇到障碍物时,会发生绕过障碍物的现象,声波就是这样的。

声波的传输可以用惠更斯原理(Huygens Principle)解释,在此我们不做赘述。其中点声源产生的球面声波,在无反射空间中,声压是与距离成反比的。由于声强与声压平方成正比,所以点声源辐射声波的声强是与距离平方成反比的,这被称为平方反比定律。于是,当距离增加一倍时,点声源辐射声波的声压级和声强级都将减少 6dB。当声源为线声源,在距声源距离增大一倍时,辐射声波的声压级和声强级都将减少 3dB。对于面积很大,作整体振动的面声源来说,它辐射的声波声压级和声强级都不随距声源的距离而改变。

波在传播过程中遇到障碍物时,传播方向要发生变化,发生绕过障碍物的衍射现象(Diffraction),也叫绕射现象。当声波传播到两个介质的交界面时,会发生反射,其入射线与反射线在反射面法线的两侧,而且入射线、反射线与反射面的法线在同一个平面内,入射角等于反射角,这就是声波的反射定律(Reflection)。在实际场景中,常常要考虑声波的反射。在音乐厅、剧院、礼堂或试听室的设计中,要考虑从四壁、天花板甚至台阶等处的声波的反射;不仅要考虑一次反射,还要考虑声波的多次反射。这与房间的大小,结构形式,长、宽、高比例和材料及表面的粗糙程度等都有关。比如,音乐厅台上高悬的挡板、两例的侧棱等都有反射声波的作用;在小房间里唱歌,比较"拢音"或感到"深厚",也是声波多次反射的效果。当波从一种介质传播到另一种介质时,由于两种介质内的波传播的速度不同,还会发生折射。只要介质的密度、压强、温度或声阻抗不同,就应看作两种介质,在其中传播的声速发生变化,声波就会产生弯曲。两种介质并不一定要具有明显的分界面。例如,在炎热的夏日中午,如果晴朗无风,你会发现原野寂静无声,这是因为地面温度高,声波向上弯曲,甚至可以造成无声区。同样,在清晨或晚间,你可以听到远处的火车声,机场的飞机轰鸣声。这是因为地面温度较低,声速较小,声音朝着速度小的方向弯曲。

一般来说,总有一部分声波在两种介质的界面产生反射,另一部分则透射进第二种介质。可以看到,两种介质的声阻抗 ρv 相差越大,声波的反射成分就越大。(所谓两种介质的分界面,不一定是有形的。只要介质的密度或声阻抗发生变化,声波就会产生反射,朝前传递的声能就会有损失。)至于透射部分被吸收多少,是与材料有关的。

由两个波源发出的波,在空间汇合后,还继续沿着各自原来的方向传播,这就是波的独立传播定律。管弦乐队演奏时,你可以分清来自台上各个不同位置不同乐器的声音,虽然各种乐器发出的声波在空间都已经交汇在一起。在嘈杂的场合下能听得出某一个特定的人的声音或者某种特别的声音,也是靠声波的独立传播性质。

两声波同方向进行时,如果两声波的频率相同,波长相等,在同一空气条件下传播的速度也相同,如果两声波的“密”部和“疏”部完全重合,音量就会加强,这一现象叫作两声波的“位相”相同。反之,如果两声波的“位相”相反即甲波的“密”部与乙波的“疏”部相重合,音量就会互相抵消,不会听到声音。但如果两声波声强(振幅)不同,一强一弱,这时声波不是全部消失,而是会减弱,减弱的幅度等于两者振幅的差,这就是声波的干涉。

1.1.1.2 声压和声压级

声波在大气中传播时,空气时疏时密,密度时小时大,也即局部的大气压时高时低。我们把这瞬时的大气压 Pt 与静止的大气压强也即平均大气压强 P_0 之差称为声压,即瞬时声压 $pt = Pt - P_0$。

我们常说的声压是平均声压或有效声压,平均声压为:

$$\bar{p} = \frac{1}{T}\int_0^T |P_t| \, dt$$

声压是一个很小的量,在频率 $f \approx 1\text{kHz}$ 时,一般人的听闻,即刚刚能听出来的声压值为 2×10^{-5}Pa,在教室里高声讲课的声压约为 10^{-1}Pa,十米外喷气飞机发动机的声压约为 2×10^{2}Pa。这是人耳的痛阈,即对一般人来说声压再大就忍受不了了。

由于人耳的听觉范围很宽,达 7 个数量级,所以用对数来表示声压,取声压级,其中把一般人在空气中听闻的下限 $2\times10^{-5}\text{Pa} = 20\mu\text{Pa}$ 取作 p_0。声压级的单位是 dB(分贝)。图 1-1-1 列出了声压和声压级之间的对应关系。

$$SPL = 20\lg\frac{p}{p_0}$$

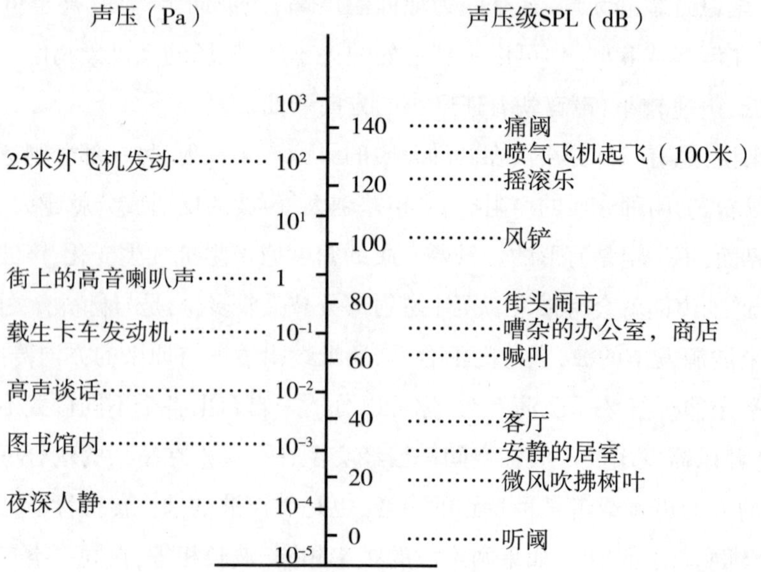

图 1-1-1 声压和声压级的对应关系

分贝是声级测量中最常用的单位,简写为 dB。其中 d 代表英文 decibel 即分贝,而 B 代表 Bel 即贝尔,采用大小写主要说明分贝和贝尔之间的关系为 1∶10,即 1 分贝等于 1/10 贝尔。在音频领域中常用的分贝单位包括 dBm、dBu 或 dBv(0.775V 参考值)、dBV(1V 参考值)、dBSPL、dBFS 等。

1.1.2 数字基础

声学和模拟音频技术主要研究连续的值,数字音频则将幅度用一系列的离散数字来描述。数字技术使处理信息的能力大大提高,音频记录、信号处理和硬件设计水平随着数字技术的发展而提升。软件技术被引入音频邻域是音频技术的真正革命。任何数字音频系统都会遇到的基本问题就是用什么形式来描述音频信息。

1.1.2.1 数制

"半斤八两"一语出自十六进制的古衡器流行时期,因古称一斤有 16 两(沿用至 20 世纪 50 年代),故形容"半斤"和"八两"毫无区别。那古称为什么用十六进制?它的根源是什么?因为中国古称一斤有 16 两,每一两就是一颗星,16 两就是 16 星。它们由北斗七星,南斗六星和福、禄、寿三星组成。卖货人如果足斤足两地把东西称给人家,就得足了星(特别是福禄寿),因此沿用了十六进制这样的古衡法。

同样,在时间的计量中,采用了二十四进制及六十进制。在我们现在的日常生活中,最常用的就是十进制,即逢十进一。但是在数字系统中最合乎逻辑的选择是二进制数字系统。这个基于逢二进一的表示方式对信息存储和处理是非常适合的,其基本的算术计算和逻辑计算也很方便。

1.1.2.2 二进制系统

17 世纪至 18 世纪的德国数学家莱布尼茨(Leibniz),是世界上第一个提出二进制记数法的人。用二进制记数,只用 0 和 1 两个符号,无需其他符号。①

二进制(Binary)在数学和数字电路中指以 2 为基数的记数系统,以 2 为基数代表系统是二进位制的。这一系统中,通常用两个不同的符号 0(代表零)和 1(代表一)来表示。数字电子电路中,逻辑门的实现直接应用了二进制,因此现代的计算机和依赖计算机的设备里都用到了二进制。每个数字称为一个比特(Bit,Binary digit 的缩写)。②

---

① 沈传龙.二进制与数学奥林匹克[J].中等数学,1991(3):9-12.

② 小禾.比特——衡量信息量大小的单位[J].教师博览,1996(7):43.

首先,二进制仅用两个数码:0 和 1,所以,任何具有两个不同稳定状态的元件都可用来表示数的某一位。而实际上具有两种明显稳定状态的元件很多。例如,氖灯的“亮”和“熄”;开关的“开”和“关”;电压的“高”和“低”、“正”和“负”;纸带上的“有孔”和“无孔”,电路中的“有信号”和“无信号”,磁性材料的 S 极和 N 极等,不胜枚举。利用这些截然不同的状态来代表数字,是很容易实现的。不仅如此,更重要的是两种截然不同的状态不单有量上的差别,而且有质上的不同。这样就能大大提高机器的抗干扰能力,提高可靠性。而要找出一个能表示多于两种状态而且简单可靠的器件,就困难得多了。

其次,二进制的四则运算规则十分简单,而且四则运算最后都可归结为加法运算和移位,这样,电子计算机中的运算器线路也变得十分简单了。不仅如此,线路简化了,速度就可以提高了。这也是十进制所不能相比的。

最后,在电子计算机中采用二进制表示数可以节省设备。理论已经证明,用三进制最省设备,其次就是二进制。但由于二进制有包括三进制在内的其他进制所没有的优点,所以大多数电子计算机还是采用二进制。此外,由于二进制中只用两个符号“0”和“1”,因而可用布尔代数来分析和综合机器中的逻辑线路。这为设计电子计算机线路提供了一个很有用的工具。①

1.1.2.3 二进制编码

二进制数据是采用位置计数法,其位权是以 2 为底的幂。例如,二进制数据 110.11,逢二进一,其权的大小顺序为 2^2、2^1、2^0、2^{-1}、2^{-2}。对于有 n 位整数,m 位小数的二进制数据用加权系数展开式表示,可写为:

$$(a_{n-1}a_{n-2}\cdots a_1a_0.a_{-1}\cdots a_{-m})_2$$
$$=a_{n-1}\times2^{n-1}+a_{n-2}\times2^{n-2}+\cdots+a_1\times2^1+a_0\times2^0+a_{-1}\times2^{-1}+a_{-2}\times2^{-2}+\cdots+a_{-m}\times2^{-m}$$

二进制数据一般可写为:

$$(a_{n-1}a_{n-2}\cdots a_1a_0.a_{-1}\cdots a_{-m})_2$$

例:将二进制数据 111.01 写成加权系数的形式。

解:$(111.01)_2=(1\times2^2)+(1\times2^1)+(1\times2^0)+(0\times2^{-1})+(1\times2^{-2})$

二进制和十六进制、八进制一样,都是以二的幂来进位的。

一、BCD 码

BCD 码(Binary-Coded Decimal),是用 4 位二进制数来表示 1 位十进制数中 0~9 这 10 个数码,是用二进制编码的十进制代码。BCD 码这种编码形式利用了 4 个位元

---

① 广西师范学院数字系计算数学教研组.二进制简介[J].广西师范大学学报(哲学社会科学版),1978(3):74-83.

来储存 1 个十进制的数码，使二进制和十进制之间的转换得以快捷地进行。这种编码技巧最常被用于会计系统的设计里，因为会计制度经常需要对很长的数字串做准确的计算。相对于一般的浮点式记数法而言，采用 BCD 码，既可保存数值的精确度，又可免去使用计算机做浮点运算时所耗费的时间。此外，对于其他需要高精确度的计算，BCD 码亦很常用。

BCD 码也称二进码十进数，可分为有权码和无权码两类。其中，常见的有权 BCD 码有 8421 码、2421 码、5421 码，无权 BCD 码有余 3 码、余 3 循环码、格雷码。8421BCD 码是最基本和最常用的 BCD 码，它和 4 位自然二进制码相似，各位的权值为 8、4、2、1，故称为有权 BCD 码。5421BCD 码和 2421BCD 码同为有权码，它们从高位到低位的权值分别为 5、4、2、1 和 2、4、2、1。余 3 码是由 8421 码加 3 后形成的，是一种“对 9 的自补码”。余 3 循环码是一种变权码，每一位在不同代码中并不代表固定的数值，主要特点是相邻的两个代码之间仅有一位的状态不同。格雷码（也称循环码）是由贝尔实验室的弗兰克·格雷（Frank Gray）在 1940 年提出的，用于 PCM 方法传送信号时防止出错。格雷码是一个数列集合，它是无权码，它的两个相邻代码之间仅有一位取值不同。余 3 循环码是取 4 位格雷码中的 10 个代码组成的，它同样具有相邻性的特点。

BCD 码与十进制数的转换关系很直观，相互转换也很简单。例如，将十进制数 75.4 转换为 BCD 码：7→0111，5→0101，4→0100，则拼成 8421BCD 码的结果是：(0111 0101.0100)BCD；将 BCD 码 1000 0101.0101 转换为十进制数：1000→8，0101→5，0101→5，则结果是：(85.5)D。

同一个 8 位二进制代码表示的数，当认为它表示的是二进制数和认为它表示的是二进制编码的十进制数时，数值是不相同的。比如 00011000，当把它视为二进制数时，其值为 24；但作为 2 位 BCD 码时，其值为 18。又如 00011100，如将其视为二进制数，其值为 28，但不能将其当成 BCD 码，因为在 8421BCD 码中，它是个非法编码。

二、二进补码

计算机中的有符号数有三种表示方法，即原码、反码和补码。三种表示方法均有符号位和数值位两部分，符号位都是用 0 表示“正”，用 1 表示“负”，而数值位，三种表示方法各不相同。在计算机系统中，数值一律用补码来表示和存储。原因在于，使用补码，可以将符号位和数值域统一处理。同时，加法和减法也可以统一处理。

在介绍补码概念之前，先介绍一下“模”的概念：“模”是指一个计量系统的计数范围，如过去的时钟、计量粮食用的斗等。计算机也可以被看成一个计量机器，因为计算机的字长是定长的，即存储和处理的位数是有限的，因此它也有一个计量范围，即都存在一个“模”。例如,时钟的计量范围是 0~11,模=12。表示 n 位的计算机计量范围是 $0\sim2^n-1$,模=2^n。“模”实质上是计量器产生“溢出”的量,它的值在计量器上表示不出来,计量器上只能表示出模的余数。任何有模的计量器,均可化减法为加法运算。

假设当前时针指向 8 点,而准确时间是 6 点,调整时间可有以下两种拨法:一种是倒拨 2 小时,即 8-2=6;另一种是顺拨 10 小时,8+10=12+6=6,即 8-2=8+10=8+12-2 (mod 12)。在 12 为模的系统里,加 10 和减 2 效果是一样的,因此,凡是减 2 运算,都可以用加 10 来代替。若用一般公式可表示为:a-b=a-b+mod=a+mod-b。对“模”而言,2 和 10 互为补数。实际上,在以 12 为模的系统中,11 和 1,8 和 4,9 和 3,7 和 5,6 和 6 都有这个特性,共同的特点是两者相加等于模。对于计算机而言,其概念和方法完全一样。n 位计算机,设 n=8,所能表示的最大数是 11111111,若再加 1 成 100000000(9 位),但因只有 8 位,最高位 1 自然丢失。又回到了 00000000,所以 8 位二进制系统的模为 2^8。在这样的系统中减法问题也可以化成加法问题,只需把减数用相应的补数表示就可以了。把补数用到计算机对数的处理上,就是补码。

求给定数值的补码分为以下两种情况:

(1)正整数的补码是其二进制表示,与原码相同;

(2)求负整数的补码,将其原码除符号位外的所有位取反(0 变 1,1 变 0,符号位为 1 不变)后加 1。

同一个数字在不同的补码表示形式中是不同的。比如,-15 的补码,在 8 位二进制中是 11110001,然而在 16 位二进制补码表示中就是 1111111111110001。以下都使用 8 位二进制来表示。

例:求-5 的补码。

解:-5 对应正数 5(00000101)→所有位取反(11111010)→加 1(11111011),所以-5 的补码是 11111011。

补码“模”概念的引入、负数补码的实质以及补码和真值之间的关系所揭示的补码符号位所具有的数学特征,无不体现了补码在计算机中表示数值型数据的优势,和原码、反码等相比可表现在以下几方面:

(1)解决了符号的表示的问题;

(2)可以将减法运算转化为补码的加法运算来实现,克服了原码加减法运算繁杂的弊端,可有效简化运算器的设计;

(3)在计算机中,利用电子器件的特点实现补码和真值、原码之间的相互转换,非常容易;

(4)补码表示统一了符号位和数值位,使得符号位可以和数值位一起直接参与运算,这也为后面设计乘法器除法器等运算器件提供了极大的方便。

总之,补码概念的引入和当时运算器设计的背景不无关系,从设计者的角度来说,既要考虑表示的数的类型(小数、整数、实数和复数)、数值范围和精确度,又要考虑数据存储和处理所需要的硬件代价。因此,使用补码来表示机器数并得到广泛的应用,也就不难理解了。

1.1.3 布尔代数

布尔代数是计算机的基础,没有它,就不会有计算机。布尔代数发展到今天,已经非常抽象,但是它的核心思想很简单。

19 世纪早期,英国数学家乔治·布尔(George Boole)突发奇想:人的思想能不能用数学表达?此前,数学只被用于计算,没有人意识到,数学还能表达人的逻辑思维。布尔发明的工具,叫作"集合论"(Set Theory)。他认为,逻辑思维的基础是一个个集合(Set),每一个命题表达的都是集合之间的关系(见图 1-1-2)。

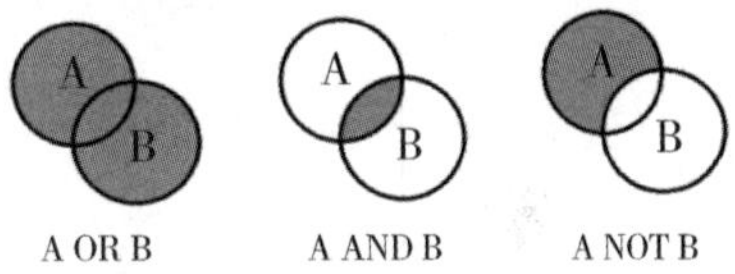

图 1-1-2 集合论示意图

集合论可以描述逻辑推理过程,布尔代数可以判断某个命题是否符合这个过程。人类的推理和判断,因此就变成了数学运算。

20 世纪初,英国科学家香农(Shannon)指出,布尔代数可以用来描述电路,或者说,电路可以模拟布尔代数。于是,人类的推理和判断,就可以用电路实现了,这就是计算机的实现基础(见图 1-1-3)。

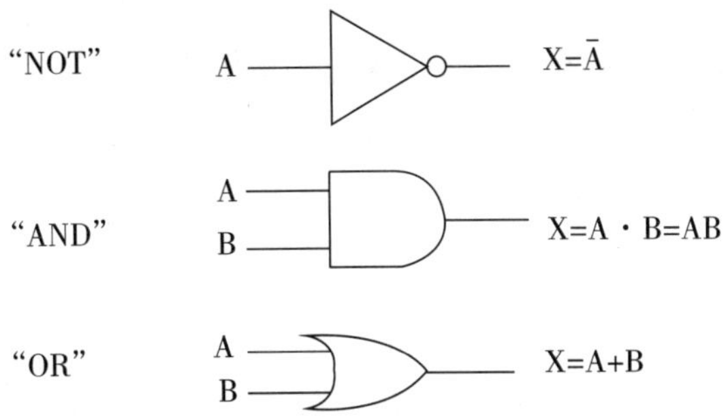

图 1-1-3 布尔代数的电路模拟实现

1.1.4 模拟和数字

模拟量是指在时间上和幅度上都是连续的量。例如,声波就是声压幅度随时间连续变化的模拟量,它由传声器转换成声频信号后,也是时间和电压幅度都连续变化的模拟信号[见图 1-1-4(a)]。

如果幅度只是一些特定值的阶梯波,则是时间连续而幅度不连续(离散)的信号[见图 1-1-4(b)]。

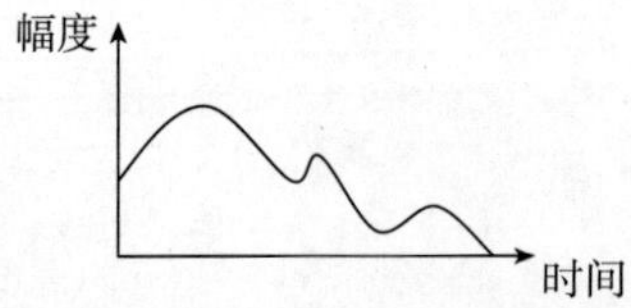

图 1-1-4(a)　模拟信号

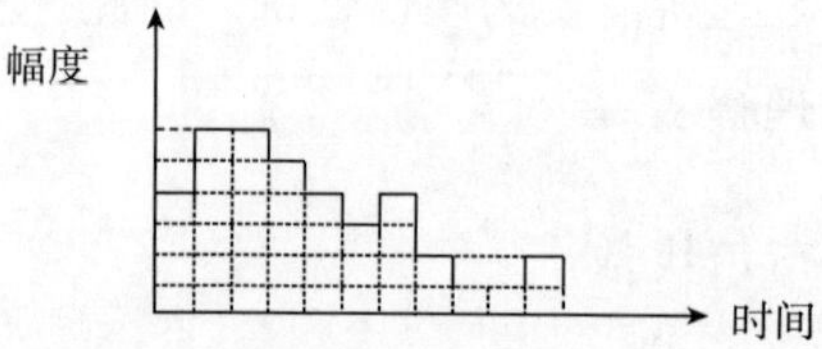

图 1-1-4(b)　阶梯波信号

幅度连续而时间不连续(离散)的信号是脉冲幅度调制(PAM)信号[见图 1-1-4(c)]。

时间和幅度都不连续(离散)的信号是数字信号[见图 1-1-4(d)]。

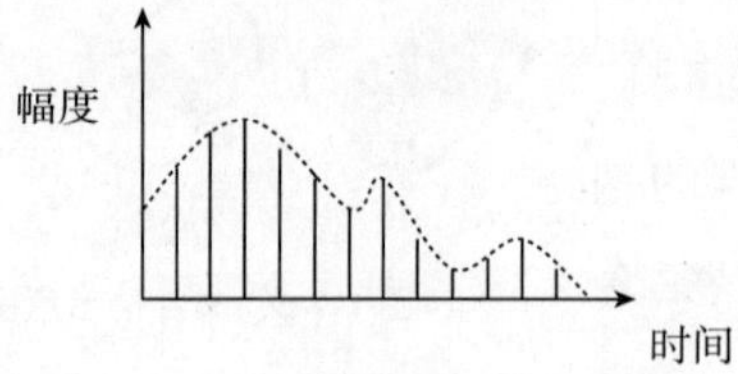

图 1-1-4(c)　脉冲幅度调制信号(PAM)

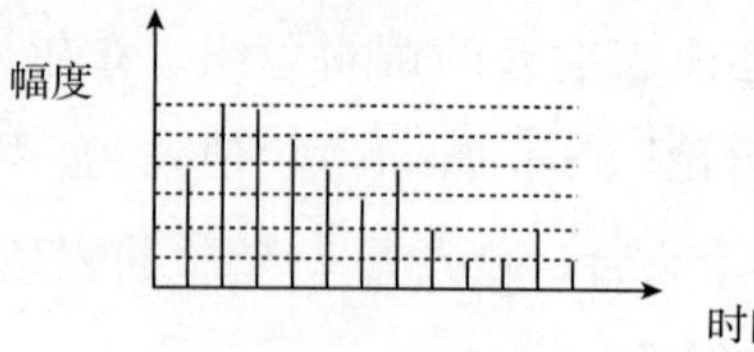

图 1-1-4(d)　数字信号

下面以模拟磁带录音机与数字磁带录音机的比较来看模拟技术与数字技术的不同。

模拟录音存在以下几个缺点:

(1)在录音、编辑和放音过程中混入的各种噪声不能被分离出来,形成对信号的损伤;

(2)录音媒体的信噪比可成为记录信号信噪比的一部分;

(3)录音磁头、放音磁头等呈现的非线性会使记录的信号也呈现非线性;

(4)驱动、转动机械系统的不稳定会造成抖晃。

为了克服上述缺点,就需要使用高精度、高性能的设备,并进行高质量的维护,但克服是有限度的。

数字录音是将模拟信号转变为离散的数字信号后进行记录的。对于需要多次转接、复制的模拟录音,每转接、复制一次,信号的质量下降程度就要累加一次。而数字录音就没有这一问题。数字录音具有以下几个优点:

(1)数字化的标准(采样频率、量化比特数)确定之后,性能的界限也就确定了,性能是稳定的;

(2)录音是以"0""1"数字进行的,放音时,只需判断出"0"或"1",即判断脉冲"有""无"即可,因而记录媒体的信噪比与放音信噪比无直接关系;

(3)与(2)理由相同,许多器件不需具有线性;

(4)驱动、转动系统的不稳定,由于时钟脉冲信号和存储器的作用,不会造成抖晃。

数字磁带录音机的具体优点可列举如下:

(1)动态范围宽、信噪比高(S/N>90dB);

(2)频率响应非常平直;

(3)比模拟录音机具有更高的信号保真度;

(4)切入与切出无噪声和失真;

(5)无机械互调失真;

(6)无磁头轮廓效应;

(7)无复印效应;

(8)声道之间有较好的相位特性;

(9)较低的串音;

(10)抖晃小到可以忽略;

(11)即使磁带损伤和磁头阻塞时,也无电平摆动;

(12)复制时声音质量不下降;

(13)电子设备易于维修。

此外,数字设备还具有可由数值运算进行各种处理,由各种软件操作,使用方便、容易,组装密度高等优点。

模拟信号经采样、保持和模拟/数字(A/D)变换器转换为二进制的数字信号后,再经过交织和纠错码处理等过程,被记录在磁带上。重放时,经放音头将磁带上的磁信号转变为电信号,再经过反交错和纠错码处理等过程,由数字/模拟(D/A)变换器,经窗口电路和低通滤波器恢复出原声频信号。整个数字音频拾取到重放的过程简图如图 1-1-5 所示。

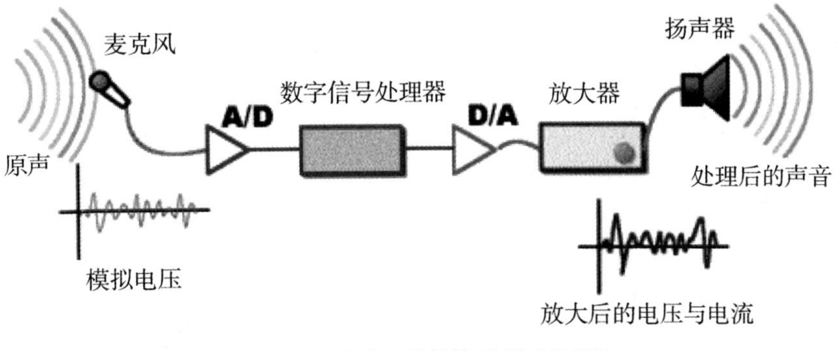

图 1-1-5 音频信号的模数/数模过程简图

从上述比较可以看出,相对于模拟信号处理而言,将模拟信号在处理之前转换为数字信号会带来后期处理过程中音质的提高。由于数字化的出现,也使得许多音乐节目制作更加灵活,数字音频工作站的应用,推动了小型化个人音乐制作间的形成,更加友好的人机界面使得操作具有可视性,更方便快捷。

? 思考题

1. 什么是分贝?
2. 常用的数制系统有哪些?
3. 数字音频系统与模拟系统之间的差异主要体现在哪里?
4. 数字化带来的主要优势有哪些?

1.2 数字音频基础

音频技术从 1877 年美国的爱迪生发明圆筒留声机算起,已经经历了一百多年。前一百年一直是以模拟音频技术(Analogue Audio Technique)为主的。1953 年日本等国开始研制数字录音机,直到 1977 年日本市场上开始出售与 β-max 型家用录像机配合的 PCM(Pulse Code Modulation,脉冲编码调制)声频适配器,才实现了数字录音。可以认为,音频技术在经历了整整一百个年头后,开始进入数字音频技术(Digital Audio Technique)的新阶段。数字音频处理设备——数字调音台、数字混响器、数字录音机、激光唱盘等都在不断地取代模拟设备,加快了音频技术走向数字化的进程。

我们都知道,模拟音频信号的振幅具有随时间连续变化的性质。所谓数字化就是指把这种模拟信号每隔一定时间切取一段,将切取的值用一组二进制数编成的码表示,从而将连续的模拟信号变换为离散的数字信号的操作过程。声音的两个最主要的特征是频率(时间分量)和振幅(声音电平分量),在数字音频中也划成两个类似的部分:采样(时间)和量化(声音电平)。

将模拟信号转变成数字信号,需经过采样、量化和编码三个步骤。

1.2.1 采样

1.2.1.1 采样定律

模拟录音技术包括录制、存储、逼真再现那些连续变化的信号电平(见图 1-2-1)。模拟声频信号可用幅度对时间的关系来表示。

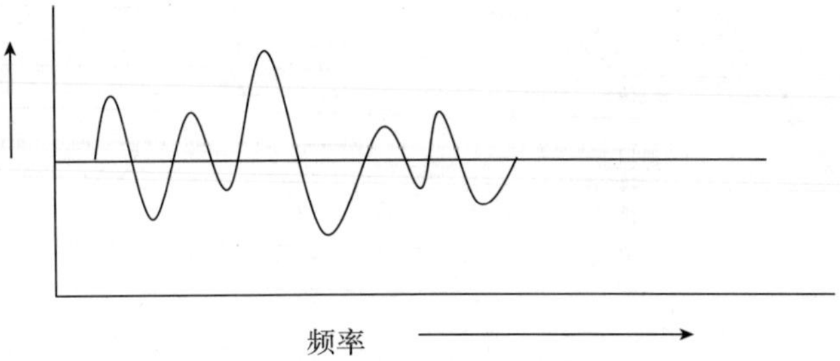

图 1-2-1 模拟信号电平

与之相反,在数字录音中,不使用连续的方法来工作,而是每隔一段时间选取时间上不连续的、分散的样本值(见图 1-2-2),并将这些样本值转化为二进制数码以便于处理或存储,为后面的处理提供方便。

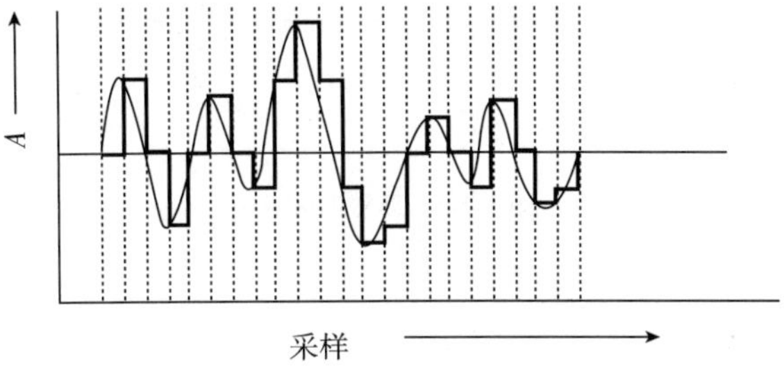

图 1-2-2 周期性采样和编码的数字信号

将模拟信号的幅度以一定的时间间隔取得样值,称为采样(sampling)或取样、抽样。采样的时间间隔称为采样周期(period of sampling);每秒内采样的次数称为采样频率(frequency of sampling)。根据奈奎斯特(Nyquist)的采样定理,当采样频率 fs 为被采样信号最高频率 fh 的两倍时,被采样信号可以被恢复,即 fs≥2fh。

因此,在数字系统中,我们把每秒钟从一个模拟信号中选取多少个样本值定义为采样频率,其倒数为采样周期,即两次采样间隔的时间。例如,如果采样频率为 48kHz,则其采样周期为 1/48,000s。由于采样直接与周期有关,系统的采样率决定它整体的带宽,高的采样率提高了频率的上限。

在采样的过程中(见图 1-2-3),对一个输入的模拟信号采样的时间叫间隔,即离散的时间(取决于采样频率),在每一个间隔期间,这个模拟信号被短暂地“保留”以备观测,因而可以得到一个可测的准确信号电平。对这个“采样并保持”的信号,利用数字变化处理将信号电平瞬时值尽可能接近地转换成几个比特的数码形式。转换完成之后,这个数字可被处理或存储,同时系统又去采样下一个电平值,重复上面的过程。

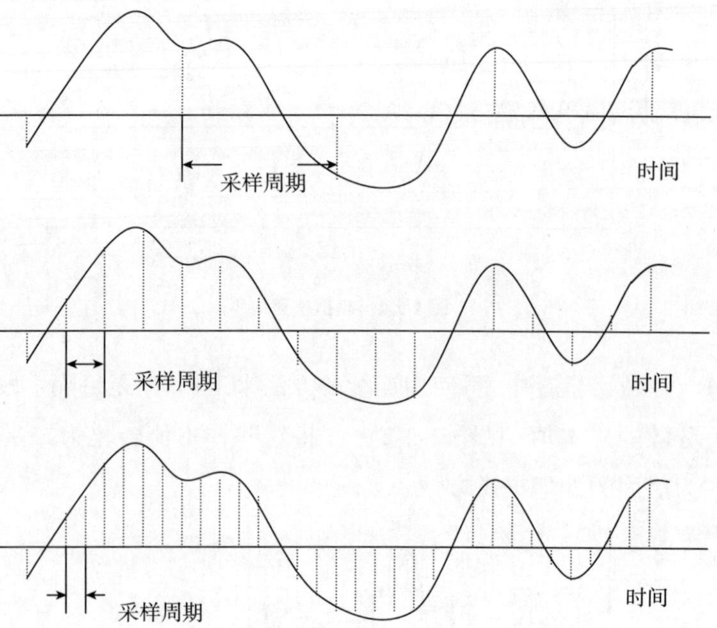

图 1-2-3　离散时间采样

1.2.1.2　采样频率

由于声频信号的最高频率为 20kHz，所以优质的 AD 变换，采样频率应大于 40kHz，对于最高频率限制到 15kHz 的一般质量信号的 AD 变换，采样频率也应大于 30kHz。

采样频率的选取应考虑以下几点：

(1) 声频信号的最高频率；

(2) 防混叠低通滤波器的截止特性；

(3) 以录像机作为记录器时，便于形成伪视频信号。

目前有四种采样频率，即 48kHz、44.1kHz、44.056kHz 和 32kHz。其中，48kHz、44.1kHz 和 32kHz 为声频工程协会(AES)推荐的采样频率。

(1) 48kHz 是 DAT 的标准采样频率，与 32kHz 为 3∶2 的关系，能够兼容，它对 24 幅/秒的电影和 PAL 制电视都能很好地适应。

(2) 44.1kHz 由于用电视录像机作为记录器时所转换的伪视频信号应有场同步和行同步信号，即应与所用电视制式相适应。

对于 PAL 制，由于帧频为 25，每帧行数 L 为 625 行。所以行频 fh = 25×625 = 15,625Hz。在每帧消隐期间，设被消隐行数 B = 37，则每帧中，有效行与行数之比为

588:625。因而行频 fh=588/625。设一行中有 3 个采样,则采样频率 fs=3×fh×588/625=44.1kHz。

对于 NTSC 制黑白电视,由于帧频为 30、每帧行数 L 为 525。所以行频 fh 为:fh=30×525=15,750Hz。设每帧被消隐行数 B=35,则每帧中,有效行与行数之比为 490:525。一行中仍为 3 个采样,则采样频率 fs=3×fh×490/525=44.1kHz。

(3)44.056kHz 对于 NTSC 制彩色电视,由于帧频为 29.97,每帧行数 L 为 525。所以行频 fh 为:fh=29.97×525=15,734.25Hz。设每帧被消隐行数 B=35,则每帧中,有效行与行数之比为 490:525。一行中仍为 3 个采样,则采样频率 fs=3×fh×490/525=44.056kHz。

这一采样频率不在 AEC 推荐频率之内。

(4)32kHz 这一采样频率适用于记录卫星直播节目和 DAT 的长时间(Long Play)格式的使用。它的声频最高频率只能达到 15kHz。

常见音频采样频率包括:

8000Hz——电话所用采样率,对于人的语言信号已经足够;

11,025Hz——AM 调幅广播所用采样率;

22,050Hz 和 24,000Hz——FM 调频广播所用采样率;

32,000Hz——miniDV 数码视频 camcorder、DAT(LP mode)所用采样率;

44,100Hz——音频 CD 所用采样率,也常用于 MPEG-1 音频(VCD、SVCD、MP3);

47,250Hz——商用 PCM 录音机所用采样率;

48,000Hz——miniDV、数字电视、DVD、DAT、电影和专业音频所用的数字声音所用采样率;

50,000Hz——商用数字录音机所用采样率;

96,000Hz 或 192,000Hz——DVD-Audio、一些 LPCM DVD 音轨、BD-ROM(蓝光盘)音轨和 HD-DVD(高清晰度 DVD)音轨所用采样率。

1.2.1.3 混叠

根据奈奎斯特定理,若欲对希望带宽的信号进行数字编码,所选采样频率必须至少是要记录信号中信号最高频率的两倍(采样频率大于或等于 2 倍信号最高频率),即带宽为 20kHz 的音频信号所需的采样频率至少是 40,000 样本/秒。除此之外,同等重要的是,不允许高于 1/2 的采样频率成分进入转换处理,如果进入转换过程,这些成分将被转换成可听的频率成分与信号成分相混叠,称为混叠频率,产生混叠噪声(见图1-2-4)。

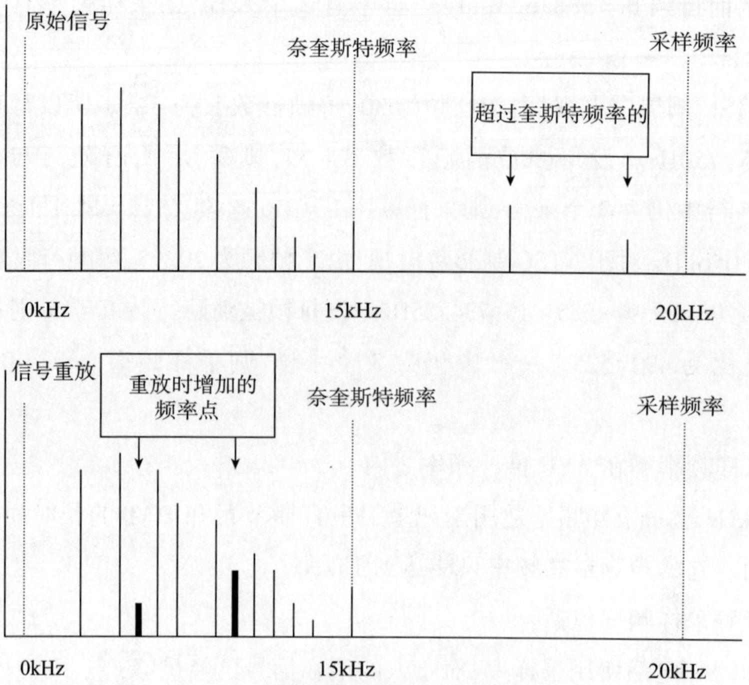

图 1-2-4　数字音频通道中产生混叠频率

为了消除混叠噪声所带来的影响，在模数转换（A/D 转换）之前必须设置一个低通滤波器。理论上说，该滤波器只能通过所有奈奎斯特截止频率以下的频率成分，且对高于截止频率的成分进行无穷大的衰减（见图 1-2-5），然而在实际中，这种理想的“砖墙式”滤波器并不存在。为此，必须仔细选择采样频率，使通带与阻带之间的过渡特性曲线尽量陡峭（见图 1-2-6）。例如，将采样频率选择为 44.1kHz，以便对有效带宽为 20kHz 的信号准确编码。

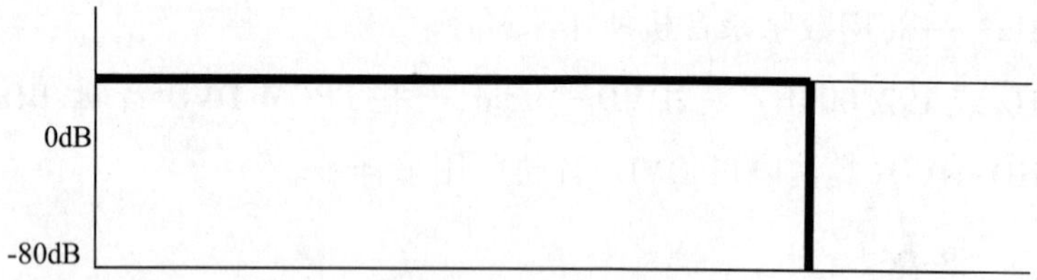

图 1-2-5　衰减为无穷大的滤波器

1.2.2　量化

将模拟信号的采样值，经“四舍五入”的方法转换成一种数字信号的过程被称为量化（quantization）。量化表示采样过程中的振幅划分。量化这种技术就是把随时间

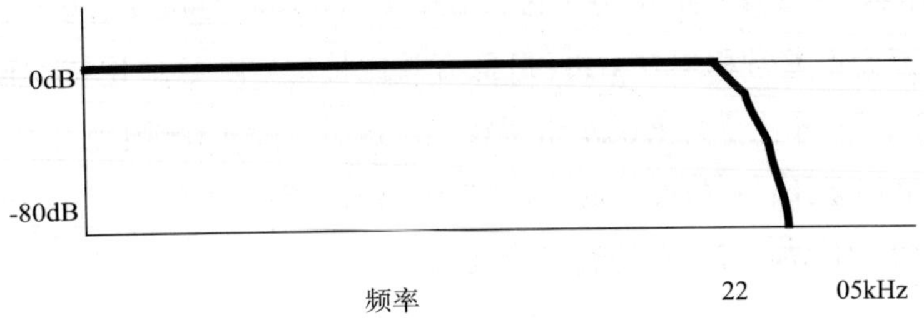

图 1-2-6 衰减为过渡曲线性滤波器

变化的模拟信号的即时电压变换成离散的二进制位(比特),以便于在数字域做信息处理或存储。每一个接踵而来的模拟信号振幅都被强制转换成离散电平值梯级,每一个梯级都被译成二进制数(见图 1-2-7)。这些被替代的数的编码在字节长度允许的条件下尽可能地精确,它受到整个系统设计质量的影响。

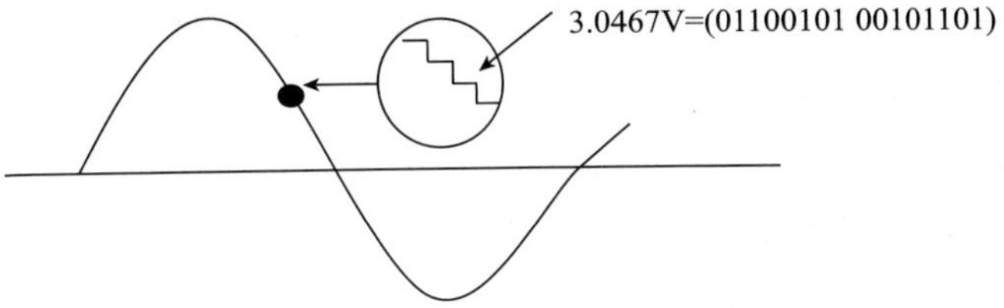

图 1-2-7 瞬时幅度的量化

量化阶梯数,或量化级数,也称量化层次数,是指量化所能取值的数目。对二进制数来说,位数越多,则可能表示的二进制数目也越多。例如,$2^2=4$、$2^3=8$、$2^4=16$……$2^{14}=16,384$、$2^{15}=32,768$、$2^{16}=65,536$。因此,以二进制量化时,位数越多,量化阶梯数也越多。现在的数字声频设备的量化比特数至少为 16 位(16bit),因此,量化阶梯数为 65,536 个,量化误差相对也很小。

对于量化阶梯相等的量化方法叫作线性量化(linear quantization)或均匀量化;对于量化阶梯不相等的量化方法叫作非线性量化(nonlinear quantization)或不均匀量化(nonuniform quantization)。现在的数字声频设备大多采用线性量化。

均匀量化的量化噪声也是恒值。因此,信号幅度大时,信噪比高;信号幅度小时,信噪比低,噪声较明显。

非均匀量化在信号幅度小的部分,量化阶梯高度也小,信噪比较好;信号幅度大的部分,量化阶梯高度也大,虽然量化噪声增大,但由于人耳的掩蔽效应,会感觉不出来信号幅度大时增大的噪声。

数字信号处理设备(如混响器、均衡器和动态处理器),出于对其内部运算的考虑，经常采用 24 或 32 比特的结构。它靠增加实际处理时的峰值存储设备使运算误差降至最低。因为误差常积累在 LSB（最低有效比特位）中，这些比特在设备输出时被丢掉，最终结果是 16 比特数据误差相对较小。这导致一个结论：量化位数越多，可以直接提高精确程度，因为增加了因信号数字编码而得到的梯级数。下面的例子具体列出了最常碰到的字节中所具有的编码梯级数。

8 比特　　字……（nnnn　nnnn）256 个梯级

16 比特　　字……（nnnnnnnn　nnnnnnnn）65,536 个梯级

20 比特　　字……（nnnnnnnnnn　nnnnnnnnnn）1,048,576 个梯级

24 比特　　字……（nnnnnnnnnnnn　nnnnnnnnnnnn）16,777,216 个梯级

由采样定理可知，如果采样频率能满足这个定理，就能完全恢复原波形，但要真正完全恢复原波形，则需要无穷多位数。在通常的数字系统中，每个采样点都会产生舍入误差，并且存在与这种舍入误差相应的失真和噪声，即量化失真（quantization distortion）和量化噪声（quantization noise）。

1.2.3　信号误差比

尽管模拟信号是连续的，但是将该信号量化成等值的数码后量值是不连续的。因为量化过程的精确程度受到能够被数字编码的不连续级量化的限制，所以转换成的数码仅仅是非常接近原先的模拟信号而非等同。

同样，信号误差比也是如此，并不等同于信噪比。在模拟系统中，信噪比用来表明整个动态范围。在数字系统中，信号误差比表示量化采用有限梯级对信号动态范围进行编码的精确度。一个给定的设计好的系统，若其量化比特数是 N，则其信号误差比为：

$$S/E = 6N + 1.76(\mathrm{dB})$$

可以看出，量化比特数 N 越大，信号误差比越好。如果量化比特数为 16，则信号误差比为 $6.02 \times 16 + 1.76 \approx 98\mathrm{dB}$，量化噪声均匀分布在 0 ~ fs/2 的频带中；当 fs = 44.1kHz 时，噪声将分布在整个声频频率范围内。另外，量化噪声的振幅为常数，不随信号大小而改变，因而当信号很大时，系统的信号误差比很高。但当信号很小时，量化噪声对系统的音质影响就会十分明显。

降低量化噪声可以用提高量化比特数的方法。N 增大，量化间隔变小。但 N 的提高，不仅使数字信号的码率提高，并且要求模数变换和数模变换更精密，使模数、数模变换器的价格变高。因此，量化比特数 N 的提高会受到一定限制。

1.2.4 抖动

抖动是一种为了降低量化噪声与输入信号的相关性而在音频信号中加入的噪声信号。

对于量化噪声可采用在信号中加入高频抖动信号的方法，量化后，再减去高频抖动信号，而使量化噪声白噪声化。量化噪声随量化比特数增大而相应减小，但不能减为零。量化噪声是不同于白噪声的一种高频噪声。它是由比较少的孤立频谱重叠而成的噪声，因此在听感上与白噪声不同，是一种比较粗糙的、刺耳的、被称为颗粒性噪声的声音。可以将一种被称为高频脉动的、与量化阶梯高度相等的小振幅白噪声与信号重叠，经量化后，颗粒性噪声即被白噪声化，使听感变好。

理论上将与量化阶梯高度 V 相等的均匀分布的高频抖动在量化前与信号相重叠，量化后再将高频抖动除去，量化噪声就成为宽度为 V、电功率为 $V^2/12$ 的均匀分布的白噪声。高频抖动信号的叠加和去除电路的方框图如图 1-2-8 所示。

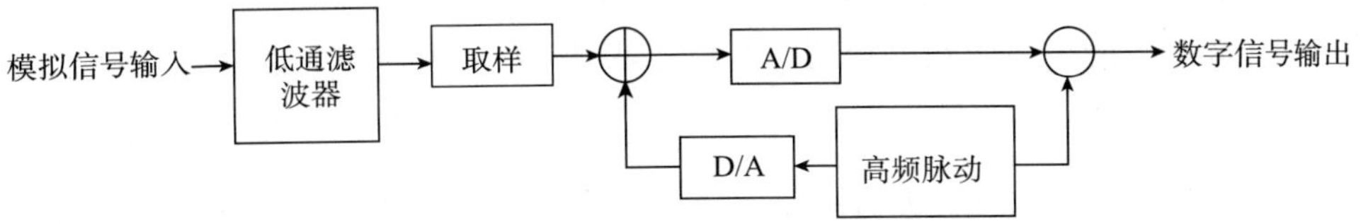

图 1-2-8 高频抖动信号的叠加和去除电路的方框图

抖动噪声使音频信号在相邻的量化级之间变化。这种措施可以去除音频信号与量化噪声之间的相关性，消除错误的影响，并且可以使得编码器在一个量化级的幅度变化范围之内对输入信号进行编码。

抖动信号虽然可以减少信号的畸变，但是也给原来的音频信号增加了噪声。

总之，加入抖动信号利大于弊，因为人的耳朵对于噪声的忍耐限度大大超过了它对声音畸变的忍受程度。加在 A/D 变换器之前的抖动发生器可以使 A/D 变换器产生一个附加的量化级，这就在整个任务周期或脉冲宽度调制系统中保护了小幅度的信号，同时也进行了量化过程。

思考题

1. 简述采样定律。
2. 采样过程中如何避免频谱混叠现象发生？
3. 量化误差是什么？

4. 量化误差和量化失真有何差异?

5. 抖动的意义是什么?

1.3 数字记录

1.3.1 编码

二进制使用“0”和“1”两个数字,逢二进一。用二进制数表示某一数值时,这个二进制数被称为字(word),这种表示过程被称为二进制编码。字内各个位(bit)的名称如下:最左端的位被称为最高位(the Most Significant Bit,MSB),以下依次被称为第二位(2nd Significant Bit,2SB),第三位(3SB)……最右端的位被称为最低位(the Least Significant Bit,LSB)。

其中自然二进制码(natural binary code)只有正数;偏移二进制码(offset binary code)是将负8作为0,而编码规律与自然二进制码相同;补码(2's complement code)是将偏移二进制码的最高位做了相反的改变后得出的码,可以不分正负直接进行相加,适于电子计算机使用。另外,在各种数字设备之间进行信号交换时,如果有一台设备出现故障,所有的位都会变为0或1。但补码中所有位为1或0时,量化电平相当于0附近,所以不会将这种故障的损害给予其他设备。因此,美国声频工程学会规定,在专业数字设备中,应使用补码。偏移反射二进制码(offset reflected binary code)是将反射二进制码(reflected binary code,即格雷码Gray code)进行偏移后形成的。折叠二进制码(folded binary code)是将一个数的绝对值进行自然二进制编码后,再加上一个表示正负的最高位。

以上所述将模拟信号转换成数码,然后转换成二进制数字信号的方法叫作PCM(Pulse Code Modulation,脉冲编码调制)。冠以“脉冲”,是因为转换后的数字信号以脉冲形式出现。例如,“0”表示零V,“1”表示5V。

1.3.2 调制

调制是一种对信号进行变换的处理手段,通过调制可将信号变换为适于传输和记录的形式。调幅广播所采用的振幅调制(调幅,Amplitude Modulation,AM),就是将声频信号转换成高频信号,以便于能够从天线辐射出去的一种调制方法。其他调制方法还有调频(Frequency Modulation,FM)、调相(Phase Modulation,PM)以及脉冲宽度调制(Pulse Width Modulation,PWM)、脉冲位置调制(Pulse Position Modulation,PPM)、脉冲幅度调制(Pulse Amplitude Modulation,PAM)、脉冲个数调制(Pulse Number Modulation,PNM)和脉冲编码调制。

AM、FM、PM 三种调制方式属于连续波参数调制,调制后信号的振幅、频率、相位随调制信号连续变化,不涉及采样和量化问题。

脉冲参数调制中的 PAM、PWM、PPM 方式虽然进行了采样,但不进行量化,所以脉冲的幅度、宽度、位置等参量仍保持原来的模拟量,而非数字量。PNM 和 PCM 则是又经采样、又经量化而形成数字信号。

PCM 是使用最为广泛的调制方法,它是将模拟信号采样、量化、编码后,以 1 和 0 所组成的二进制码来表示。通过脉冲的有无,解读原始的调制信号,质量只取决于采样和量化,而不取决于传输信道的质量。多路 PCM 信号可以采用时分复用的方式共享同一传输信道。在记录时,1 和 0 对应什么波形也必须考虑,这种对应波形的方式习惯上也被称为调制方式。所以,PCM 信号又可分为以下的调制方式:

振幅键控(Amplitude Shift Keying,ASK)方式是相当于模拟调幅的方式,使 1、0 信息分别对应载波的有无;移频键控(Frequency Shift Keying,FSK)方式是相当于模拟调频的方式,使 1、0 信息分别对应不同的频率;移相键控(Phase Shift Keying,PSK)方式是通过切换可产生不同相位的正弦波振荡器,产生相位不同的正弦波来实现调制。使用 0°、180°相位差的被称为二相 PSK;使用 0°、90°、180°、270°四个相位差的被称为四相 PSK。

不归零(Non Return to Zero,NRZ)方式是以 1 为高电平,0 为低电平,在位的交界处翻转。反转不归零(Non Return to Zero Inverted,NRZI)方式是遇到 1 时翻转,遇到 0 时不翻转,翻转是在位的中央进行。相位编码(Phase Encoding,PE)方式是在每一位中都翻转一次。将数据位中央的脉冲上升沿对应 1,下降沿对应 0,当连续为相同的码时,在数据交界处也要翻转一次。调频方式是将 FSK 的频率降低到最低限,1 对应翻转两次,0 对应翻转一次。改进型调频(Modified Frequency Modulation,MFM)方式是每两位一定翻转一次,并且最小翻转间隔等于数据位间隔 T。在 1 翻转,在 0 不翻转,当连续为 0 时,在位交界处翻转。4/5 比率(4/5Rate)方式是每四位作为一组,按指定规则变为 5 位码。

三位调制(Three Position Modulation,3PM)方式是按指定规则将 3 位数据变为 6 位码,以 NRZI 方式记录。

HDM—1(High Density Modulation 1,高密度调制 1)方式是在由 0 至 1 时,在数据位中央翻转;在连续为 1 时,如为两个 1 连续,在数据位交界处翻转;在 0 的前面有三个 1 时,在 1 和 0 的交界处翻转;在连续为 0 时,当前一位翻转发生在数据位的交界处，后面连续为五个0时，在第四个和第五个0的交界处进行下一个翻转，当前一个翻转发生在数据位的中央，同时后面连续为四个0时，在第三个0和第四个0的交界进行下一个翻转。

HDM—2方式为HDM—1方式的改进型；HDM—3是将数据按每四位作为一组后变为12位。EFM（8—14调制，Eight to Fourteen Modulation）方式是将数据按8位作为一组后变为14位。IDM（Identified Delay Modulation，识别延时调制）是将EFM加以改进的一种调制方式。此外，还有2—4调制、4—6调制、8—10调制、8—16调制等。

确定调制方式时，需考虑传输通路和记录系统的特性。下面列举对记录用调制方式所希望具有的条件。

（1）容易提取比特同步信息。为了能较好地从接收或重放的信号中提取为了读出信息所需要的时钟信号，希望调制波形中不会连续产生长时间空白的调制方式。

（2）不易受直流截止特性的影响。在磁性记录之类由微分信号检出的重放系统中，传输直流是很困难的。另外，有时要在传输通路中叠加直流。因此，希望调制后的信号不包含直流分量，或希望直流变化要小。

（3）所需的传输频带宽度要小。由于记录、重放、传输通路的传输特性，大多是频率越高，衰减量越大，因而希望调制所需的频带应尽可能窄些。

（4）能抗噪声和抖动。由于传输、记录系统会产生噪声和时间轴的偏移抖动，因此，希望使用能使解调具有一定裕度的调制方式。

1.3.3 数字记录流程

图1-3-1描述了数字记录中所涉及的处理环节和对应的模块，在此将按照模块结构来进行阐述。

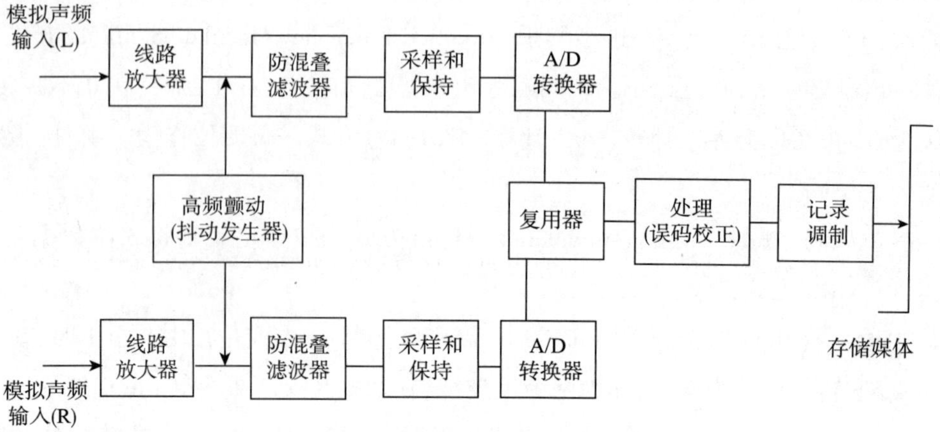

图1-3-1 数字记录流程框图

1.3.3.1 高频颤动

在A/D转换，以及在时间不同的采样分辨率间转换时使用高频颤动的做法，已经被普遍接受。它具有对普通的转换器实施线性化的作用（换言之，它可有效地将每一个量化间隔均匀化），同时它可将量化失真转化为一种随时都有的类似随机噪声的信号（即白噪声）。这种方法之所以很受欢迎有好几种原因。首先，白噪声在低电平的情况下不像失真那样让人感觉讨厌；其次，它允许信号平缓地衰减至无声，而不像前面提到的那样突然消失；最后，即使在信号的电平降至系统的本底噪声之下的时候，通常也可将信号重新恢复。在信号电平下降时，没有加入高频颤动的音频信号听起来有"颗粒感"，同时会觉得失真。当高频颤动打开时，细微的嘶嘶声将消失，使得系统听起来更加安静，但通常认为少量连续的嘶嘶声与低电平失真相比，前者更加可取。

对转换器的高频颤动处理就是将一个很低电平的信号加到音频信号上，其振幅取决于颤动所使用的类型。高频颤动信号通常是噪声，但也可能是一半采样频率的一个波形，或者是两者的结合。一个在A/D转化过程中没有被正确加入颤动的信号不可能在以后通过高频颤动达到同样的效果，因为信号已经产生不可挽回的失真了。那高频颤动是怎样完成除去量化失真这一任务的呢?

失真是信号与量化误差之间存在相关性所导致的结果，从而导致误差的周期性，并产生主观上嘈杂不安的听感。将一个随机的噪声信号加在音频信号之上使量化误差随机化，并使其听起来有点类似噪声的效果（见图1-3-2）。如果一个噪声的振幅LSB的值相当（即一个量化阶梯），那么一个准确位于量化间距和下一个之间的关键点位置的信号会被量化成上面的或下面的，这要取决于加在其上的高频颤动噪声的瞬时电平。一段时间之后，这一随机的效果将被平均化，产生一个类似于噪声的量化误差，并且系统有一个固定的本底噪声。

图1-3-3显示的是1kHz、峰峰值为1LSB的正弦信号抖动（高频颤动）处理的过程。没有使用抖动时，模数转换器的输出是方波。当加入一个均方根值为1/3LSB的高斯抖动后，输出一个脉宽调制的信号。对此信号在多个周期上求平均，被编码的正弦波就显现出来。这种平均也说明了我们的耳朵是如何感受到声音信号的，耳朵就像一个低通滤波器，听到的是平均了的声音。这样我们听到的不是方波噪声，而是正弦波噪声。

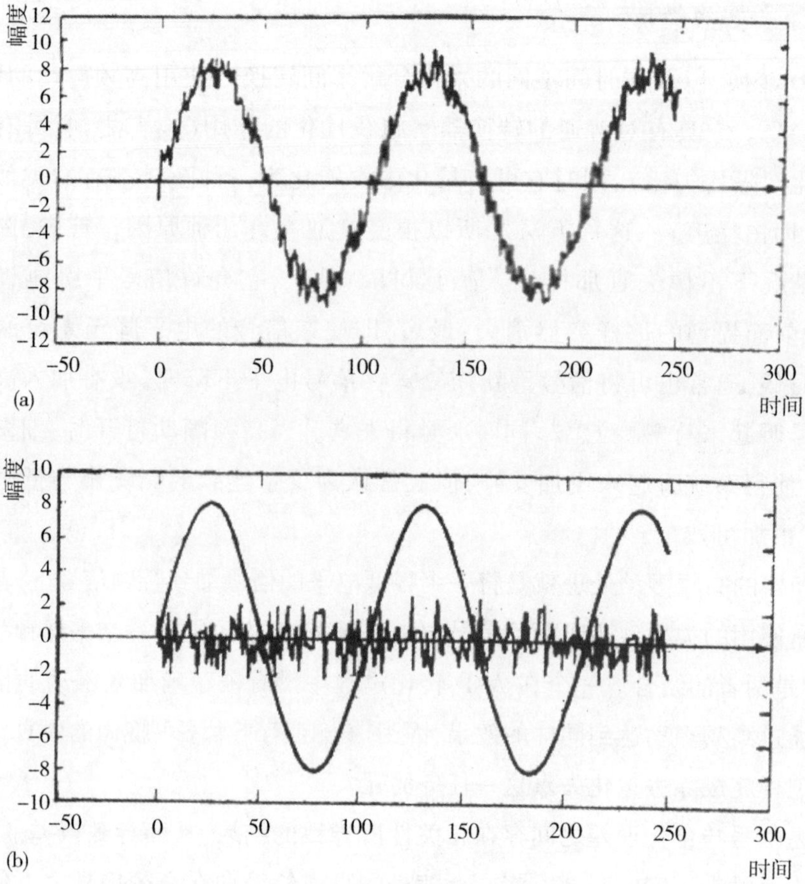

图 1-3-2　高频颤动示意图

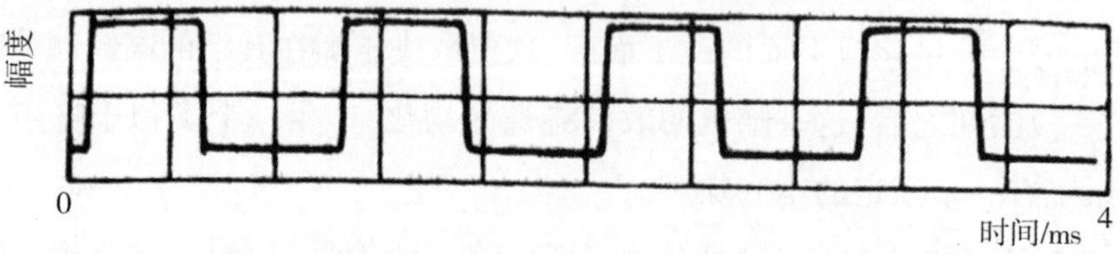

（a）幅度为1/2 LSB的正弦波未经抖动产生一个方波

（b）量化前加入幅度为1/3 LSB的抖动时产生的PWM波形

图 1-3-3　抖动允许对低于 LSB 的信号进行编码

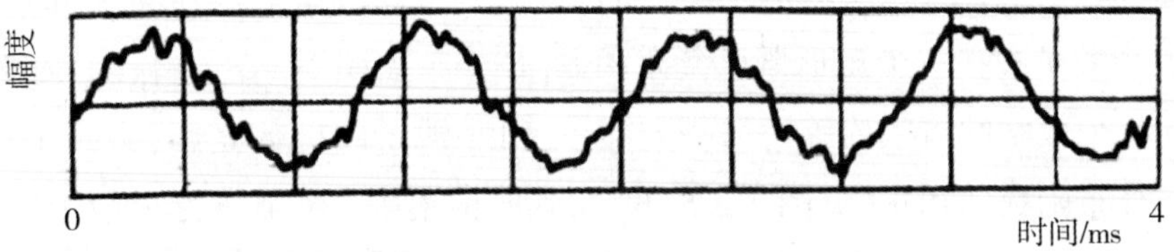

（c）经过32次平均后可看出调制包含着被编码的正弦波形的信息

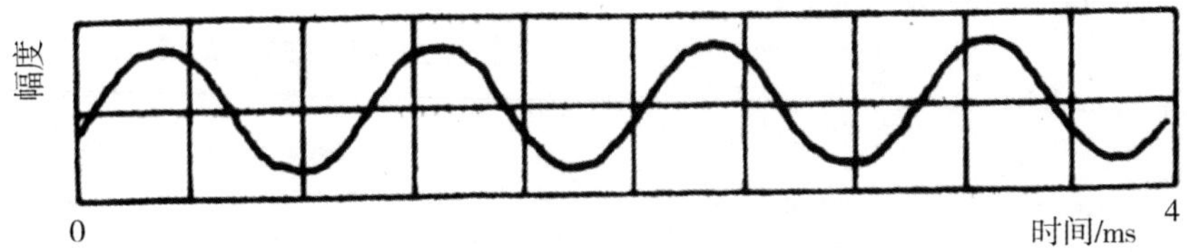

（d）经960次平均后的波形

图 1-3-3(续)　抖动允许对低于 LSB 的信号进行编码

人耳能够很灵敏地分辨出低于噪声上限的窄带信号，这是由于耳膜的平均特性造成的。耳朵就像一个带宽很窄的1/3倍频程的滤波器。加入抖动后的量化误差具有了白噪声特性，经过耳朵的平均后，耳朵听到的是没有失真的原始的窄带正弦信号。抖动改变了量化误差原来的特性，使之变成白噪声，这样耳朵就可以分辨出电平低于1个量化电平的信号。同时加入抖动之后，数字系统的分辨率可以低于LSB。向音频系统中加入抖动以后，即使被量化的信号小于最小量化间隔，信息也可以被记录下来。抖动还可以通过将非自然信号简化为白噪声，来消除由量化引起的失真。

高频颤动是一个随机噪声信号，但是不同的信号类型所产生的影响也存在着差异。范德库依(Vanderkooy)和李普希茨(Lipshitz)进行的研究表明，在高质量的音频制作中，某种类型的高频颤动要比别的类型有效得多。

高频颤动噪声根据其概率分布常被进行归一化处理，这种统计方法被用来显示特定的振幅信号的概率分布。类似于图1-3-4所显示的一个简单的图形被用来说明分布的形状。概率用竖轴表示，而以量化步阶反映出的振幅用横轴表示。

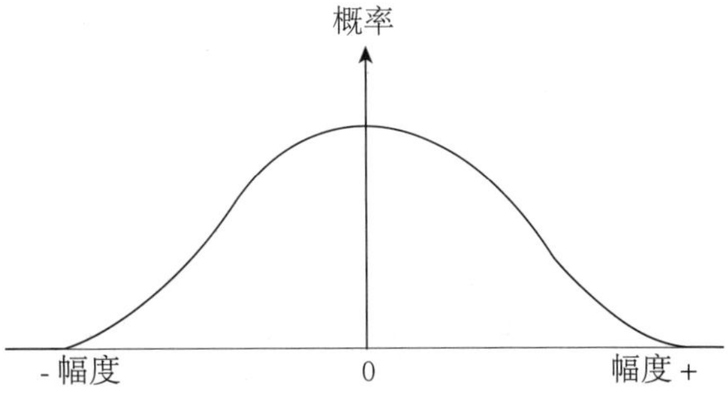

图 1-3-4　高频颤动的概率分布曲线

只要考虑一下在投骰子时骰子坠落的方式，就可以理解逻辑概率分布（见图 1-3-5）。投一个骰子存在一个矩形概率分布函数［RPDF，见图 1-3-5（a）］，因为掷出 1 和 6 之间存在一个数字的概率均等。另一方面，一对小骰子的掷数之和，有一个近似三角形的概率分布函数［TPDF（见图 1-3-5（b）］，其峰值集中在 6 到 8 之间，因为形成这种和值的组合可能性大于组合成 2 或 12 的可能性。回到数字电信号中，靠使用一个类似于掷骰子的随机数字发生器，可以产生 RPDF 颤动，靠两个 RPDF 发生器的输出相加，可以产生 TPDF 颤动。

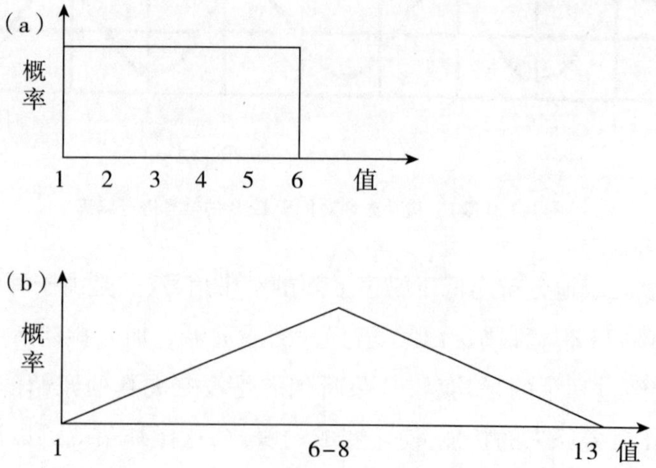

图 1-3-5 掷骰子的概率分布

RPDF 颤动振幅处在零与最大值之间的概率相等，然而 TPDF 颤动振幅为零的概率要大于为最大值的概率。模拟白噪声具有高斯概率分布特征，其形状与任何一种逻辑产生的高频颤动相比都稍有不同。李普希茨和范德库依表明，RPDF、TPDF 以及高斯型高频颤动都具有使转换线性化和去除失真的效果。RPDF 颤动倾向于在低电平信号下进行噪声调制。这就使得他们认为最合适的颤动噪声是峰-峰值为 2Q 的 TPDF（见图 1-3-6）。如果使用 RPDF 颤动，它应有 1Q 的峰-峰值。

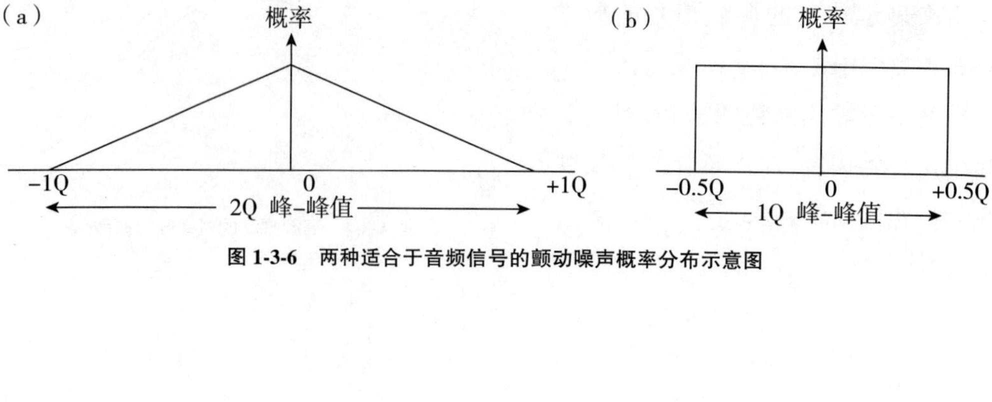

图 1-3-6 两种适合于音频信号的颤动噪声概率分布示意图

有时候在数字域可以轻易地产生理想的逻辑 PDF,就好像存在于许多转换器中的噪声源是模拟的一样,因此其本质上是高斯分布的。对于高斯噪声,颤动信号最合适的 r. m. s 振幅为 0.5Q,在这种电平下,噪声调制被最小化,但并不是没有。在该电平下的高频颤动使动态范围较未加高频颤动时减小大约 6dB,这使得一个理想的 16 比特转换器加入高频颤动后的动态范围为 92dB 左右。

1.3.3.2 防混叠滤波器

如果采样频率小于信号最高频率 fh 的两倍,或信号的实际最高频率超过了 fh,则会产生频谱混叠(aliasing)现象,以后就无法将原信号忠实复原,并且会出现混叠噪声(aliasing noise)。

为了将声频信号严格限制到 fh 以下,应先让原信号通过一个高频截止频率为 fh 的低通滤波器后再进行 AD 变换。

在实际的系统中,由于不可能有理想的滤波器,采样频率要稍微高于两倍的记录频带上限,允许通带与阻带的过渡特性不是非常陡峭。采用的滤波器对音色有明显的影响,因为它们决定了在音频频带内频率响应的线性,在高频处倾斜衰减,以及系统具有线性相位响应。在一个非过采样转换器中,滤波器必须滤掉所有高于 1/2 采样频率的信号,至少也要衰减 80dB。陡峭的滤波器很可能在高频处有不确定的相位响应,同时由于滤波器的高 Q 值可能会表现出“铃响”,陡峭滤波器也有缺点,其制作非常复杂。

低通滤波器可采用级联的契比雪夫(Cheyshev)滤波器来组成,也可使用有源低通滤波器。由于滤波器的截止频率不是很陡,为了防止产生混叠,采样频率应取得稍大于信号最高频率 fh 的两倍。理想的和实际的低通滤波器响应如图 1-3-7 所示。

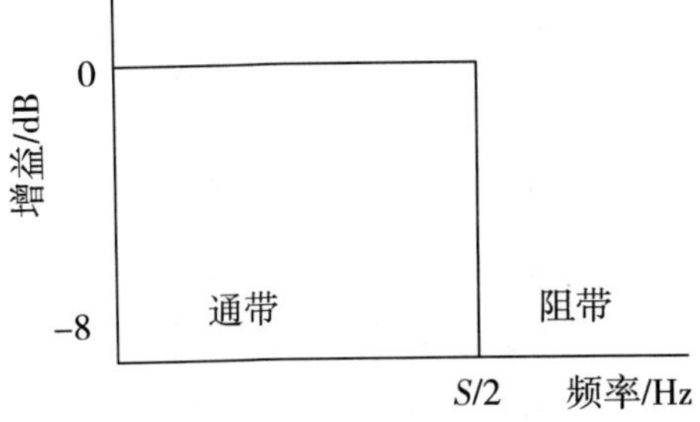

(a) 理想的低通滤波器响应

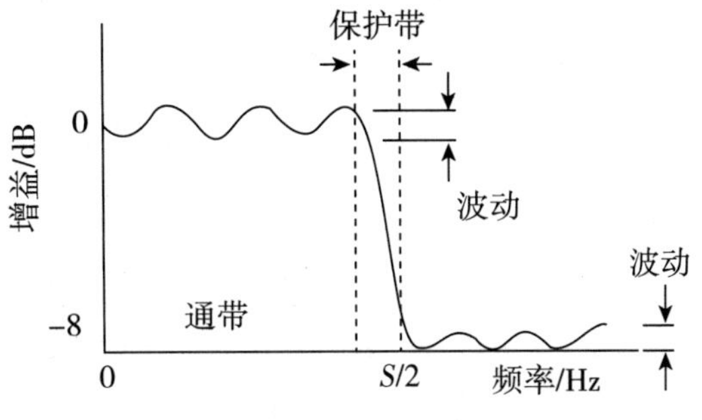

(b) 实际的低通滤波器响应

图 1-3-7 理想的和实际的低通滤波器响应

1.3.3.3 A/D 变换器

采样、采样保持、量化和编码是 A/D 变换器的基本功能。

一、采样

模拟的音频信号是在时间上连续的电信号波形,而模数转换器的任务正是将这一信号转化为在时间上离散的二进制数序列。在转换器中,采样过程包括对声音波形的振幅在规定的间隔上及时进行测量或采样(见图 1-3-8)。显然,从图中可以看到采样脉冲准确地表示出信号在每一刻的瞬间振幅。采样与其被看作连续波形的一个表示接踵而来的音频信号的瞬间"静止帧",更不如被看作当快速连续播放时组成连续动感电影的一个个静止帧。

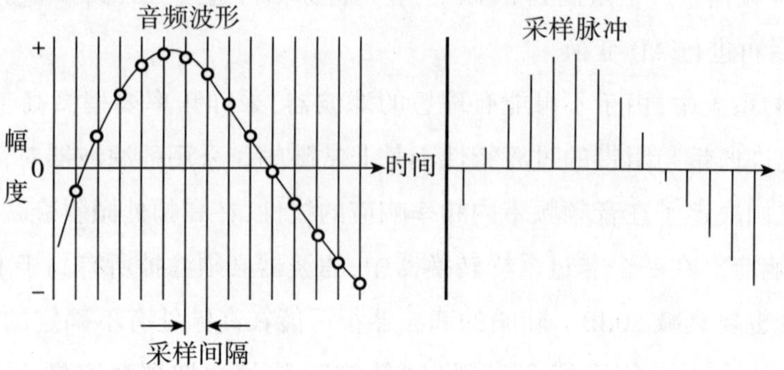

图 1-3-8 音频信号采样示意图

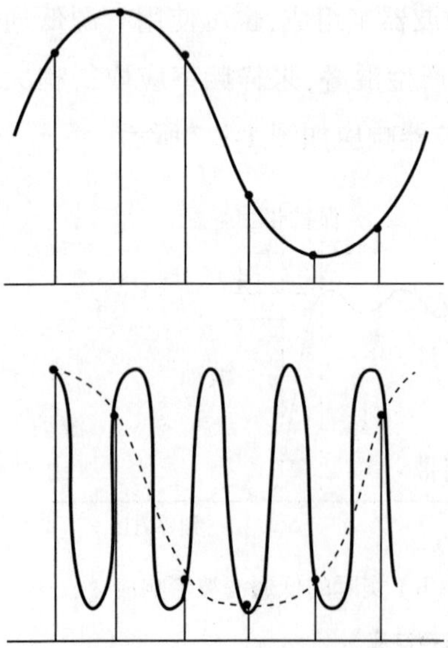

图 1-3-9 不同的采样结果

基于详细地表征一个号的需要,有必要在每秒钟获取大量的采样值。同时,香农采样定理也指出:如果有关一个八号的必要信息要被恢复,那么在每一个音频周期必须至少得到两个采样。从图 1-3-9 中可以看到,如果在音频信号的每一个周期只获得很少的采样,那么采样所描绘的可能会迥异于其采样的原始波形,这也是有助于理解混叠这一现象的一种方法。通过 D/A 转换来恢复被采样的信号时,混叠会产生原始信号不需要的成分。

将采样过程形象化的另一个方法是把它放在调制的情况下加以考虑(见图 1-3-10)。连续的音频波形被用来调制一个规则的脉冲序列。这些脉冲的频率就是采样频率。在调制之前,这些脉冲都有同样的振幅（高度），但是在调制之后，脉冲的振幅将根据音频信号在该点的瞬时振幅被修正。这一过程被称为脉冲振幅调制（PAM）。调制信号的频谱如图 1-3-11 所示。可以看到，除了“基带”音频信号（采样前的原始频谱）之外，现在又有许多额外的频谱，以每一个采样频率的倍频频率为中心，呈对称分布，作为振幅调制的一个结果。采样频率及其倍频的每一边都已经产生了边带，它将采样频率的倍频上下延伸基带宽度。换言之，这样的边带是音频频带的对称镜像。

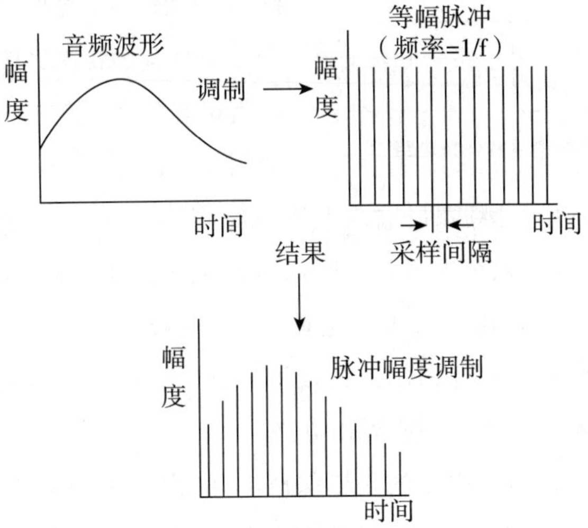

图 1-3-10　音频信号对采样脉冲形成的幅度调制结果

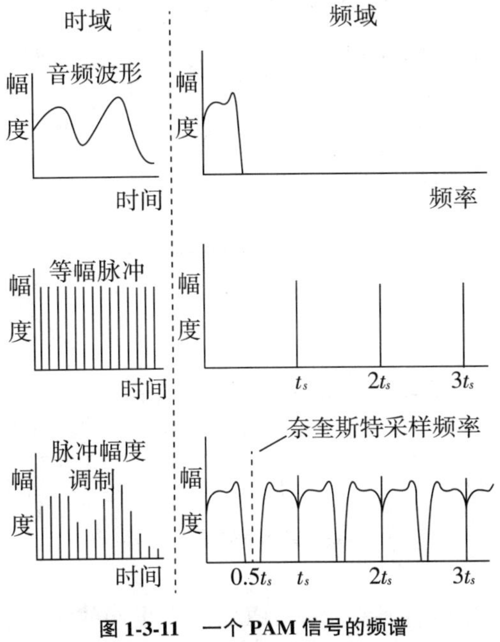

图 1-3-11　一个 PAM 信号的频谱

二、采样保持电路

采样保持电路(sample hold circuit,可简写为"S/H 电路")是在 A/D 变换器之前,为使采样保持一定时间而设的。由于 A/D 变换器的转换需要一定时间才能完成,而输入的模拟信号是不断变化的,因此,采样值就必须保持一段时间。采样保持电路就是完成采样和保持功能的电路。它周期性地对输入信号进行采样,并保持样值不变。

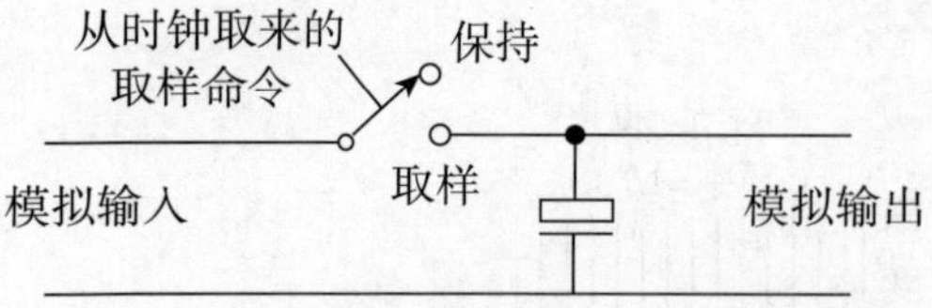

图 1-3-12 理想的采样保持电路

因为在 A/D 变换器对样值进行量化的时候,输入信号的大小与采样时刻的值相比会发生变化,如果没有保持电路,输出的数据就可能发生差错。理想的采样保持电路如图 1-3-12 所示。

当采样保持电路开关接通时,输入电压对电容器充电,并直接成为输出电压。当开关断开后,输出电压就等于电容器上所保持的电压。实际的采样保持电路中,还要接有起缓冲作用的放大器和由二极管电桥和 FET(场效应管)等器件组成的电子开关。其中的驱动电路是为了给 FET 的栅极加上电平和极性都符合 FET 特性所要求的脉冲电压而设置的电平变换电路及倒相电路。

使用运算放大器和 FET 组成的采样保持电路,由于工作速度有限,以及运放有输入偏置电流在流动,都会使采样保持电路的输出电压不能立即跟随输入电压,而是需要经过一个获取时间(acquisition time),才能开始跟随输入电压。因此,控制信号的采样时间必须长于获取时间。保持时间最短不能小于 A/D 变换器完成一次转换所需的时间,获取时间则应比采样周期短得多。实际采样保持电路的电压波形如图 1-3-13 所示。

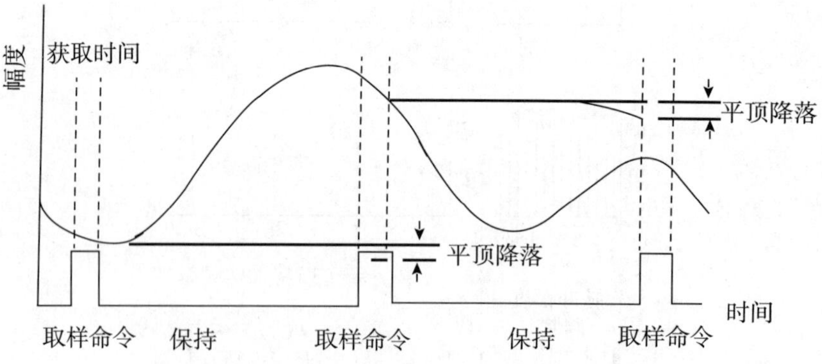

图 1-3-13 实际采样保持电路波形

当控制信号使电路进入保持状态时,由于输出缓冲放大器的输入偏置电流以一定速度对保持电容进行充放电,以及保持电容和 FET 开头的漏电流的影响,会使输出电压以一定速度下降，形成平顶降落(drop)，造成A/D变换器的变换误差。这种平顶降落所引起的电压变化应远小于量化阶梯。

这也就是采样保持电路中的两个误差因素：时间误差和平顶降落。

三、A/D变换器(Analogue to Digital Converter)

数字声频技术中所用的A/D变换器，为了减小量化噪声和具有大的动态范围，大多为14~16比特、采样频率为30~150kHz的类型。

1. 积分型A/D变换器

积分型变换器的原理如下：首先将与输入模拟电压相对应的电荷储存在积分器的电容中，然后以一定的速度使电容放电，用数字计数器测出积分器输出电压变为0时所需要的时间。数字计数器是按二进制数工作的，因此，数字计数器直接成为A/D变换器的数字输出。在转换开始时，由控制信号使模拟开关闭合或断开。这时积分器的积分电容被充电到输入电压V_{in}，积分器的输出电压为$-V_{in}$，充电过程与采样保持电路的情形相同，也受运算放大器输出电流和模拟开关电流的限制，需要一定的时间才能充好电。当充电到输入后，积分器输出电压跟随输入电压。但积分器的输出电压与输入电压为倒相关系。

然后，由控制信号使模拟开关反相断开或闭合，数字计数器开始计数，与此同时，积分器输入端经电阻R接到电压-VR上，积分电容两端的电压开始减小，积分器输出电压向0趋近。当积分电容两端电压成为0时(即积分器输出电压成为0时)，模拟比较器使进入数字计数器的时钟停止进入，计数器停止计数，这时的数字计数器与输入电压成正比，比例常数由积分电容器的电容量、时钟频率、电阻R和电压-VR决定。这样就确定了数字输出与模拟输入电压之间的关系。

这种积分型A/D变换器不需要采样保持电路，这是因为在转换开始时，输入电压给积分电容充电，就起到了和采样保持电路相同的作用。转换为数字信号的模拟输入电压，是开关由闭合转为断开时的电压值。

这种A/D变换器的变换速度由时钟频率决定。如量化比特数为16，则最大计数值为$2^{16}-1=65,535$，如变换一次需20μs(采样频率为50kHz时)，则时钟频率需达到3GHz以上，这是很难做到的。

为了易于理解，我们举一个用已知容量的杯子由小桶中舀水来计算桶中水量的例子来进行说明。积分器中的电荷量可类比于水桶中的水量。如果在二进制计数器的计数脉冲每出现一次时，用水杯舀水一次，就可计算出水桶中的水量。舀到最后，桶底会剩下不满一杯的水，无法知道所剩水量的准确数值，这就形成了误差，当使用的杯子容量越小时，误差就会越小，但舀水的次数也就越多，精度也会越高。如计数器为16

比特，则可测量 $2^{16}-1$ 次，即舀65，535杯水。

2. 级联积分型 A/D 变换器

级联积分型 A/D 变换器可以改进单级积分型 A/D 变换器所需时钟脉冲频率过高的缺点，仍以上述用杯子舀水为例来说明。这种 A/D 变换器相当于用大小不同的两个水杯来舀水。最初用大杯来舀，剩下的不满一大杯的水，再用小杯舀。如果大杯容量是小杯容量的 256 倍，则可用大杯舀水 255 次，再用小杯舀 255 次，一共只需舀 510 次，速度自然就提高了。级联积分型 A/D 变换器的工作原理如下：控制信号使开关 S1 ON，使电容器充电到输入电压，这一段的工作情况与单级积分型 A/D 变换器相同。然后开关 S1 OFF、S2 ON，高位比特的数字计数器 D1 开始计数，积分器的输出电压以一定速度趋向于零。当达到 VF 时，模拟比较器 1 工作。当下一个时钟脉冲到来时，触发器的输出使 S2 OFF、S3 ON，高位比特的计数器 D1 停止计数，改为低位比特的计数器 D2 计数。如果高位和低位计数器都由 8 比特组成，由于两者的位权关系，基准电压 VR1 与 VR2 之比也存在 256∶1的关系，在基准电压由 VR1 改为 VR2 后，积分器的输出电压将以 1/256 的斜率趋近于零，当积分器的输出电压达到 0 时，模拟比较器 2 使低位比特的数字计数器停止计数。于是，高位和低位都是 8 比特的数据相加，就成为 16 比特的数据。

如果这种型式变换器是以 20μs 的速度进行变换的，则时钟频率约为 25MHz，计数器和外围电路可以较容易地制造出来，在数字声频技术中，它大多作为不需调整的高精度 A/D 变换器来使用。

3. 逐次比较型 A/D 变换器

逐次比较型 A/D 变换器的工作原理如图 1-3-14 所示。图中是以 3 比特变换的判

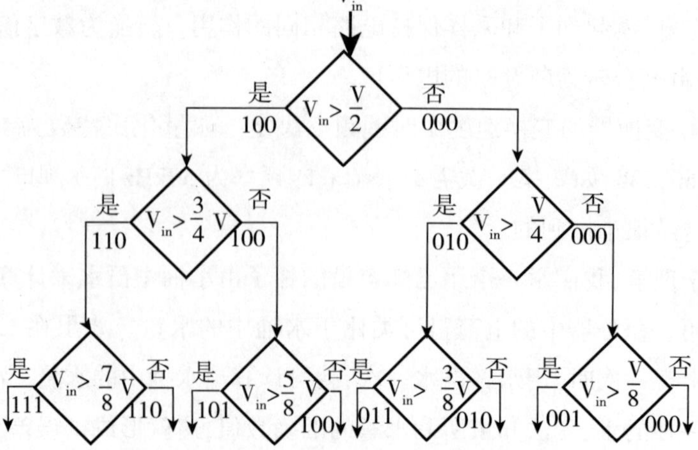

图 1-3-14　逐次比较型 A/D 变换器的工作原理

定顺序为例加以说明的。模拟信号电压 V_{in} 先与一参考电压 V 的一半进行比较，如 $V_{in}>V/2$，则输出 100，否则输出 000，然后再进行第二位的判断和最低位的判断。

图 1-3-15 为逐次比较型 A/D 变换器的方框图。在电路中有一 D/A 变换器（见后），它的作用是产生与各位相对应的输出电压，即当这个 D/A 变换器在数字输入的最高位端有“1”输入时，输出电压为 V，在第二位端有“1”输入时，输出为 V/2，在第三位端有“1”输入时，输出为 V/4，其余类推。当两个以上的输入端同时有“1”输入时，输出电压为各电压之和。例如当最高端和第二位端都有“1”输入时，输出电压为 V+V/2=3V/2。

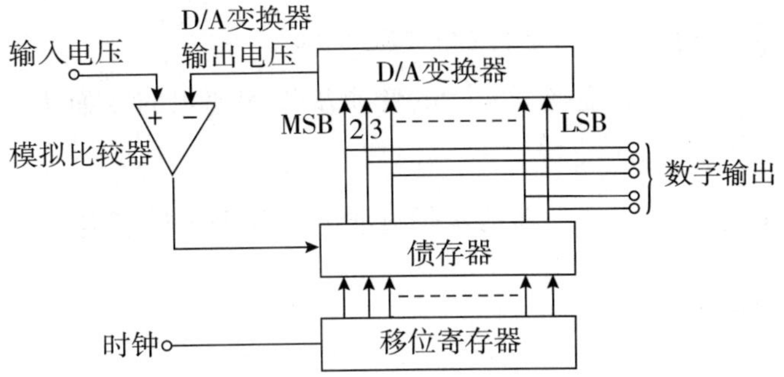

图 1-3-15 逐次比较型 A/D 变换器的方框图

当模拟电压加到输入端时，时钟脉冲使移位寄存器开始动作。这时，先给 D/A 变换器的 MSB 端加上“1”。这使 D/A 变换器的输出端产生电压 V，这一电压在模拟比较器中与输入电压 V_{in} 进行比较。如果 V_{in} 较大，则比较器输出为“1”，锁存器工作，数/模转换器的 MSB 端保持“1”的状态。相反地，如果 V_{in} 较小，则比较器输出为“0”，锁存电路不工作，当下一个时钟脉冲进入移位寄存器时 MSB 端恢复为“0”，该时钟脉冲也使移位寄存器工作，当 D/A 变换器的 2SB 端加上“1”，重复进行与 MSB 端有“1”输入时同样的作用。

电路这样工作的结果，使 D/A 变换器的输出电压逐渐趋近输入电压 V_{in}。当 LSB 比较完毕后，D/A 变换器的输出电压与输入模拟电压 V_{in} 之间的误差将在 0 至 1LSB 之间，如果先从 D/A 变换器的输出电压中减去 1/2LSB 后再进行转换，则输入信号的变换精度将为±1/2LSB。

由于在一个采样周期中必须按比特逐个进行比较，所以这种 D/A 变换器的动作速度应很快。例如设采样频率为 50kHz，则采样周期为 20μs，这时的变换速度应小于几百 ns（$1ns=10^{-9}s$）。

在这种逐次比较型 D/A 变换器的转换过程中，应保持输入电压无变化，因而需要采样保持电路。

1.3.3.4 A/D 变换器的技术指标

A/D 变换器的技术指标决定了变换器的质量和性能，主要包括两个主要参数：

(1)变换时间：A/D 变换器输出一个变换数据所需要的时间。在数字声频系统中，变换时间必须小于采样周期。

(2)变换精度：A/D 变换器的另一个主要指标。常用以下三个参量来进行衡量：

积分线性度用来衡量 A/D 变换器输出的线性程度，用来描述引起 A/D 变换器变换数据从一个码点到下一个码点转变时的输入电压——过渡电压或转换电压，并比较这些电压值与通过它们画的一条直线的接近程度。

差分线性误差是 A/D 变换器实际的变换步长和理想的变换步长(1 LSB)之间的差值。

绝对精度误差是 A/D 变换器的实际过渡电压和理想过渡电压之间的差值。

1.3.4 A/D 过采样

过采样 A/D 变换是以比所定采样频率高的频率(通常为整数倍)对信号进行采样，在用数字低通滤波器进行频带限制的基础上进行抽取(decimation)处理后，变换为 48kHz、16 比特的。解调时，相反地，由插补滤波器做成例如 4 倍的采样串，以高采样频率进行 D/A 变换，这种方法由于频带限制是由数字滤波器准确控制的，因而对模拟低通滤波器只要求具有低次的较缓的截止特性，从而大幅度减轻滤波器的负担。另外，随着采样频率的升高，量化器比特数也可减少。当使用相同精度时，可随采样频率的提升而提高量化精度。

尽管过采样 A/D 转换器经常使用高达基本频率 44.1kHz 和 48kHz 128 倍的采样率进行采样，但转换器数字输出的实际速率并不超过基本速率。数字低通滤波器将信号带宽限制在 1/2 基本采样频率之内，以防止混叠的产生，这是一种抽取滤波器。抽取滤波器靠从过采样流中抽取出采样来降低采样速度。低通滤波执行的结果是明显地增加了采样的字长，但这种增加不是随意进行的，而是要根据周围采样值，准确地计算出每一个采样的正确值(见下文的数字信号处理部分)。虽然过采样转换器最初以低的分辨率对采样进行量化，但抽取滤波器的输出是具有更高分辨率的。

与传统的 A/D 变换器相比，过采样 A/D 变换器除了不需要低通滤波器有着十分狭窄的过渡带外，同时它还是系统在 A/D 和在 D/A 环节能提高音质的关键所在。因为最初的采样速率在音频范围之上(通常十倍或百倍于正常频率),从 PAM 所产生的频谱分布可以看出,所重复的频谱成分已远离音频频带。用在传统转换器中的模拟抗混叠滤器被数字抽取滤波器所代替,如果在 D/A 转换中过采样,那么模拟重建滤波器的滚降就会更缓。这将改善音频频带内的相位响应的特性,从而改善声音质量。过采样也使得“噪声整形”法引入转换处理成为可能,它可以将量化噪声转移出频谱的绝大部分可听范围之外。量化噪声能量分布在整个基带上,直至奈奎斯特频率。过采样将量化噪声分布于一个更宽的频谱范围中,因为在过采样的转换器中,奈奎斯特频率位于音频带的上限之上。它将带内噪声减小了,减小的程度为 3dB/oct,换言之,以两倍奈奎斯特速率进行过采样的系统将音频频带的噪声能量降低了大约 3dB。

1.3.5 录制处理

经过 A/D 变换器之后,输出的数字字符串需要进行一系列的相关处理来形成用于存储和记录、传输所需的数据流。其中主要包括以下一些处理环节:

(1)预加重——减少信号中的噪声。预加重均衡器可以在传输和存储之前提高高频分量,在输出端则用一个对应的去加重均衡器进行相反的处理。加重过程常采用 50μs 和 15μs 这两个时间参数,对应的频率点为 3183Hz 和 10,610Hz。

(2)数据交织——使突发误码变为随机误码,具体内容将会在后续章节中进行详细阐述。

(3)复用及格式化——形成串行比特流,成帧打包。

(4)信道编码——描述信息在信道上的调制方式、存储或传输方式和解调的方法,其目的是将原始的信息比特形式转变为适于信道传输的比特形式,解决数字媒体的传输形式。对信道编码的要求是:应该携带时钟信息,使接收端实现与发送端同步;信道编码中的低频成分应该尽可能小,以避免与伺服系统发生串扰;应该允许高速的数据传输或高密度的数据编码;应该具有有限的能量谱密度;抗噪声能力强,易于从不良的信道中恢复。

信道编码调制的一个基本目的就是把定时信号与数据组合成单一的适合于子同步传输的波形。有效的编码格式必须限制编码的直流成分,以避免它扰乱接收端的同步过程。没有直流成分的编码可以提高系统的带宽和信噪比。因此,理想传输波形的功率谱密度应该是低频成分很少,不会干扰同步和伺服系统,其高频分量也很小,因而能减小系统消耗的带宽。

1.3.6 其他编码

之前我们讨论的主要是以线性 PCM 编码的方式进行数字声音信息的记录，实际应用中还存在一些其他的编码形式，这些编码主要包括非均匀量化、预测编码、差分 PCM 以及 rM 等方法。对于宽频带声频信号，CD 和 DAT 使用 44.1~48kHz 取样，16bit 量化，即 700~800kb/s，如采用准瞬时压扩或 ADPCM，则可减到 1/2 左右。下面对这些编码方式进行简单的介绍。

1.3.6.1 瞬时压扩与准瞬时压扩

我们已熟知，音乐或人的语声等声频信号的振幅是随时间大幅度变化的。利用这个性质，将输入时的宽动态范围进行压缩，在输出时再进行扩张，也就是随信号振幅的变化使输入输出特性随之变化，这种操作被称为压缩扩张，可简称为压扩。

压扩是很早就已采用的在模拟传输时的方法，杜比（Dolby）降噪和 dbx 就是模拟的压扩。家用磁带录音机等使用的自动电平控制（ALC）和自动增益控制（AGC）也可以看成模拟阶段的一种压扩技术。

A/D—D/A 变换时的压扩是使量化步长随振幅而变化，被称为非均匀量化。在小振幅时，量化步长设得较小；在大振幅时，量化步长设得较大。也可被称为浮动小数点的方式。

压扩可分为随每个取样的振幅进行压缩扩张的瞬时压扩方式和观察在某一范围的信号来进行压扩的准瞬时压扩方式。准瞬时压扩是着眼在信号电平变动比较缓慢的点，将信号分为某种长度的块，以块为单位观察后进行压扩，也可被称为分块浮动小数点方式。当块过长时，则电平低的部分信噪比就会成为问题。

有代表性的瞬时压扩有近似对数特性的被称为 A 律和 μ 律。A 律压扩已被广泛使用在电话的语声 PCM 中，在数字中继线路中的数字阶段也已引入与 μ 律近似的瞬时压扩方式。另外，在 DAT 的长时间模式中的数字阶段也用压扩方法将 16bit 信号压缩为 12bit。

在数字阶段进行瞬时压扩或准瞬时压扩都会带来失真。但只要在不影响听觉的范围内进行比特削减就会具有很大的现实意义。对各种乐音信号进行以 44.1kHz 取样，16bit 均匀量化的信号所能得到的十分满意音质和接受的极限进行研究，可认为瞬时压扩方式有效数字为 6 比特、电平信息为 3 比特，即 1 个取样为 9 比特。

准瞬时压扩方式有效数字也为 6 比特，电平信息为 3 比特，这个电平信息可在每 256 个取样传送一次就足够了。也就是说，每一分组长度有 256 个取样，每一取样为

6+3/256=6.01 比特,可减少较大的比特数。每一块长度 256 个取样,是在每 6.25ms 进行一次电平检测,从人耳听觉特性方面考虑也是一个恰当的数值。

另外,对以取样频率 8kHz、10 比特均匀量化的女播音员声音,以有效数字 4 比特、电平信息 2 比特,块长 64 个取样,即每一取样 4.03 比特时,可得到与原声相比毫不逊色的音质。

预测编码等与这种用压扩来降低比特的方法,在听觉上虽然感觉不到差异,但前者是无失真的,后者则有听觉上容许的失真,这是不能忘记的。但用压扩来减少比特数是有效果的。

1.3.6.2 预测编码

预测编码是由过去的几个取样值来预测推断现在的取样值,将真的取样值与预测值之差,即预测误差进行编码后传输的方法。将一个取样前的值作为预测值的单纯差分 PCM 也可对于通常的乐音以每个取样 8~9 比特来进行信号无劣化的传输;对正规预测编码以每个取样 4~5 比特来进行信号无劣化的传输。

1.3.6.3 自适应 PCM(APCM)

自适应脉冲编码调制(adaptive pulse code modulation,APCM)是根据输入信号幅度大小来改变量化阶大小的一种波形编码技术。这种自适应可以是瞬时自适应,即量化阶的大小每隔几个样本就改变,也可以是音节自适应,即量化阶的大小在较长时间周期里发生变化。

改变量化阶大小的方法有两种:一种叫作前向自适应(forward adaptation),另一种叫作后向自适应(backward adaptation)。前者是根据未量化的样本值的均方根值来估算输入信号的电平,以此来确定量化阶的大小,并对其电平进行编码作为边信息(side information)传送到接收端;后者是从量化器刚输出的过去样本中提取量化阶信息。由于后向自适应能在发收两端自动生成量化阶,所以它不需要传送边信息。

声频信号的振幅及频率分布是随时间缓慢变化的,但变化的幅度很大。对于准瞬时压扩及加重性能随信号而自适应变化的动态加重,也可看成 APCM 的一种。

1.3.6.4 差分 PCM(DPCM)

差分脉冲编码调制(differential pulse code modulation,DPCM)是利用样本与样本之间存在的信息冗余度来进行编码的一种数据压缩技术。差分脉冲编码调制的思想是,根据过去的样本去估算(estimate)下一个样本信号的幅度大小,这个值被称为预测值,然后对实际信号值与预测值之差进行量化编码,从而就减少了表示每个样本信号的位数。与脉冲编码调制(PCM)不同,PCM 是直接对采样信号进行量化编码,而 DPCM 是对实际信号值与预测值之差进行量化编码,存储或者传送的是差值而不是幅度绝对值,这就降低了传送或存储的数据量。此外,它还能适应大范围变化的输入信号。

1.3.6.5 自适应差分 PCM(ADPCM)

ADPCM 是利用样本与样本之间的高度相关性和量化阶自适应来压缩数据的一种波形编码技术,CCITT 为此制定了 G.721 推荐标准,这个标准叫作 32 kb/s 自适应差分脉冲编码调制——32 kb/s Adaptive Differential Pulse Code Modulation。在此基础上还制定了 G.721 的扩充推荐标准,即 G.723——Extension of Recommendation G.721 Adaptive Differential Pulse Code Modulation to 24 and 40 kb/s for Digital Circuit Multiplication Equipment Application,使用该标准的编码器的数据率可降低到 40kb/s 和 24kb/s。

CCITT 推荐的 G.721 ADPCM 标准是一个代码转换系统。它使用 ADPCM 转换技术,实现 64 kb/s A 律或 μ 律 PCM 速率和 32 kb/s 速率之间的相互转换。

ADPCM 综合了 APCM 的自适应特性和 DPCM 的差分特性,是一种性能比较好的波形编码。它的核心想法是:第一,利用自适应改变量化阶的大小,即使用小的量化阶去编码小的差值,使用大的量化阶去编码大的差值;第二,使用过去的样本值估算下一个输入样本的预测值,使实际样本与预测值之间的差值总是最小。它的编码简化框图如图 1-3-16 所示。

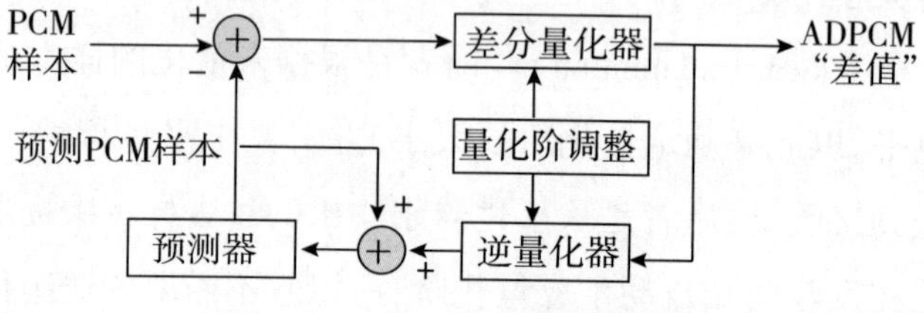

图 1-3-16 ADPCM 编码简化框图

接收端的译码器使用与发送端相同的算法,利用传送来的信号来确定量化器和逆量化器中的量化阶大小,并且用它来预测下一个接收信号的预测值。

1.3.6.6 ΔM 与自适应 ΔM

ΔM 编码,也称增量脉码调制方式(DM),是继 PCM 后出现的又一种模拟信号数字化的方法。该方法于 1946 年由法国工程师 De Loraine 提出,目的在于简化模拟信号的数字化方法,主要在军事通信和卫星通信中被广泛使用,有时也作为高速大规模集成电路中的 A/D 转换器被使用。

它是一种把信号上一采样的样值作为预测值的编码方式，增量调制是预测编码中最简单的一种。它将信号瞬时值与前一个抽样时刻的量化值之差进行量化，而且只对这个差值的符号进行编码，量化只限于正和负两个电平，只用一比特传输一个样值。若差值为正就发“1”码，若差值为负就发“0”码。因此数码“1”和“0”只表示信号相对于前一时刻的增减，不代表信号的绝对值。

同样，在接收端，每收到一个“1”码，译码器的输出相对于前一个时刻的值就上升一个量阶。每收到一个“0”码就下降一个量阶。当收到连“1”码时，表示信号连续增长；当收到连“0”码时，表示信号连续下降。译码器的输出再经过低通滤波器滤去高频量化噪声，从而恢复原信号，只要抽样频率足够高，量化阶距大小适当，收端恢复的信号与原信号非常接近，量化噪声可以很小。

在 ΔM 量化过程中存在斜率过载(量化)失真，主要是由于输入信号的斜率较大，调制器跟踪不上而产生的。因为在 ΔM 中每个抽样间隔内只容许有一个量化电平的变化，所以当输入信号的斜率比抽样周期决定的固定斜率大时，量化阶的大小便跟不上输入信号的变化，因而产生斜率过载失真(或称过载量化噪声)。另外在信号变化比较缓慢的区域内，编码后得到的序列会是“1”和“0”交替变化的，这种现象被称为颗粒噪声。

从原理可知，当信号快速变化时，它将不能跟随输入信号而产生大的失真。这种失真当取样频率设得较高时虽可减小，但设得过高会失去节约的意义。例如，即使将取样频率设定为 10 倍，ΔM 也只能跟随原来的取样间隔 10 个量化步长的变化，但 PCM 同样以每取样 10bit 时，可跟随 1024 个量化步长的变化。因此，可认为 ΔM 只适用于简单的系统。

自适应 ΔM (adaptive delta modulation，ADM)是增量调制的一种改进形式。其特点是：量化器的量化阶能自动地随信号幅度的大小而变化，从而扩大动态范围，即量化步长是与信号相适应而变化的。

思考题

1. 调制应该具备哪些条件？
2. A/D 变换器有哪几种主要类型？
3. A/D 变换器的主要技术指标包括什么？
4. 采样保持电路的意义是什么？
5. 防混叠滤波器的意义是什么？

1.4 数字音频再生

1.4.1 再生处理

在线性 PCM 系统中,模拟信号再生所用电路框图如图 1-4-1 所示。再生功能包括时基纠错、解调、解复用(串/并变换)、纠错、数/模变换、输出取样和保持(S/H)以及输出低通滤波。

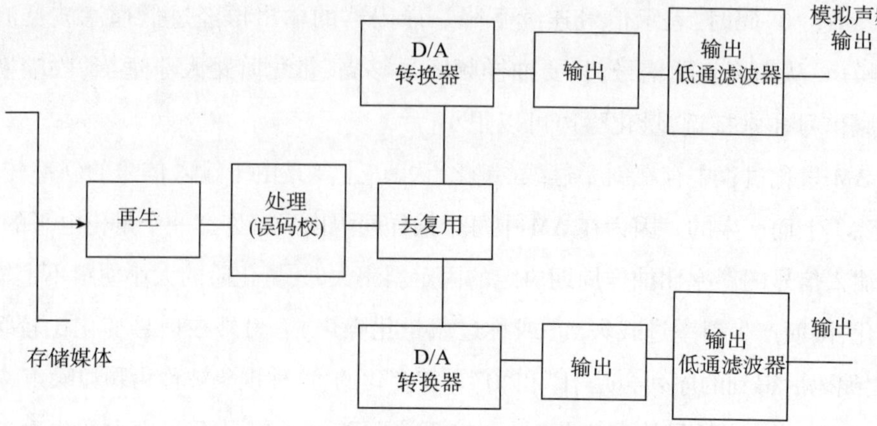

图 1-4-1 线性 PCM 再生的原理框图

再生信号链路接收衰减的编码信号,把它变成高保真的模拟信号。再生电路必须将数据存储和传输产生的影响减到最小。

再生电路可以对数据进行缓冲和纠错,使定时抖动的影响降到最小。

波形锐化电路可识别出信号的极性反转,重构出有效的数据信号,使得数据的恢复可以不受信道波形品质恶化的影响。

时基纠错电路从比特流中识别出同步脉冲和其他定时信息,用来同步回放信号,重新成帧,进而判决每个脉冲的二进制内容。

音频数据重新变成可读的二进制格式后,通过解复用电路把音频数据还原成并行的结构。

音频数据和纠错码被识别出来,并与其他外围数据分开。使用纠错码对信号进行检错,以发现编码后出现的误码。

离开再生处理电路时,数据重新获得了恒定的定时,经过了去复用、去交织、纠错等处理,然后进行 D/A 变换。

1.4.2 D/A 变换器

D/A 变换器是再生系统中最重要的部分之一，用来将数字信号还原成模拟信号。就像 A/D 变换器决定了编码数据总的质量一样，D/A 变换器对精确度也有很高的要求。

传统的 D/A 变换器处理并行信号时，分辨率是由绝对线性误差和差分线性度决定的。绝对线性误差是指与理想的量化阶梯之间的不一致，可以用满幅度信号来衡量，它通常要比 1/2LSB 小。差分线性误差是每个实际量化阶梯与理想阶梯的差值。这种误差与大信号无关，与小信号却关系密切，它常常会对小信号造成失真。

差分非线性有可能使整个变换器丧失功能。差分线性误差对大信号的影响较小，而对小信号的影响可能很大。

一、权电阻型 D/A 变换器

D/A 变换器大多是由输入数字信号将与各位权值相对应的电压或电流分别加以选通，取它们之和。

权电阻型 D/A 变换器是以基准电压 VR 和一系列阻值倍增的电阻构成的（见图 1-4-2）。模拟开关的通断与数字信号相对应。运算放大器是为了将电流转换成为电压而设的，如果是电流输出型 D/A 变换器，则不需要运算放大器。为了得到高精度的变换，就必须考虑电阻的精度以及模拟开关所用晶体管基极—发射极间的电压变化等因素。对于电阻值来说，如 R 取为 1kΩ，则 16 位时的最大值将高达 33MΩ（$1K\Omega\times2^{15}=1K\Omega\times32,768\approx33M\Omega$）。

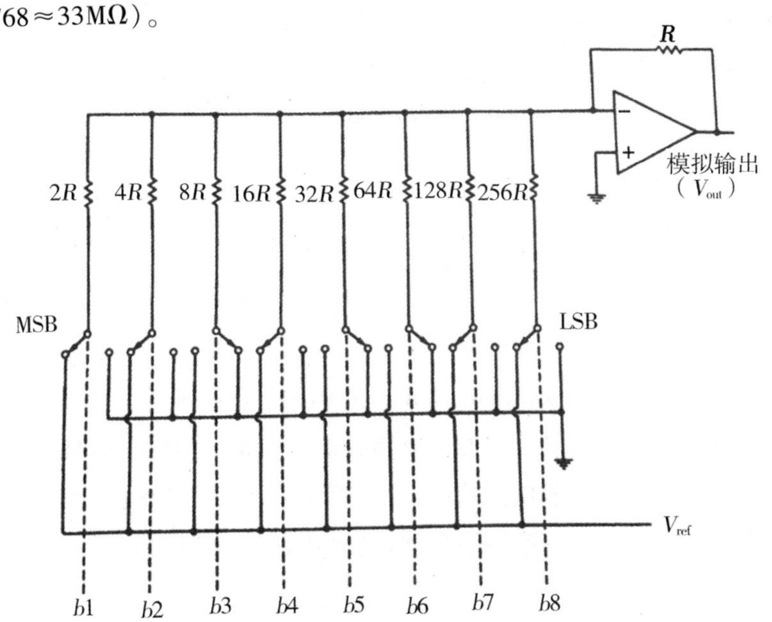

图 1-4-2 权电阻型 D/A 变换器

如果不使用高阻值电阻,则可采用将电阻分为几组,对各组再进一步加权的方法,连接各组的电阻,阻值比为1:15,各组中最大电阻值与最小电阻值之比为1:8,避免了高阻值电阻。

二、梯形电阻型 D/A 变换器

这种变换器的电路如图1-4-3所示。它只由R和2R两种电阻形成梯形电阻电路。它的特点是,由R和2R的各电阻连接点即图中各点向左看过去的电阻值都等于2R。因此,设由基准电压VR端流入的电流为I,各连接点处的电流必然按等分为二进行分流。数字输入信号对模拟开关进行控制,使与其比特对应的电流流入运算放大器,即得到与输入数字信号相对应的模拟信号。

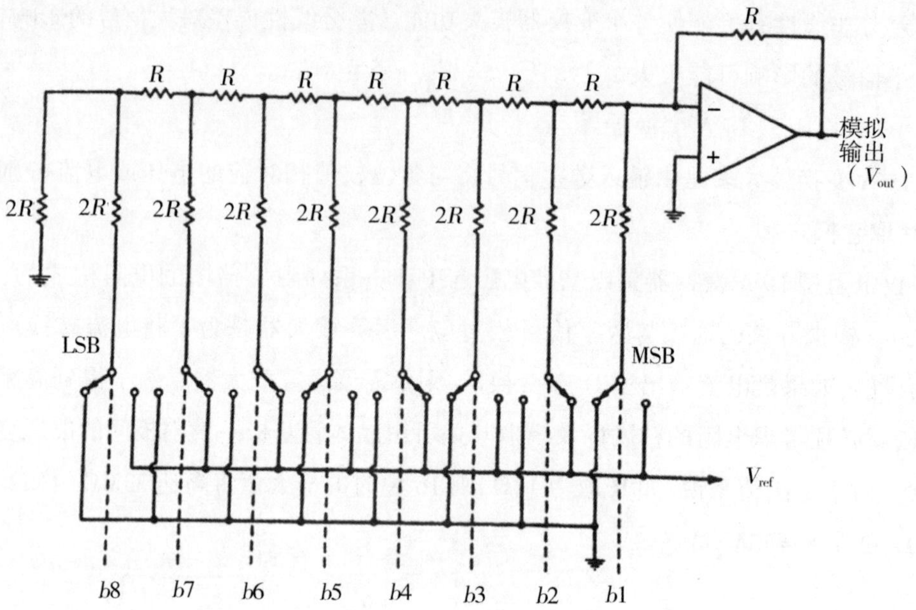

图 1-4-3 R-2R 梯形 D/A 变换器

由于产生最大输出电压MSB的差分线性误差是最大的,而且每次输出波形经过零点时,MSB都要改变一次,而梯形D/A变换器在输出电压范围的中部难以达到足够的精度,从而导致过零失真。过零失真发生在模拟波形的正、负部分之间的过零点上。

三、动态单元匹配型 D/A 变换器

动态单元匹配(Dynamic Element Matching,DEM)型D/A变换器是将与各位权数值相对应的电流相加来进行转换。它要求与各位权值相对应的电流具有很高的精度,它们的分流精度往往不是依靠电阻值的精度,而是采取以开关电路对电流切换的办法来达到的。利用将电流二等分的分流器,就可得到对应各位权值的电流I、I/2、I/4等。

1.4.3 输出 S/H 电路

一些数字音响系统具有两套 S/H 电路：一套用在输入端对模拟信号进行采样，并在进行 A/D 变换时保持不变；另一套用在输出端对 D/A 变换器的输出进行采样和保持，主要用来除去开关切换时产生的毛刺。因为输出 S/H 电路还可以对输出信号的异常频率响应（称为孔径）进行补偿，因此这种电路有时也被称为孔径效应电路。

采样定理所叙述的由采样的 PAM 信号可以完全恢复原模拟信号是有条件的，即采样脉冲的宽度（脉冲所占时间）应为无限小。但实际的采样脉冲都具有一定的宽度，这就会使恢复的模拟信号的高频特性产生失真，这种效应叫作孔径效应。孔径效应来源于采样脉冲的宽度，采样脉冲越窄，孔径效应就越小。采样理论表明，响应的宽度取决于脉冲的宽度，脉冲越窄，响应的带宽就越宽。实验证明，当采样脉冲宽度为采样周期的 1/4 时，孔径效应所产生的高频损失约为 0.2dB，人耳几乎不能察觉到，从而不会成为问题。

另一种消除孔径效应的方法就是在 D/A 变换之前进行频率补偿。这个功能可以在 S/H 电路之前的数字滤波器中完成，用高频的提升来与孔径效应相抵消，以获得平坦的频率响应，而且不会造成信噪比的下降。

1.4.4 输出低通滤波器

数字音响系统中的第一个和最后一个电路都是低通滤波器，分别叫作抗混叠滤波器和抗镜像滤波器。它们在设计上大同小异，但是功能并不相同。

依据采样定律的要求，输入低通滤波器把输入信号中高于半采样频率的成分滤除掉，以防止混叠。输出低通滤波器也同样必须把高于半采样频率的成分滤除掉，把 PAM 脉冲阶梯转变为平滑的连续波形，再生出原来的通过抗混叠滤波器之后的信号。

与输入低通滤波器相同的是，输出低通滤波器的通带特性要求平坦，阻带要求高度衰减，过渡带要求足够狭窄，同时使用相位补偿电路保持群延时一致。

从理论上讲，当 σ 脉冲信号通过低通滤波器时，输出的波形就是滤波器的冲激响应。滤波器可以用时域冲激响应或频率冲激响应来描述。将输入信号的频谱与滤波器的频域响应相乘，然后对乘积进行傅里叶变换，其结果等于将这个信号与该滤波器的时域冲激响应函数进行卷积。

输出滤波器的功能是重建原始音频信号。从理论上讲，理想输出低通滤波器可以产生与经过抗混叠低通滤波器过滤后的原始信号完全相同的信号，即理想低通滤波器对音频样值的冲激响应重构了原始波形。

1.4.5 D/A 过采样

正如 A/D 转换中那样,在 D/A 转换中也可以使用过采样。在 D/A 转换的情况下,插入的采样必须处在奈奎斯特速率采样中间,以使转换可以在较高的采样速率下进行。这些是通过 PCM 数据的采样率转换来实现的(取样率转换将在以后的章节中加以介绍),这些样本随后以较高的速率转换到模拟状态,再次避免使用陡峭的模拟滤波器。噪声整形也可以在 D/A 转换阶段引入,根据转换器的设计,来减少噪声的主观电平。

现在的一些先进 D/A 转换器设计采用了高速率下的过采样,产生仅有几比特的分辨率的样本。这一方案的极端形式就是极高转换率下的 1 比特技术。通过比特分辨率转换,并采用噪声整形处理来优化信号的噪音频谱。

1.4.6 1 比特 D/A 变换器

1 比特 D/A 变换器是近十几年来发展起来的一种数字声频新技术。它不是以提高量化比特数来提高变换的性能,而是采用过取样(Oversampling)技术和噪声整形(Noise Shaping)技术,将量化噪声由可听频段转移到非可听频段,从而大幅度降低了量化噪声对变换后的模拟声频信号的影响,由此得到优质的 D/A 变换。

A/D 变换器也同样有 1 比特的类型,在此,我们着重研究 1 比特 D/A 变换器。

1 比特 D/A 变换器主要有荷兰飞利浦公司开发的比特流方式(Bitstream 方式或 PDM 方式,即脉冲密度调制方式)和日本松下公司开发的多级噪声整形方式(Multistage Noise Shaping, MASH 或 PWM 方式,即脉冲宽度调制方式)两大类。

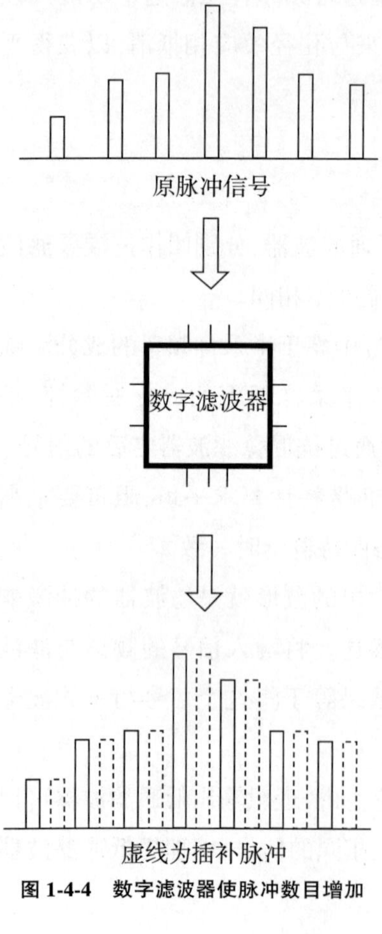

图 1-4-4 数字滤波器使脉冲数目增加

一、过取样方式

利用数字滤波器的无相位失真的性质,对以 44,100Hz 取样的数字信号,可以设计成将每个取样信号延时 12 周期[(1/88,200)s]后,加入相邻取样信号之间,如图 1-4-4 所示,即相当于将取样脉冲信号增加一倍，然后送往 D/A 变换器进行D/A变换。这时的数字信号成为取样频率为 88. 2kHz 的信号，但信息量并未增多，只是信息成为两两重复的。D/A 变换器即可按照 88. 2kHz 来进行处理，也就是将同一个取样信号重复一次输出。这种取样信号与原来的信号相比，是以 88. 2kHz 为中心，包含上下 20kHz 不需要的信号，并且以 44. 1kHz 为中心的信号已经不复存在，因而模拟恢复低通滤波器只需在 20～68. 2kHz 之间进行衰减就可以了，不需要过陡的截止特性。

以上就是使模拟恢复低通滤波器的衰减特性可以平缓的过取样方式（见图 1-4-5）。

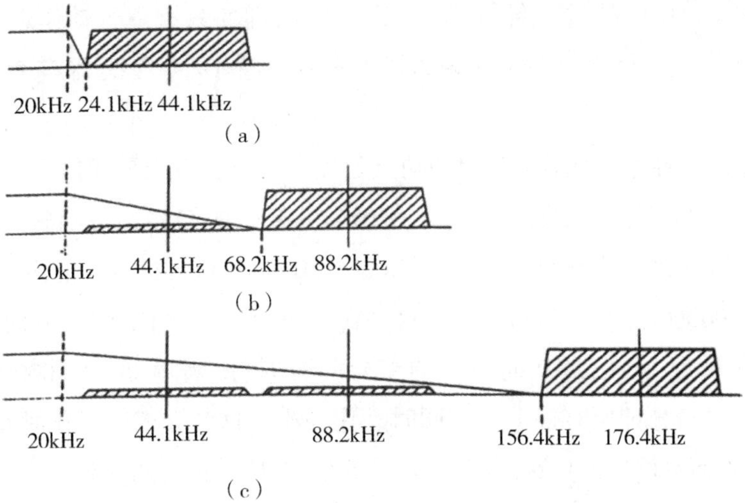

图 1-4-5 过取样可使模拟恢复低通滤波器的特性平缓

注：(a)非过取样方式；(b)两倍过取样；(c)四倍过取样。

实际中所用的过取样方式并不是如上所述使每个信号重复输出，而是按照一定的曲线在原有两个取样之间插补进去一个取样。

如果采用四倍过取样方式，则过取样频率为 176. 4kHz，模拟恢复低通滤波器只需在 20～156. 4kHz 之间衰减即可，特性可更为平缓。

过取样方式的另一个作用是可以改变量化误差分布的状况。量化误差在总量不变的情况下，将随条件而改变分布的状况。通常是均匀分布在取样频率的 1/2 范围内。但在进行过取样后，取样频率被提高了，量化噪声的分布范围则会变宽，但由于总量不变，因而使分布的高度变低，即成为电平下降的效果。

当过取样为 2 倍时，量化噪声的分布范围也扩大两倍，从而使高度减半；如果为 4 倍，则高度减低到 1/4。

二、多比特方式的原理性缺点

相对于 1 比特方式来说，可以将之前所述的 D/A 变换器称为多比特方式。

多比特方式具有不可避免的原理性缺点，例如变换误差和过零失真等。

我们以多比特方式中的 16 比特权电阻型 D/A 变换器为例来看，权电阻型 D/A 变换器需有 16 个电阻和 16 个开关。电阻是以 R、2R、4R、8R……成倍增大的，最大电阻是最小电阻的 $2^{15}=32,768$ 倍。如果这 16 个电阻的阻值稍有误差，则变换的信号就会产生失真，但采用精度高的电阻是非常困难的，即使可能，费用也将大幅度上升，并且也很难使阻值长期保持高精度。再有，对于开关来说，要使 16 个开关以 (1/44,100) s 为单位同时通断，几乎是不可能的，即使只有一个动作迟一些，转换的信号也会有偏差。因此，从原理来说，这种多比特 D/A 变换器有着不可避免的缺点。

多比特方式的另一个不可避免的缺点是过零失真。由于声频信号是交变的、有正有负的信号，所以，变为二进制码时，应使用 2 的补码或偏移二进制码。16 位 2 的补码所能表示的正数为从 0000000000000000 至 0111111111111111；能表示的负数为从 1000000000000000 至 1111111111111111。在正负交界处，由 0 向正方向增加 1，只需将 LSB 的 0 改为 1。但由 0 向负方向变化一位时，则需由 0000000000000000 变为 1111111111111111，即所有开关都需同时动作一次。这就会产生动作时间的差异和电流误差等。然而在信号为 0 处，声音的音量最小，人耳最容易感受到失真。这种在 0 附近产生的误差就是过零失真，是多比特方式原理上难于消除的误差（见图 1-4-6）。

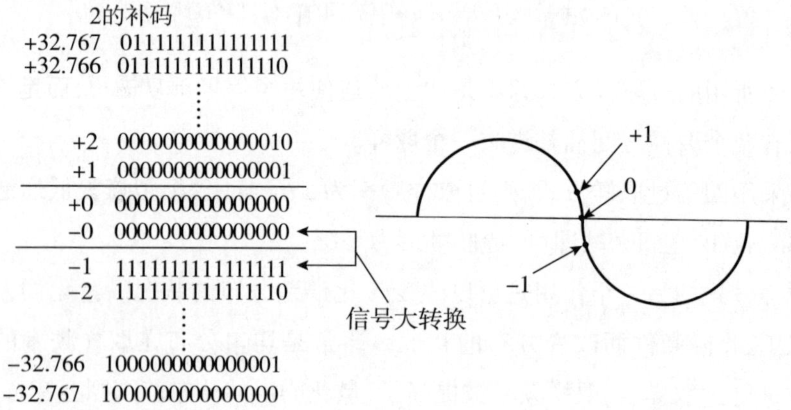

图 1-4-6　过零失真

三、无线性失真的 1 比特方式

D/A 变换器变换的准确性也可称为线性。它在低电平时，线性较差。也就是说，在声音小的情况下，容易产生这种线性失真。虽然数字信号具有宽的动态范围，信噪比也优于模拟信号，但人们对数字信号在安静部分所产生的失真是容易察觉到的。这种失真会影响乐器的余音和声音的谐和等，从而会产生微妙的差异。因此，对过零失真、线性的劣化，只能用各种技术做一些小的抑制，不能从根本上加以解决。

简单地说，比特流方式就是将16比特的数字信号变换为脉冲疏密波，即脉冲密度调制波，从而恢复出模拟信号。疏密波可以用简单的电容电路产生，因面可以避免由元件的精度及时间的偏差所引起的失真，并且由后面的叙述可知，它也不会产生过零失真。因此，它是一种的极好线性方式。当线性的斜率不正确时，可以进行简单的调整。所以，1比特方式的特点就是可以从理论上忠实地进行D/A变换。

1. 疏密波的产生过程

将16比特信号变成疏密波时，首先将16比特信号由存储器作为一个单元来存储。

这时，可以看出信号是属于65,536级中的哪一级。信号占有的时间是(1/44,100)s。变成疏密波的这种装置是按输入信号的+/-产生脉冲的装置。它不考虑信号的大小，一次只发出一个脉冲。因此，它不与信号的大小相对应。当信号为正时，它发出一个正脉冲；当信号为负时，它发出一个负脉冲。即它是一个能发出±1信号的装置。这个装置在输出信号的同时，还将信号反馈回输入端，但不是原样地反馈，而是反转后再反馈，即与输入信号进行相减，形成负反馈。这是以极高速度进行的。

脉冲发生器的动作相对于输入信号来说是非常快的，反馈也是高速的。对一个信号需经过多次反复反馈。当反馈+1的信号时，会使输入信号减1，这样反复进行，直到将输入信号减为0，这时再减1，输出就变为负值。将这个输出再输入脉冲发生器，则出现-1脉冲，再经反馈，减去-1等于加上+1，输入信号再转为正值，再将它反馈。于是，这个装置的工作在输入信号为0以后，脉冲发生器的输出将形成+1、-1反复交替的连续状态，直到下一个信号输入为止。

脉冲发生器发出的脉冲信号，在反馈的同时也流向输出电路，这些脉冲就形成疏密波。这种疏密波的波形并不是脉冲间隔产生变化，而是呈现为偏向正、负那个方向的疏密变化。以上就是1比特D/A变换器疏密波的形成过程。

这种疏密波的形状，最初只是连续的正脉冲(或连续的负脉冲)，当输入信号被减为0后，就成为正负反复交替的情况。当输入的正信号小时，很快就会被减为0，所以开始是变为+、-反复交替的脉冲；当输入信号大时则相反，可一直持续为正。这只是16比特信号的一次动作，实际是按每秒44,100次反复进行的，可见疏密波的宽度是非常窄的。

这种脉冲发生器的动作应该有多快呢？因为16比特信号有2^{16}个，包括零在内共有$2^{16}-1=65,535$级，即最大信号为65,535个单位。这个信号一次只减一个单位，并且需在(1/44,100)s内减完。脉冲发生器必须在(1/44,100)s内产生65,535个脉冲。所以1秒间要有65,535×44,100=2,890,000,000个脉冲,即约需28亿9千万个脉冲。从半导体器件的动作来看,每秒需进行28亿9千万次开关,即开关速度为2.89GHz。这样高速的元件实现是非常困难的,解决的办法是使用噪声整形技术。

2. 疏密波变换为模拟信号的过程

疏密波变换为模拟信号的方法与多比特方式的变换方法相同,也是使用低通滤波器。

由于上升沿很陡的脉冲波形通过低通滤波器以后,就会变钝,因此,即使脉冲为方波时也会变为正弦波。对于由脉冲波组成的疏密波来说,脉冲的上升沿、下降沿都会变钝,使脉冲成为梯形或带有圆形的正弦波状。由于截止频率为20kHz的低通滤波器不能通过20kHz以上的信号,所以脉冲只能变为最高为20kHz的正弦波。这种正弦波是一个接一个蜂拥而来的,脉冲的间隔远小于20kHz。在保持这一间隔的情况下,前一个脉冲还未下降,后一个脉冲就到了。这样到来的一个个正弦波就会互相重叠,形成由许多时间稍有偏离的正弦波合成的一种波形,即声音信号的波形。

实际的低通滤波器的截止特性并不陡峭,因此,通过的信号仍会残留一些高频成分。

经过几次通过低通滤波器后,高频成分才会不存在,全体波形会与原来的声音波形一样圆滑。以上就是疏密波通过低通滤波器恢复成模拟声频信号的过程。

四、比特流方式1比特D/A变换器

比特流方式1比特D/A变换器是荷兰飞利浦公司开发的。它的工作过程是,在开始时与多比特方式相同地输入16比特信号。输入时,信号是一位一位进入的,积累16位成为一个信号然后进行L、R分离,将左右16位信号一起处理。首先进行过取样。多比特方式也可进行过取样,但大多是4倍、8倍的低倍数过取样,1比特方式则采用例如256倍的超高倍数过取样。经过这样高倍数过取样后,信号进入噪声整形电路。这是一个将刚刚进入的电压进行积累、比较的电路。理论上,其中应包含输出疏密波信息的部分和产生疏密波的部分。这两部分都装在一个IC中,这种IC就被称为D/A变换器。但严格地说,这个IC中只有产生脉冲的部分才可被称为D/A变换器。

这种D/A变换器是由两个一组的电容器组成的简单器件。它根据信号是"1"或是"0"而向正向电容器或负向电容器反复进行充电和放电。由于只进行电容器的充放电,因而不需要像多比特那样具有严格的精度。即使电容器产生的电压有偏差,也只会影响脉冲的高度,而不会影响脉冲的间隔。脉冲的间隔是由精密的时钟控制的,与电容器的精度无关。因此,电容器的精度不会成为问题。

这样得到的1比特D/A变换器具有的特点是:第一,D/A变换器的构成非常简洁,基本上只有电容器,工作单纯明快,尤其是电容器的精度与信号的准确度无关。信号的准确度只由控制电容器通/断的时钟决定,电容器的精度只影响脉冲的高度。第二,1 比特 D/A 变换器不会产生时间偏离,它的动作只由两个电容器完成。因此,容易按时钟准时动作。第三,1 比特 D/A 变换器不会产生过零失真。由于零点对 1 比特方式来说不是一个特殊点,从原理上不存在产生过零失真的可能性。

因此,1 比特方式从根本上解决了多比特方式所存在的难以解决的问题。另外,在多比特 D/A 变换器特性曲线的横轴(时间轴)与纵轴(振幅轴)之间很难完全成正比关系,而大多成为具有弯折的非线性关系。但在 1 比特方式中,容易保持线性关系。即使出现偏离,只要简单调整一下变换直线的斜率就可进行校正。所以,1 比特 D/A 变换器是一种线性优良的变换器。

但是,1 比特 D/A 变换器需要 2.89GHz 的超高速开关元件。如果对一个 16 比特的一个取样数据减少运算次数,例如只运算一万次,即约减少到 1/6。这时,对于表示较小信号值的数据当然也足够了,但对表示较大信号值的数据必然会有转换不完的情况。如果原样不动,则产生的误差就将改变原来输入信号的波形,这就需要使用噪声整形措施来加以改善。

1.4.7 噪声整形

1 比特 D/A 变换技术是以噪声整形和过采样技术为支柱,引入类似模拟电路中的负反馈和前馈技术,将高比特数字信号变换成在信号频带内量化噪声低的低比特或 1 比特信号,在此基础上进行无过零失真(zero cross distortion)的 1 bit 数模转换,从而获得优越的特性。

如前所述,当将 16bit 的信号送入数字滤波器进行处理时,用数字滤波来提高采样频率的主要目标是简化 D/A 变换器后面的模拟低通滤波器(LPF),可以不要求滤波器具有十分陡峭的截止特性来消除折叠噪声。但由于数字滤波器的工作性能诸如移位、乘系数、相加等运算必然会引起舍入误差,这种误差便成为"再量化误差"。噪声整形就是处理再量化噪声的一种方法。它是一种数字反馈电路,把数字滤波器在运算处理的最后阶段舍弃的低位比特数据反馈到前面和下一位的运算数据相加或相减,使本来应被舍去的低位比特信息一次次累积,与无反馈时相比,它使输出数据稍稍增大或减小,其结果会使误差的偏移减少,输出数据在准确值上下离散分布,其平均曲线当然会更接近原来的波形。为防止产生数字振荡,通常采用负反馈方式。

噪声整形有分配噪声分布的功能。量化噪声具有白噪声性质,其功率均匀分布于整个频域范围。若对它进行噪声整形,会将量化噪声功率谱重新分布,量化噪声被赶到高频段,使可听频带内的噪声功率减小,从而改善量化信噪比。用噪声整形技术把噪声赶到高频段，是以奈奎斯特频率为峰点，再往后向着过采样频率移动又逐渐降低，其曲线以奈奎斯特频率为轴呈镜像对称。在 CD 和 DAT 中，为改善可听频带内高频信噪比，要进行预加重处理，记录时提升高频，重放时再按相反的频率特性衰减高频分量，这样可在不改变信号频率特性的条件下降低高频噪声。噪声整形在电路结构上与之有相似之处，但所做处理与上述相反，它在量化器前先将低频提升，量化之后，再将低频衰减，使声音信号的频率特性恢复为原来的平直特性。由于量化噪声是沿频率轴均匀分布的，量化器输出部分进行低频衰减时，低频段量化噪声也被衰减。噪声整形的次数决定了提升或衰减的斜率。很显然噪声整形次数越多，斜率就越陡，低频区量化噪声降低的就越多。但是噪声整形次数也不能无限制地增加，因为低频过度提升会引起限幅问题。目前已实用化的 1 比特变换器常采用两种噪声整形方式，一种为比特流（bit stream）方式，又称 PDM 方式；另一种是多级噪声整形方式。

比特流方式通常是利用负反馈的方法来减少舍人误差，起到降低量化噪声的作用。在电路组成上，有 1 次噪声整形和 2 次噪声整形两种。

在比特流方式中要把量化噪声进一步推向高频端，就要用更高次的积分器来提高低频增益，但是当次数高于 3 次时，积分器的相位已超过 180°，很容易产生自激振荡。而多级噪声整形（MASH）方式不是仅靠数字负反馈来减少可听频带内的量化噪声，而是将负反馈与前馈技术结合起来，达到减少量化噪声的效果。

其中前馈是指把与主回路中产生的失真相位相反的失真通过另外的环路（副回路）引到输出端，与主信号混合，以消除失真的方法。

采用过采样和噪声整形技术的 1 比特 D/A 变换已经成为 LSI 中的一个组成部分并已实用化。1 比特技术运用越来越广泛，目前 1 比特 D/A、A/D 变换，1 比特数字功放已实现商品化。随着 1 比特数字技术不断发展，它必将为数字录音和放音系统提供更多新型优质的数字音响设备。

思考题

1. 输入低通滤波器和输出低通滤波器的异同点是什么？
2. 孔径效应的消除有哪两种方法？
3. D/A 变换器的种类有哪些？

1.5 数字滤波器

信号处理工程师委员会对滤波器的定义如下：

数字滤波器(Digital Filters)是一种计算处理或算法，它将输入信号或一序列的数字(作为输入)转化为另一序列的数字形成输出信号(Rabiner et al.,1972)。

因此，一个带有输入输出的数字设备都可以被看作滤波器。这些设备最重要的作用就是对信号频谱的一部分进行提升和衰减，如混响器和音频延时线都是滤波器。这也就意味着滤波器不仅可以改变输入信号的频谱特性，还能改变输入信号的时域结构——例如细致的缩放(对一些频率范围做几微秒的延时)，或是较大的缩放(对整个信号延时几百毫秒)。

1.5.1 滤波器理论

数字滤波理论是相当专业的，通过与人类感受不同的数学语言来表达和描述。例如，通过数字滤波方程并不能直观地反映出声音的性质。而滤波后的效果往往是通过感觉和情感的体验来实现的。对于这种滤波处理后所体现出的美学主观感受还没有在信号处理的著作中被讨论过(Gerzon,1990;Rossum,1992;Massie & Stonick,1992 除外)，尽管滤波器对音乐的影响可以说是非常巨大的。音乐家往往使用“刺耳的”“温暖的”“悦耳的”这些词汇来试图描述滤波器所产生的不同处理效果。也许更多更准确的术语将会逐渐被用来描述这种成熟的技术。

立足于滤波器的主观感受和滤波器的应用集成之间存在着大量的理论。许多的描述都解释了滤波器的工作情况。在电子工程文献中对滤波器的描述不可避免地都会涉及 z 变换。z 变换将样本延时的效果映射到一个被称为复数 z 平面(complex z plane)的二维频率域图像中，其中平面上的极点(poles)代表共振峰值，零点(zeros)代表幅度为零的点。例如，一个两极滤波器(two-pole filter)存在两个共振峰值。对专业滤波器设计师来说，由于 z 变换在需要达到的滤波器特性和它的集成参数之间构建了一个数学的桥梁，因此 z 变换成为最基本的概念。但是对于 z 变换的描述以及它的应用需要一系列的知识且解释起来非常抽象，同时它也与相关参数的物理意义没有直接的联系。

因此，我们对滤波器理论的描述会尽可能少一些，而更多地针对其在音频中的应用。本章节会按照对样本的延时和简单的算法操作来定义滤波器的本质，用以说明在软件中滤波器如何工作。同时也会将信号流程、冲激响应和频率响应用图示表示出来进行进一步的补充说明。

在对滤波器的历史进行简要的回顾之后,后面的部分将对滤波器冲激响应的基本概念进行阐述,并说明简单的低通和高通滤波器的处理过程。对比这两个基本滤波器的结构,讨论滤波器的设计,最后对滤波器部件、梳状滤波器和全通滤波器进行讨论。

1.5.2 滤波器历史

最早的电子音乐设备使用模拟滤波器对原始的波形进行整形,这些波形由音调发生器产生,1968 年,道格拉斯(Douglas)通过减法音调合成实现了这种处理。许多知名的乐器中就使用了这样的滤波器,如 Mixtur-Trautonium、索洛沃克斯乐器(Solovox)、Clavioline 电子小提琴、"瓦伯共振峰"风琴(Warbo Formant Organ)、Hammond Novachord、RCA Synthesizer,以及 Ondioline(Jenny,1958;Rhea,1972;Bode,1984)。

作为西德电台(WDR)演播室中的独立模拟滤波器——Albis Tonfrequenz 滤波器——图式均衡器,是众多电子音乐设备中的一个标准单元(见图 1-5-1)。20 世纪五六十年代,斯托克豪森(K. Stockhausen)、科宁(G. M. Koenig)、埃洛伊(J. -C. Eloy)和其他一

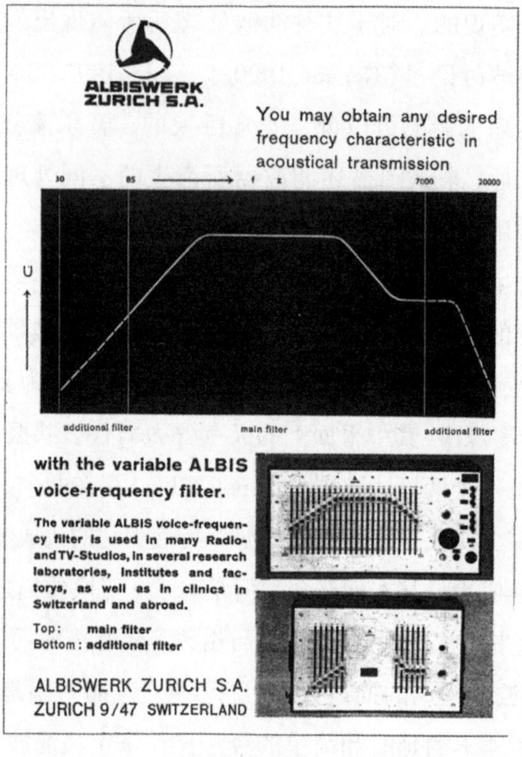

图 1-5-1 Albis"语音频率"(Tonfrequenz)滤波器

些作曲家曾经在这个西德电台演播室工作过。后来压控滤波器的出现带来了调制模拟合成器的黄金年代。

数字滤波电路的试验尝试开始于 20 世纪 50 年代,随着 z 变换微积分的采用,数字滤波器理论在 20 世纪 60 年代向前推进了一大步。在声音合成算法语言如 Music IV 和 Music 4B 中已经出现了简单数字滤波器模块。在大型的和昂贵的合成器如 Systems Concepts Digital Synthesizer(Samson,1980,1985)和 Giuseppe Di Giugno's 4X(Asta et al. ,1980)中使用了大量的实时数字滤波器。但是直到 20 世纪 80 年代后期,随着硬件设备的加速发展,在低成本的合成器、插卡式信号处理卡、效果器、数字调音台中集成实时的数字滤波器成为可能。

1.5.3 滤波器的脉冲、频率和相位响应

如图 1-5-2 所示,我们可以通过在时域或频域中滤波器处理前、后的图示,来观察

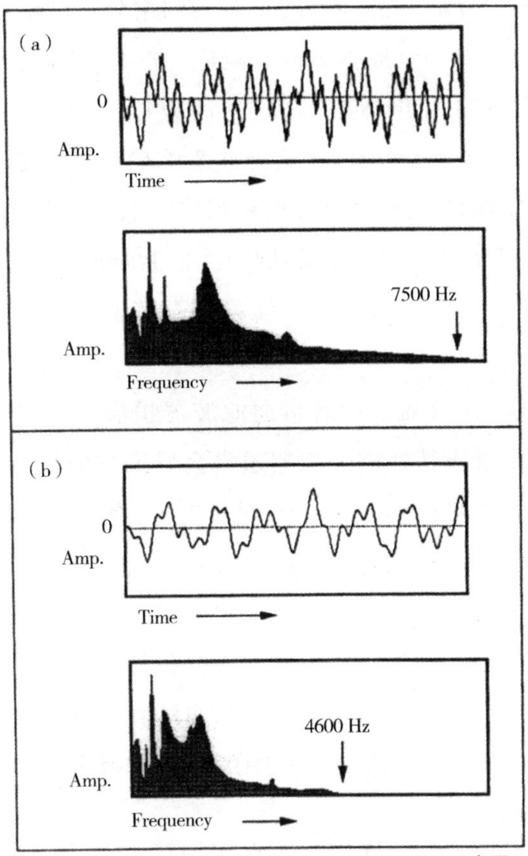

图 1-5-2 信号通过低通滤波器衰减后的效果示意图

注:其中包括时域和频域图示。(a)通过音叉琴(19 世纪英国的一种键盘乐器)发出的原始信号片段。(b)上述信号经过在 3000Hz 为拐点衰减 12 分贝的低通滤波器处理后的结果,请注意其中带宽的减少。

滤波器的处理效果。当然,有些输入信号对滤波器效果的反映好于一些其他的信号。但是否存在一种理想的输入信号可以对各种滤波器都具有良好的响应呢?一般来说,我们会将能够包含所有频率信息的信号送入滤波器中,用于对滤波器的效果进行检测。白噪声信号就具有这样的特点,它包含了所有的频率信息,能够反映出滤波器在频率域的响应。但是另外一个很重要的测量是了解滤波器对瞬态信号的响应,这就意味着必须测量滤波器在时域的响应。

18 世纪傅里叶(Fourier)揭示出了信号的持续时间和信号的频率内容之间的反比关系。一个无限时间的正弦波在频率内变换为单一的频率,随着对正弦波的时间进行缩短,它对应的傅里叶频谱也变得越来越复杂。换句话说,我们需要将更多的正弦波叠加在一起,使得它们彼此相互抵消,从而产生短持续时间的信号。因此,信号持续时间越短,相应的频谱就越宽。

在数字系统中,最短的信号持续时间为一个样本的时长,这个信号中包括了采样信号在给定采样率采样后所能描述的所有的频率分量的能量。因此,一个测量滤波器通用的方法就是观测一个样本脉冲的响应,这个样本脉冲可以用作近似无限短时间的脉冲信号或克罗内克尔增量。由送入滤波器中的这种单位脉冲得到的输出信号被称为滤波器的冲激响应(IR)。这种冲激响应比较准确地反映了系统的幅度对频率的响应,即频率响应。冲激响应和频率响应都包含了相同的信息——滤波器的单位冲激响应——但是对应为不同的域中。冲激响应是在时域中的表示,频率响应是在频率域中的表示,两个域之间的转换通过卷积来实现,我们在后面会进行介绍。

如图 1-5-3 所示,一个尖锐的提升带通滤波器扩展了冲激响应后的能量。一般来说,表现为尖锐狭窄带宽特性的滤波器通常会导致在原始脉冲之后有明显的时间延迟表现,一个长的脉冲会得到一个窄的频率响应,在窄带滤波器中所存在的长延迟时间就成了在频谱分析中的问题。另一方面可以看到,一个短的脉冲会得到一个宽的、平坦的频率响应。图 1-5-3(b)显示了平缓的低通滤波器频率响应的效果。

滤波器的另一个特性是对输入滤波器中正弦信号相位的影响。相位响应指的是滤波器对每一个输入的正弦信号分量的相位的偏移(以弧度表示)。也许更直观的测量是通过相位延时,用每一个输入滤波器中的正弦信号分量的时间延时(以秒来表示)来表示相位的偏移。

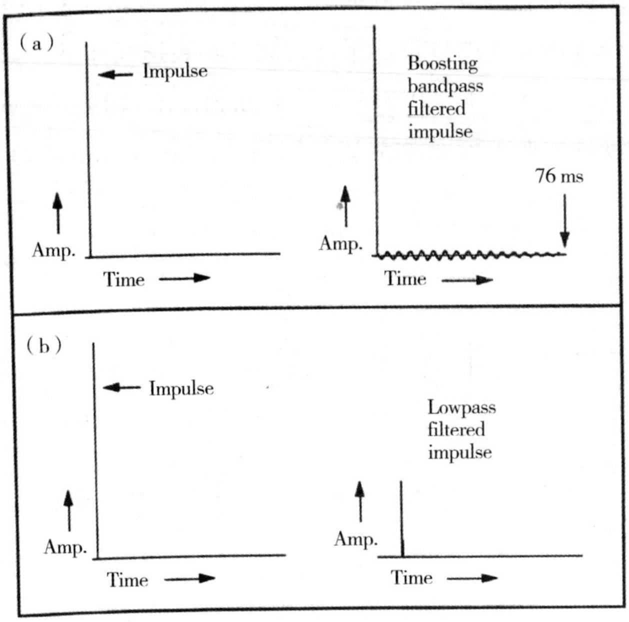

图 1-5-3 对脉冲信号进行滤波效果示意图

注:(a)经过一个提升的带通滤波器模式。左边的竖线代表脉冲信号,右边的信号表示经过一个在 200Hz 处提升 24 分贝带宽为 20Hz 的带通滤波器后的脉冲信号,注意在低电平下的“涟漪”响应已经扩展到了 76ms。(b)低通滤波器模式。经过一个在 1kHz 为拐点衰减 15 分贝的低通滤波器后的结果。

1.5.4 滤波器方程式

除了观测冲激响应的图像以外,我们还可以使用与输入信号和输出信号相关的方程式对数字滤波器进行描述。方程式的输出往往通过对当前和过去的输入样本进行加、减、乘运算得到,这种方程被称为线性差分方程(linear difference equation)。所谓线性,指的是如果将两个具有一定比例的方程之和送入滤波器中,结果与将这两个方程单独送入滤波器中得到的结果之和相同。

在信号处理中,送入滤波器中的输入信号被习惯称为 x,输出被称为 y。输入和输出样本被序列化(如样本在时间 n 处,那么像一个样本就在时间 n+1 处),并且样本的标号往往被放到括号中。因此 x[0]就代表第 0 时刻的输入样本,x[1]就代表下一时刻的输入样本,以此类推。

1.5.4.1 简单的低通滤波器

一个简单的低通滤波器就是对当前的输入样本和之前的输入样本进行平均,换句话说,就是它将当前的输入样本和之前的输入样本相加后再除以 2 得到的结果。这种平均化滤波器可以实现对具有尖刺的输入信号的平滑输出。所谓的尖刺就是指那些突然的变化所表现出来的高频分量。平均化滤波器表达式如下：

$$y[n]=(0.5\times x[n])+(0.5\times x[n-1])$$

表达式中的变换常数 0.5 被称为滤波器系数(filter coefficient)。图 1-5-4 显示了实现的框图。

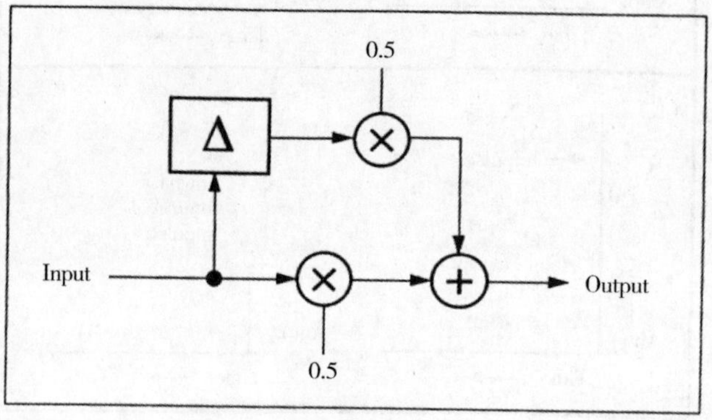

图 1-5-4　一个简单的平均化滤波器衰减高频分量的同时导致采样频率的减半

注意在本图中以及后面出现的图中，符号的含义描述如下：箭头代表信号的流向，没有箭头的直线指示的是输入的系数(用于相乘或相加)，小黑点代表支路点，在这里信号被分配到不同的流向，×符号代表乘法，+符号代表加法，△符号代表一个样本周期的延时。

图 1-5-5 显示了上述滤波器的频率响应，看上去像在第一象限的余弦信号。平均不仅可以对两个样本进行，同样还可以对三个、四个甚至更多的样本进行，从而增强了对高频的衰减效果。因此在应用中可以将一系列类似的滤波器连接起来对更多的样本进行平均化。

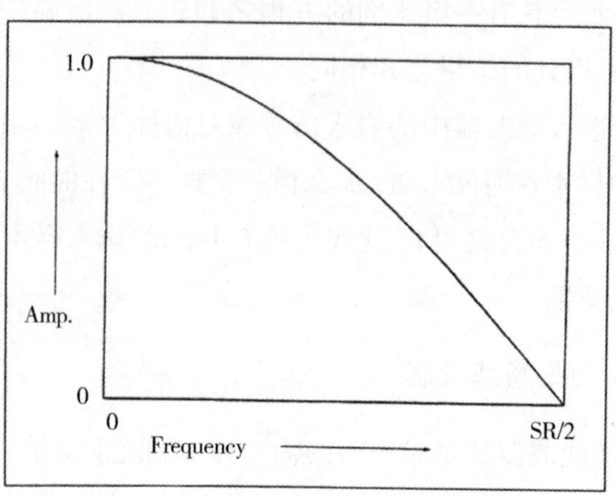

图 1-5-5　简单平均型低通滤波器的频率响应

1.5.4.2 简单的高通滤波器

下面我们来讨论用于衰减低频分量的高通滤波器。这种滤波器通过对样本的去除来实现。换句话说，它计算两个相邻样本之间的差值：

$$y[n]=(0.5\times x[n])-(0.5\times x[n-1])$$

其中 y[n]表示当前的输出，0.5×x[n]表示当前输入信号的一半，0.5×x[n-1]表示之前输入信号的一半。

现在输出样本 y[n]表示的是当前的输入样本减去之前的输入样本后除以 2 得到的结果。这样的高通滤波器对低频分量进行抑制是由于在相邻样本之间低频分量的差异非常小，通过相减即可去除；对高频分量进行保留是因为相邻样本之间的高频分量相差很大。图 1-5-6 显示了实现这一过程的流程框图。图 1-5-7 显示了这种滤波器的频率响应。

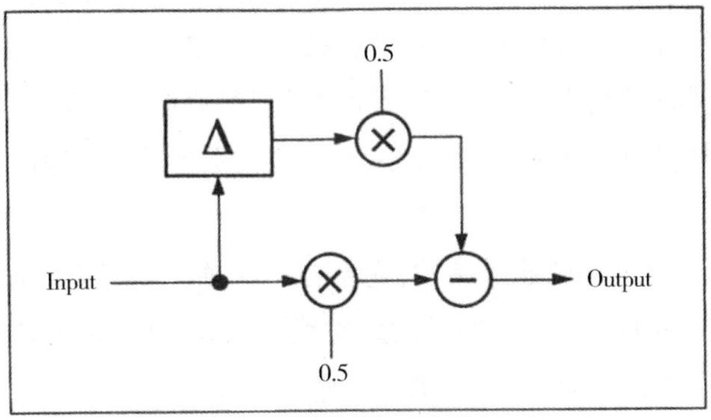

图 1-5-6 一个简单的高通滤波器可以去除相邻的输入样本

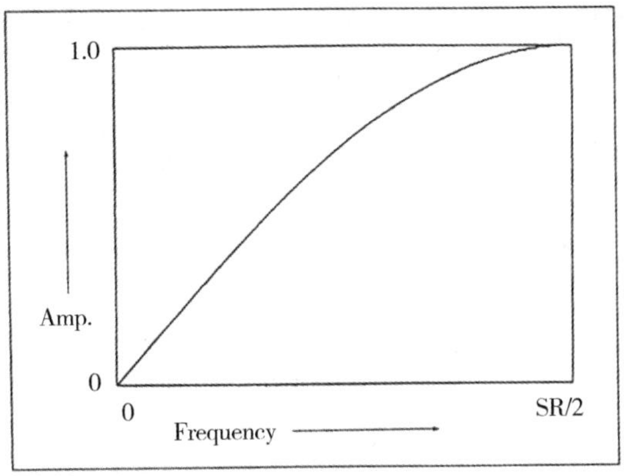

图 1-5-7 简单高通滤波器所对应的频率响应示意图

为了更加灵活地使用这种滤波器(同样可适用于低通滤波器),我们可以将表达式中的变换常数 0.5 替换为变量 a_0 和 a_1,如下所示:

$$y[n]=(a_0\times x[n])-(a_1\times x[n-1])$$

其中,如果系数下标为 0 代表没有延时的信号,系数下标为 1 代表延时一个样本周期的信号,以此类推。通过改变这些系数的值,就可以相应地改变这些滤波器的频率响应。

1.5.4.3 通用型有限冲激响应滤波器

这种滤波器的通用表达式如下:

$$y[n]=(a0\times x[n])\pm(a1\times x[n-1])\pm\cdots(ai\times x[n-i])$$

其中 ai 代表最后的系数,x[i]代表最后存储的样本。系数可以是正数或负数,分别对应低通和高通滤波器。

这种类型的滤波器与延时线(decay line)相类似,延时线通过一个循环存储单元对输入信号进行延时。延时线的存储空间决定着可延时的时间,如 i 个样本,意味着它所对应的最长延时时间为 i。因此这种滤波器对短时间输入信号(如脉冲)的频率响应随着有限的时间周期逐渐衰减。正是由于这个原因,这种滤波器被称为有限冲激响应(finite impulse response,FIR)滤波器。

图 1-5-8 显示了这种滤波器的结构,它也被称为横向滤波器(transversal filter)。在图中,输入信号被送入具有 n 样本时长的延时线中,滤波器将输入信号和所有的延时信号与它们相应的系数相乘后再进行相加得到输出信号。通过调整这些系数,滤波器响应可以被控制在更低的限制频率,近似采样频率除以延时的级数。举个例子来说,在采样频率为 44.1kHz 时,经过 10 级的 FIR 低通滤波器后频率降低为大约 4400Hz。

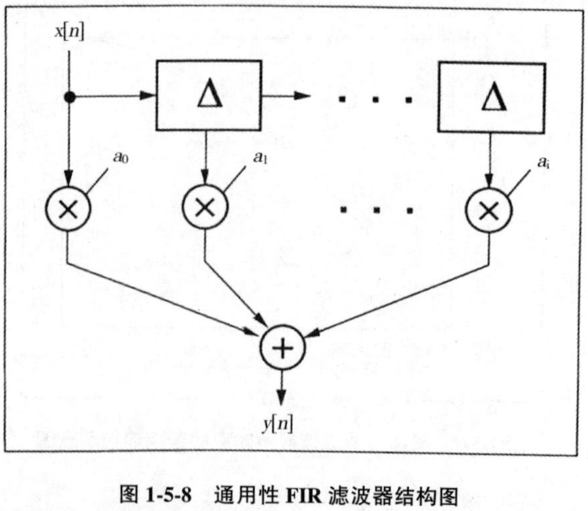

图 1-5-8 通用性 FIR 滤波器结构图

注:其中包括一系列的单样本延时,也就是说通过最后的延时单元,输入信号会被延时 i 个样本时长。同时每个延时的样本信号与相应的系数 a 相乘,最终输出的信号就是这些延时后乘以相应系数的信号总和。

滤波器的延时长度越大，转换带宽就越窄，拐点斜率就越尖锐。毫无疑问，滤波器延时越长，需要的计算量就越大。事实上，增加长度会带来频率响应上的尖锐化，同时滤波器的频率响应中在主瓣一侧的峰值（如涟漪峰值，ripple peaks）会变得多而密（见图 1-5-9）。

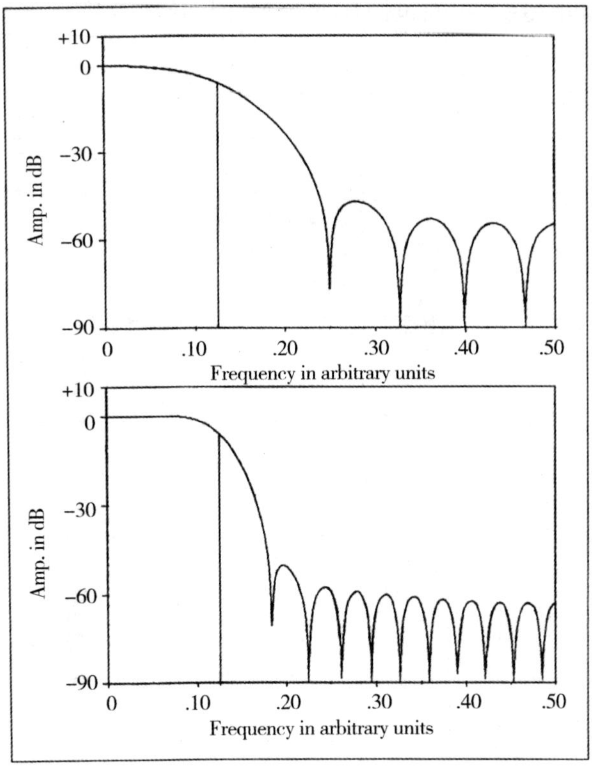

图 1-5-9 不同长度的 FIR 滤波器对应拐点斜率的频率响应对比图

注：频率轴采用相对单位标记。(a) 15 阶滤波器；(b) 31 阶滤波器。其中图中的竖线代表拐点频率(0.125)，可以看出增加更多的延时会加强拐点斜率。

1.5.4.4 简单的无限冲激响应滤波器

如果我们将滤波器的输出再反馈到输入端中，那么滤波器将会对更多的早期信号进行混合，超过使用一个简单 FIR 滤波器所达到的效果，同时可以采用更少的系数。更少的系数意味着更少的乘法器，以及更少的计算量。一个滤波器使用早期的输出样本被称为反馈或递归（feedback or recursion）。因为早期的输出样本具有潜在的无限性，因此这种滤波器被称为无限冲激响应（infinite impulse response）或递归（recursion）滤波器。

一个简单无限冲激响应滤波器的例子就是指数时间平均（exponential time average，ETA）滤波器。ETA 滤波器将当前的输入 x[n] 与它的上一个输出 y[n−1] 相加后除以 2，得到一个新的输出样本：

$$y[n]=(0.5\times x[n])+(0.5\times y[n-1])$$

图 1-5-10 为滤波器的信号流程图,显示了反馈回路。图 1-5-11 为 ETA 滤波器的频率响应示意图。对这个滤波器进行分析后可以看到它等效于一个“无限长”的 FIR 滤波器:

$$y[n]=(1/2\times x[n])+(1/4\times x[n-1])+(1/8\times x[n-2])\cdots\cdots$$

与 FIR 滤波器相类似,我们也使用变量来代替常数系数:

$$y[n]=(a\times x[n])+(b\times y[n-1])$$

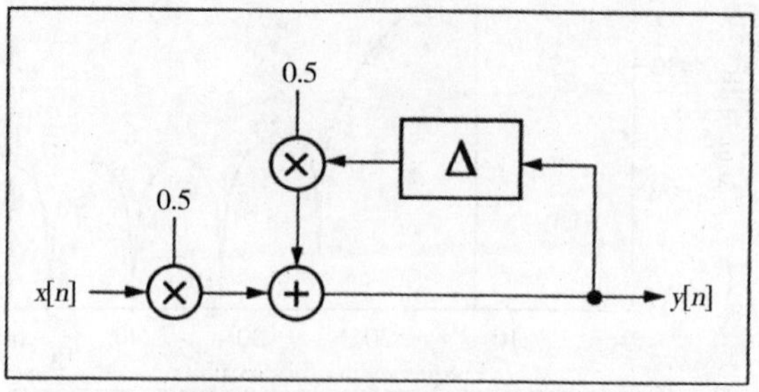

图 1-5-10　ETA IIR 滤波器信号流程图(注意其反馈回路)

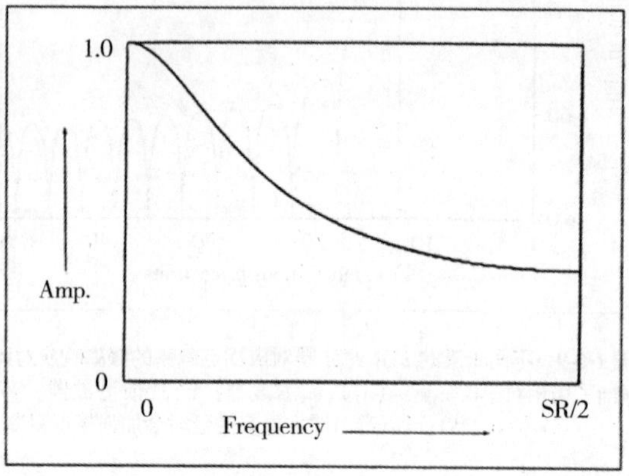

图 1-5-11　图 1-5-10 图示所对应的 ETA IIR 滤波器频率响应示意图

这里根据符号使用惯例,我们采用 b 作为反馈回路的系数。随着 b 的增大,滤波器的截止频率将变得更低。系数 b 的绝对值必须小于 1,否则滤波器将变得不稳定。在不稳定的滤波器中,输出值 y[n]将越来越大,导致算术溢出(overflow,数字大到音频转换器无法处理)和畸变的声音。

一个简单的递归高通滤波器将当前的输入样本与之前的输出样本相减,然后除以 2 得到当前的输出。图 1-5-12 显示了这种滤波器的频率响应。滤波器表达式如下:

$$y[n]=(a\times x[n])-(b\times y[n-1])$$

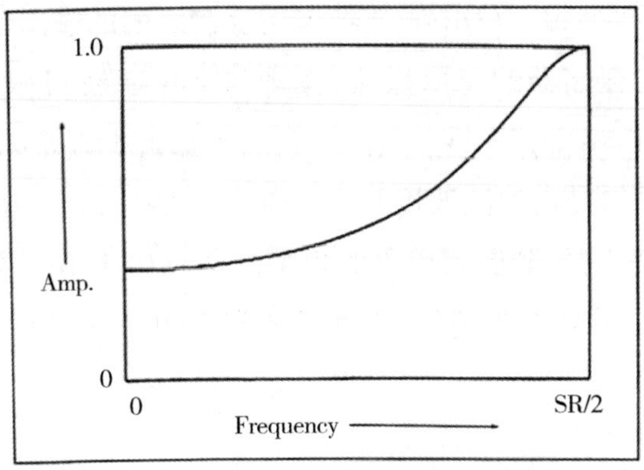

图 1-5-12 IIR 型高通滤波器频率响应示意图

其中 a=b=0.5。同时增大 b 值,会提高滤波器的高通截止频率,进一步对低频进行衰减。

1.5.4.5 通用型无限冲激响应滤波器

更为复杂的 IIR 滤波器可以包括之前的输入信号样本(与非零系数相乘)和反馈之前的输出样本。一个 IIR 滤波器的通用形式如下:

$$y[n]=(a_0\times x[n])+\cdots+(a_M\times x[n-M])-(b_1\times y[n])-\cdots-(b_N\times y[n-N])$$

也可写为:

$$y(n)=\sum_{i=0}^{M} a_i \times x[n-i]-\sum_{j=1}^{N} b_j \times y[n-1]$$

1.5.5 FIR 与 IIR 滤波器

同时存在两种类型的滤波器(FIR 和 IIR)带来了一些问题:如何确定在一些应用中采用 FIR 滤波器,而在另一些应用中采用 IIR 滤波器?每一种类型的滤波器都有各自的优点和不足。一般来说,对于线性相位响应(linear phase response)相关的处理采用 FIR 滤波器,通常认为这种滤波器对音频信号处理更好一些,因为这种滤波器可以有效地避免相位失真(phase distortion)——一种由于频率相关性的延时而造成瞬态不足和声像模糊的声音质量衰减的现象。另外,FIR 滤波器不存在反馈回路,因而比较稳定,不会产生振荡。而 FIR 滤波器的不足之处在于,相比 IIR 滤波器,它们需要更多的算术处理和更多的相同频率特性的存储单元(一些 FIR 滤波器具有上千个延时步骤,这部分内容在后面的卷积部分进一步说明)。因此在实现相同效果的硬件上,FIR 滤波器的造价要远远高于 IIR 滤波器。

相比于 FIR 滤波器,IIR 滤波器可以使用更少的算术处理来实现尖锐的、指数型的衰减和提升效果。这是因为 IIR 滤波器采用反馈之前的输出信号,从而减少了许多算术处理的步骤和对存储器的存取操作,实现与 FIR 滤波器相同的处理效果。但是 IIR 滤波器存在着相位畸变和振铃(ringing)失真。振铃失真意味着瞬态会激励滤波器造成在某些时刻瞬态信号通过滤波器时产生振荡。换句话说,IIR 滤波器会对信号的瞬态进行削弱,模糊高频分量造成音质的粗糙。而且由于 IIR 滤波器计算中的递归,IIR 滤波器相对于 FIR 滤波器在滤波器算术处理中具有更敏感的累积舍入误差(roundoff errors)。

1.5.6 任意参数滤波器设计

以上我们已经介绍了几种基本的滤波器类型,每一种都具有自己特殊的参数。但滤波器设计工程师的任务是向另一个方向发展,他们必须设计一种可行的滤波器——包括可对所有参数进行设置——按照一系列需要的特性设置进行信号处理。这些特性设置应包括音频参数如幅度对频率响应、相位对频率响应、冲激响应、群延时、截止频率等,同时还可以对诸如字长、计算速度以及软件和硬件的兼容性等实际限制进行设置。

总体来说,滤波器实现任意参数是一个不容易的任务。它需要考虑到所使用的参数不能与其他应用程序相互冲突,算术的复杂程度以及算子的多少都应该预先予以考虑。因此,结果往往是对所需参数的一种近似处理,需要在一种特性和其他特性之间找到平衡。

幸运的是,滤波器设计理论中那些让人头疼的细节已经被编入滤波器自动设计系统之中。在普通的计算机中就可以调用这些代码库并在交互式程序中运行。这些交互性程序使得用户可以自行定义设计策略以及所设计滤波器的特性需要,同时还避免了对大量的算术和算子进行设置。另外,许多交互式程序可以实现音频输入信号经过处理后的效果模拟。

1.5.7 建立复杂滤波器模块

在一些滤波器中用于产生每个输出样本所消耗的最大时间间隔,被称为滤波器的级数(order)。如一级滤波器只有一个样本的延时,而二级滤波器可以包括两个样本时长的延时。一般来说,设计复杂滤波器就是通过这些滤波器形成网络来构成的,其中,这些一级、二级滤波器相对比较稳定,要好于直接进行大型的设计和复杂的结构。一个具有二级部件的 IIR 滤波器常常被用于数字音频系统中。作为二级 IIR 滤波器,对于输出 y 来说,它有两个之前的样本。“部件”(section)意味着这种滤波器能够与类似的滤波器共同组成更复杂的滤波器组。它可以实现带通频率响应,因此常常被用作组建参数或图示均衡器。通过设置其中的一些系数为0,它就能够实现高通和低通滤波器的效果,因此被广泛应用。

二级滤波器具有多种形式,在此仅给出最通用的形式,表达式如下:

$$y[n]=(a_0\times x[n])+(a_1\times x[n-1])+(a_2\times x[n-2])-(b_1\times y[n-1])-(b_2\times y[n-2])$$

其中系数a代表正向路径,系数b代表反馈路径。通常反馈路径贡献相应的峰值,正向路径则造成凹陷。

二级部件的另一个术语是双二次(biquadratic)或双二次滤波器,指的是在表达式中有两个二次公式(一个为a,一个为b)。图1-5-13是表达式所描述的线路实现框图。这种设计常常被用于音频处理的DSP系统中,在某些时候采用大量的二级滤波器可以实现DSP的实时处理。

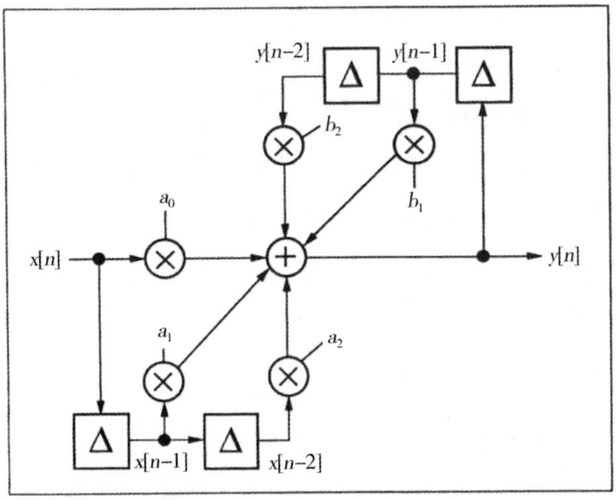

图1-5-13 二阶滤波器部分通用示意图

注:其中正向路径位于中线下方,由系数a控制;反馈路径位于中线上方,由系数b控制。

1.5.8 梳状滤波器

在输入信号的频谱中,梳状滤波器可以产生规则的峰值序列——频率排列相等。之所以叫这个名字就是由于产生的峰值序列像梳子的梳齿一样。FIR梳状滤波器对之前的输入信号进行处理,IIR梳状滤波器对之前的输出信号进行处理。下面我们解释这两种类型的梳状滤波器。

1.5.8.1 FIR梳状滤波器

一个简单的FIR梳状滤波器将输入信号分为两路,其中一路经过一定的延时后,两路信号再进行相加，如图 1-5-14 所示。FIR 梳状滤波器表达式如下：

$$y[n]=x[n]+x[n-D]$$

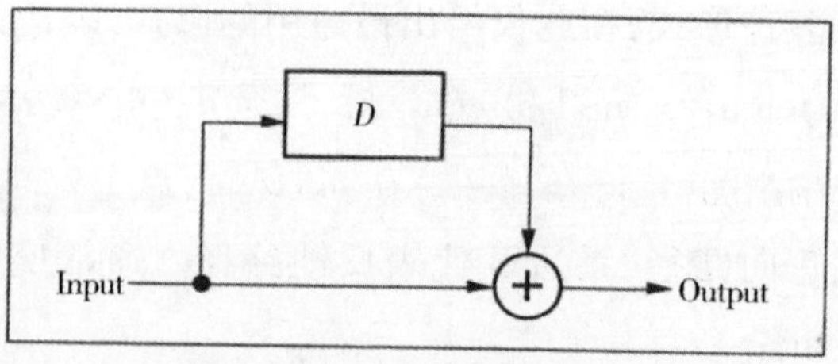

图 1-5-14　正向梳状滤波器流程示意图

FIR 梳状滤波器与 FIR 低通滤波器的结构非常相似。但是在 FIR 梳状滤波器中既没有原始信号的缩放也没有延时信号的缩放（尽管这是可以实现的），更重要的是 FIR 梳状滤波器的延时时间 D 是比较长的。在采样频率为 48kHz 的情况下，回路中一个样本的延时会产生一个轻微的低通滤波器效果。这是因为延时时间仅仅是 1 秒中的 0.00002083 即 0.02 毫秒。只有当延时时间大于 0.1 毫秒时，由于相位抵消，滤波器在频谱上才会产生多个空点（null point，这些点的位置上幅度为 0），从而产生梳状滤波器效果。

梳状滤波效果是由延时信号和非延时信号之间的相位关系产生的，其中同相增强，反相抵消。如果原始信号和延时信号进行相加——也就是送入梳状滤波器中——滤波结果后第一个峰值出现在频率 f=1/D×fs 的位置，其中 D 为样本的延时时间，fs 为采样频率。同样峰值会出现在 2f、3f、4f 等位置上。因此，滤波器可以对基波频率 f 及其谐波成分进行增强。

举个例子，如果采样频率是 48kHz，延时为 12 个样本时长（0.25ms），原始信号和延时信号正向叠加，第一个可闻峰值出现在 1/12×48kHz=4kHz 的位置，依次为 8kHz、12kHz 等直到到达奈奎斯特频率（Nyquist，24kHz）。同样滤波器会在 2kHz、6kHz 及其他相差 4kHz 的位置出现空点，直到到达奈奎斯特频率（见图 1-5-15）。

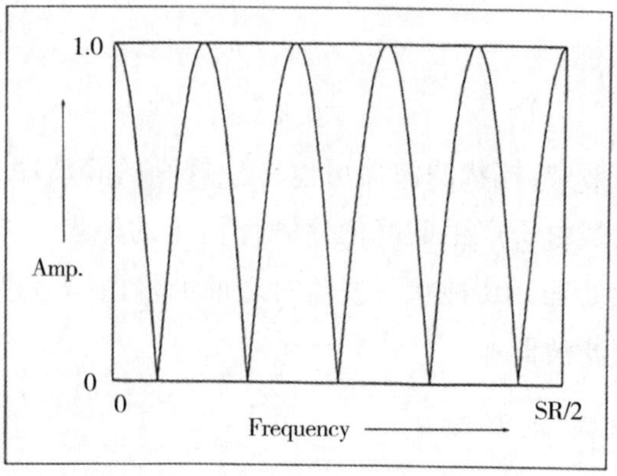

图 1-5-15　f=4kHz 延时为 0.25ms 所对应的 FIR 梳状滤波器频谱示意图

相位抵消和增强也可以作如下解释。在低频时,延时基本上不会对信号的相位造成影响,当两个信号(原始和延时信号)叠加时,输出信号会得到增强。而对于高频信号来说,延时对它们的影响很大,甚至接近于180度的相移。在2kHz时,一个0.25ms的延时会造成180度的相移(见图1-5-16)。在4kHz时,这个延时会造成0度或360度的相移,此时两个信号叠加后,输出信号得到增强。在6kHz时,这个延时再次造成180度的相移,当延时信号与原始信号进行叠加时,两个信号也互相抵消了,以此类推。

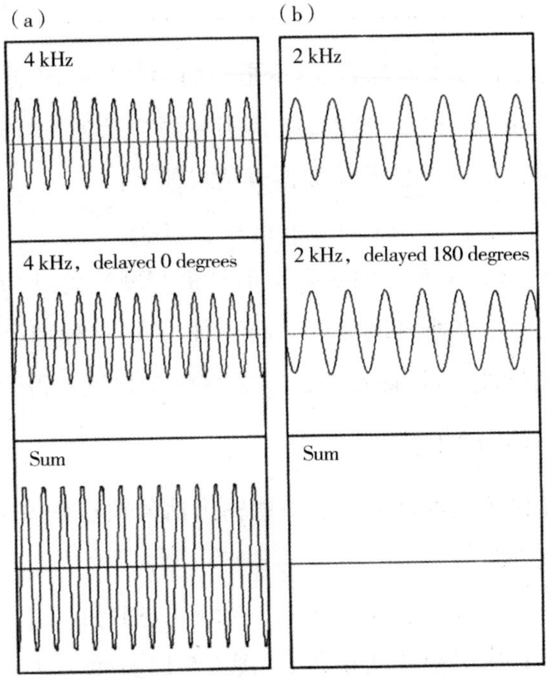

图1-5-16 相位增强和抵消效果示意图

注:左边为(a)图示,右边为(b)图示。(a)最上面为4kHz音调波形图,中间为不加延时的4kHz音调波形图,下面为上面和中间两个波形相加后的结果,可以看出信号得到了增强;(b)最上面为2kHz音调波形图,中间为加180度延时后的2kHz音调波形图,下面为上面和中间两个波形相加后的结果,可以看出信号互相抵消了。

表1-5-1为延时时间与对应的梳状峰值之间的距离。比如,延时为50ms,那么第一个空点出现在10Hz处,依次在30Hz、50Hz、70Hz等处出现。小于5ms的延时时间会产生丰富的梳状滤波效应,这是因为峰值与空点之间的距离也相应增加了,在频率上梳齿变得更宽,对耳朵的冲击力也更强。

表1-5-1 FIR梳状滤波器峰值

Delay time(in ms)	First peak and peak spacing
20	50Hz
10	100Hz

续表

Delay time(in ms)	First peak and peak spacing
2	500Hz
1	1kHz
0.5	2kHz
0.25	4kHz
0.125	8kHz
0.1	10kHz

当两个信号(原始信号和延时信号)不是相加而是相减时会出现什么情况呢?这就是反向叠加(negative summing)情况,它其实与两个互为180相位差的信号进行相加是一样的。简单的反向FIR梳状滤波器表达式如下:

$$y[n]=x[n]-x[n-D]$$

其中D为样本的延时时间。如果两个信号进行减法处理,并且第一的空点出现在0Hz,那么将在f、2f、3f等处出现空点,以此类推。在这种情况下,梳状滤波器去除掉基波频率以及它的谐波分量,而在f/2、3f/2、5f/2的位置上得到增强,以此类推。

1.5.8.2 IIR梳状滤波器

一个递归IIR梳状滤波器是将它的一些输出信号馈送到输入中去。简单的递归IIR梳状滤波器表达式如下:

$$y[n]=(a\times x[n])+(b\times y[n-D])$$

系数a、b作为变换因子范围从0到1。图1-5-17显示了这种滤波器的频率响应。特别是通过b值的调整,这种IIR梳状滤波器比相应的FIR梳状滤波器具有更明显的“共振”效果。事实上,如果b值设定得太大,滤波器的反馈将急剧增加,造成算术溢

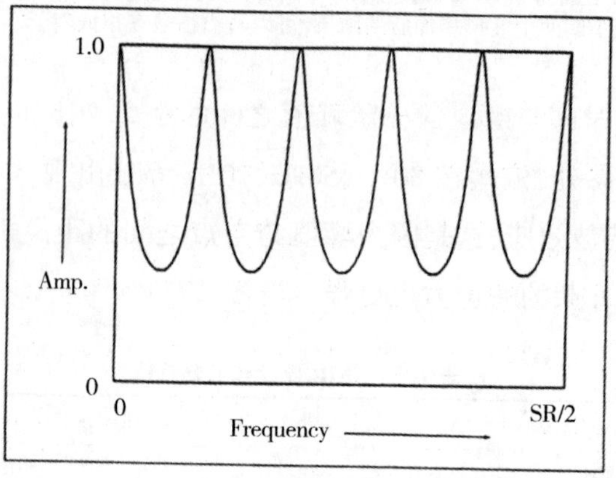

图1-5-17 IIR梳状滤波器频谱示意图

出以及相应的畸变。

1.5.9 全通滤波器

全通滤波器(allpass filter)是一种特殊的信号处理器。当将稳态的音调送入它的输入端,全通滤波器会将所有的频率分量不做任何幅度的变化进行输出——正如它的名字一样。因此全通滤波器在音频带宽上有着平坦的频率响应。但是全通滤波器会对输入信号中不同频率的分量进行相位的改变,也就是说,它对不同频率的分量进行了不同数量上的延时。这种与频率相关的延时被称为离散(dispersion)。

图 1-5-18 显示了一个全通滤波器的延时与频率曲线。从图中可以看到低频分量被延时了。当信号通过与频率无关的相移"染色"(colors)后,全通滤波器产生的可闻效果是信号具有尖锐的上升和衰减。

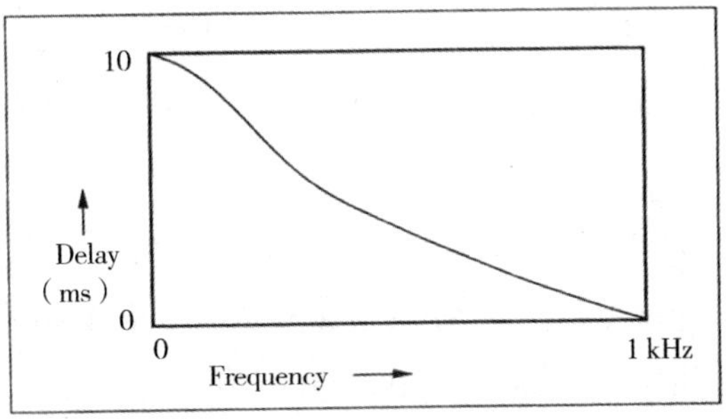

图 1-5-18 离散全通滤波器的延时与频率的响应曲线

我们必须清楚全通滤波的特性只是从理论的角度而言的,而并非是从我们所感知的效果出发的。我们也不能由于频响表现具有绝对的统一性,就单纯地认为滤波器具有感知透明的特点。事实上,一个全通滤波的相位响应表现得相当复杂。全通滤波一般只被应用在持续时间较长的稳态声音信号上,这样使得频谱平衡不至于受到改变。全通滤波通常不被使用在短持续时间的瞬态信号上。实际上,一个经验丰富的听众很容易辨别出梳状滤波与全通滤波在听感上的明显区别。

下面的表达式描述了一个具有平直频率响应(从 0 到半采样频率)以及对不同频率分量进行不同数量延时的全通滤波器。当样本延时 D 比较大时,会产生一系列的衰减回声,这种效果被用在全通混响器中。

$$y[n]=(-g\times x[n])+x[n-D]+(g\times y[n-D])$$

图 1-5-19 显示了这种全通滤波器的结构图。这个全通滤波器由一个 IIR 梳状滤波器组成,其中滤波器带有一个反馈回路(通过 g 控制)以及一个嵌入的通过-g 控制

输入信号的正向回路，采用减法去除了梳状滤波器的频谱效应，同时保持了回声和衰减的特性。

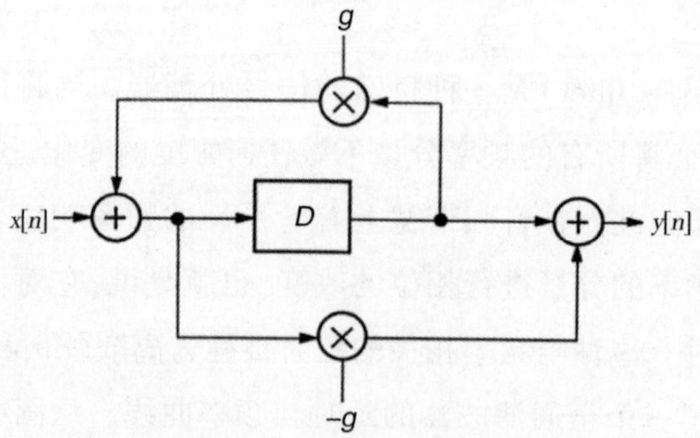

图 1-5-19 简单全通滤波器结构示意图

事实上，在全通滤波器中的相移(用角度表示)是延时的对数函数。也就是说，一个 100ms 的延时对于一个低频波形来说只是一小部分——仅仅造成几度的相移。但是对于 10kHz 的信号，相同的 100ms 的延时相对于频率周期来说可以造成 360 度的相移。

两个属性决定了全通滤波器：翻转频率(turnover frequency)描述的是相移达到 180 度时的频率；转换宽度(transition width)是指从 0 度到 360 度相移转换的尖锐度。一个全通滤波器中的转换宽度与带通滤波器中的 Q(峰值比)值相似。

全通滤波器在音乐中的应用是多种多样的。在一些应用中，全通滤波器可以被用来补偿在其他滤波器中产生的相移。比如一些音频设备生产厂家对其早期的数字音频录音机进行改进翻新后，使用全通滤波器对录音过程中产生的相移进行补偿。另一个应用是在合成器中，通过全通滤波器产生时间偏移，相关频率相移，从而实现更加丰富的电子声。也就是说，我们可以通过这种方法产生所谓的合唱效果(chorus effect)——通过延时和相移的组合应用。另外，全通滤波器最主要的应用还是在混响器设计和扩声领域之中。

思考题

1. 数字滤波器的本质是什么？
2. 简单的低通滤波器如何实现？
3. 全通滤波器的意义是什么？

2 误码纠错技术

利用数字处理音频信号时,二进制数据的特性使音频信号受损后进行恢复成为可能。

音频数据在传输和存储时,利用特定的编码方法和冗余技术对它进行处理,就可以对处理过的数据进行错误检测。

当检测到一个错误时,要么通过进一步处理来纠正这个错误,要么通过与新数据合成把错误隐藏起来。无论使用哪一种方法,都可以使音频数据在传输和存储时更加可靠。

采用纠错技术对偶然事件的处理是非常必要的,因为音频数据以非常高的密度存储在介质上,制造过程中很小的一点失误或是一粒灰尘都会抹掉成百上千个比特。

纠错技术力图保持音频数据的完整性。为了保证音频数据的成功存储,必须利用这种技术,因为有时错误的发生是不可避免的。

如果没有纠错技术,数字音频方法是不可行的。事实上,数字音频技术的革新正是以纠错技术为前提的。

2.1 错误来源

音频数据记录链路的各级都可能发生信号质量的降低,以及量化误差、转换器的非线性、抖动和峰值漂移都会影响到系统的性能。当然,我们可以通过采用高质量的元件、精心设计的电路和严格要求的制造工艺来最大限度地减少这种质量的降低。例如,一个高质量的 A/D 转换器可以很好地满足较低标准的线性度要求、采用锁相环技术可以克服抖动现象。

纠错理论主要研究那些存储和传输的数据。因为在记录和传输介质中产生的错误是最为严重和难以控制的。比如,磁带的质量会受灰尘、划痕、指纹、反复播放和拉伸、不纯的氧化物和黏合剂以及不均匀的磁带条纹的影响;光学介质容易受到纹孔的不对称性、基片上的气泡和缺陷以及涂层上的缺陷等影响;广播信号会受到多径干扰、大气状况和其他干扰信号的影响。

除了设计缺陷和设备故障之外,最为严重的错误产生于记录和传输介质之中。这种情况会产生坏数据,导致音频信号的缺陷。在介质中,最明显的一个错误原因是信息失落,即由于介质中的一个缺陷导致信号强度的瞬间变化。信息失落可能发生在磁带、光盘、广播传输中,其主要原因有两条:一是制造过程中产生的缺陷,二是使用过程中产生的损伤。

介质中的缺陷会导致信号被记录成错误数据。数据的丢失和无效数据的产生都会导致 D/A 变换器的输出从一个幅值瞬间跳到另一个幅值,发出咔咔声或噼啪声。错误的严重程度取决于错误本身。

错误的发生有好几种形式,那些相互之间无任何关系的错误被称为随机错误。它们单独发生,一般容易纠正。另一种是突发性错误,这是一种较大的错误,会突然发生在上千比特之上。这两种错误一般发生在同一种介质中,因此要求纠错系统必须能够同时处理这两种错误。由于错误本身还依赖于存储介质,在应用纠错系统时还要求能够手动优化。因此,各种介质以及传输过程中产生的错误必须分别考虑。另外,纠错方法的设计还受到传输数据时所采用调制方法的影响。

带宽限制、码间干扰、衰减、噪声、抖动和反射等因素都会影响数据传输的质量。代表一个比特信号的电压受到前一个信号的影响,这种现象被称为码间干扰。

随机性误码是指彼此孤立的误码;突发性误码是指彼此连续的集中误码。前者主要是由于电路的不稳定,传输回路的噪声等引起的,而后者大多是由于磁带等记录媒体的缺陷及磁头堵塞,重放机械系统不稳定等引起的。

当数据沿着一段线缆传输时,电缆就像一个低通滤波器,减少了信号带宽并加入了群时延。方波信号有一个电平上升和下降的过渡时间,如果信号传输速度过快,信号就不能达到它指定的逻辑 0/1 电平,换句话说,代表一个比特信号的电压受到前一个信号的影响,即码间干扰。在实际电路中为了消除码间干扰,通常会在电路中接有波形均衡滤波器(wave equalizing filter)。如果系统有码间干扰或抖动,则眼图的开口部分要变小。振幅轴方向的开口减小是由码间干扰或噪声形成的,时间轴方向的开口减小是由抖动形成的。反射信号也会产生干扰。这个干扰从接收电路反射回来,既可以加强信号,也可以减弱信号。电缆和接收电路的电阻不匹配也可造成反射。另外一个错误源是外来的低频噪声,它可以造成信号抖动。射频干扰必须利用屏蔽和良好接地的方法来消除。光缆基本上不会受到射频干扰和其他危害统揽因素的影响。数据信号的质量可以通过利用眼图的方法来评判。

为了衡量数据的完整性,我们引入一些变量参数。

误比特率(BER)是指接收到的错误比特数和接收到的所有比特数之比。误比特率只能描述错误的个数,而不能体现错误的分布情况。所以误比特率被用来描述突发性错误是不适合的。为此我们引入块错误率(BLER)参数和突发性错误长度(BERL)参数。块错误率表示在每秒传输的数据中,包含至少一个未纠正错误的数据块或数据帧的个数;突发性错误长度表示连续出现的错误数据块的个数。这两个参数常常被用来描述每秒数据错误率。

因为突发性错误是间歇性出现的,难以用误比特率来表述。在某些情况下,我们记录下出现错误的时间,即记录下在哪几秒里出现错误,这样数据错误就可以利用一段时间内出现错误的秒数或从上次出现错误的时间来描述。这个时间参数就像块错误率和突发性错误长度这两个参数一样,也不能说明到底有多少个错误发生,只能描述错误发生的概率。但是,无论用哪一种方法来描述错误,都是为了发现和纠正错误,将错误减到最少。

采取在记录时改变数字信号的顺序,重放时再按原来顺序重排回来的措施被称为交织(interleave)。交织是用来避免重放已记录的数字信号时,由于各种原因所造成的连续的突发性误码而影响重放。

另外,为了便于对误码进行纠错,采用将连续的码分割成一定长度的字组(blocks),并附加上校验码的方法,这种字组被称为帧。为了明确各帧间的分界线和取得比特同步,每帧都加有同步信号。帧同步信号与数据信号之间是有区别的。

思考题

1. 错误来源主要是由哪些原因造成的?
2. 随机性误码和突发性误码的区别是什么?

2.2 错误检测

任何实际的数据存储和传输通道都会引入错误。为了精确地对错误进行修复,数据中必须包括冗余成分,必须使用合适的错误检测和纠错代码。

虽然从理论上讲可以发现和纠正所有的错误,但前提是必须加入大量的冗余数据,那就使得这样的系统没有了实用价值。因此,一个有效的音频纠错系统的作用就是采用最少的冗余数据和纠错代码,通过纠错和隐藏技术,使音频信号错误率有效地降至最低。

一般来说,一个纠错系统包括三种操作:

(1)利用冗余技术检测数据是否有效,实现错误检测。

(2)利用冗余和纠错技术把错误数据替换为计算出的有效数据,实现数据纠错。

(3)在出现大量的错误和没有足够信息来进行纠错处理时,利用错误隐藏技术把无效数据替换为接近正确数据的数据。在最坏情况下,当隐藏技术也无法使用时,数字音频系统就宁可保持输出信号为静音,也不允许对那些严重错误的数据进行解码,输出刺耳的噪声。

所有的错误检测和纠错技术都是基于冗余数据的。如果信息可以从已存在的数据中被完全推导出来而没有传达任何其他附加信息,这种数据就被认为是冗余的。一般来讲,错误发生的可能性越大,要求的冗余度就越高。信息系统非常依赖于冗余度来实现可靠的通信。

为了实现可靠的通信,冗余度也是必不可少的。如果数据是单独产生、单次传输和接收的,那么接收端没有任何方法可以检测它的有效性,最多只能对一个与其他相邻数据完全不同的数据进行怀疑。

由于额外信息和原始数据都产生于同一个点,所以它和原始数据受到错误源的影响是一样的。错误检测的任务就是对存储和传输的信息进行合理的编码,当数据丢失或无效时,可以被检测出来。

一种检测错误的方法是把原始信息重复发送。例如,每一个数据字都可以发送两次。这样,如果两次的结果不同,就说明有错误发生,但是无法确定哪一次是对的。如果重复三次,则利用概率的方法可以认为相同的两个是正确的,不同的那一个是错误的,但可能出现三个数据相同并且都是错误的情况。重复的次数越多,正确检测到错误的概率就越大,但额外数据也会增多。数据量的增加本身也会引发其他错误,所以我们需要更为有效的方法来检测错误。

2.2.1 奇偶校验位

实用的检错技术需要将冗余数据进行编码,使其可以有效地被用来进行错误检测。校验位(check bit)就是这样一种方法。为了判断重放信号中有无误码,常采取奇偶校验(parity check)的方法,即在传输或记录数字信号时除数据以外,再多加一位校验位,或称奇偶校验位,校验位的取值规定如下:数据位中的个数为偶数时取“0”,为奇数时取“1”。将校验位计算在内,1 的个数必然为偶数,所以也称偶校验(even check)[也可规定不将校验计算在内,1 的个数为奇数,称奇校验(odd check)]。

如果误码只有一位,利用奇偶校验法必然能校验出来,但有两位同时出错时,就校验不出来了。如果我们将数据进行行列设置,不只是对行进行奇偶校验,而是同时对列进行奇偶校验的话,则一行中即使有两个误码也可校验出来。

错误多是突发性的,一个字节中可能发生多个错误,对于这种情况,奇偶校验码就不能进行可靠的检错了,因此,奇偶校验码并不太适合作为数字音频系统数据存储和传输的错误检验手段。

2.2.2 简单的交叉交织码

交叉交织是对交织之前与交织之后的不同字组都分别加上纠错码。例如,图 2-2-1中对四根线分别分配原信号[(……W_1、W_5、W_9、W_{13}……)、(……W_2、W_6、W_{10}、W_{14}……)、(……W_3、W_7、W_{11}、W_{15}……)、(……W_4、W_8、W_{12}、W_{16}……)]。其中#1 线直接输出,#2~#4 各条线则分别利用延时存储器延时 1~3 个字,使输出端改变原信号排列的顺序,即进行了交织。

在延时存储器前面设有加法器,用来产生奇偶校验字 P:

$$P_1=W_1+W_2+W_3+W_4$$

$$P_5=W_5+W_6+W_7+W_8$$

$$P_9=W_9+W_{10}+W_{11}+W_{12}$$

……

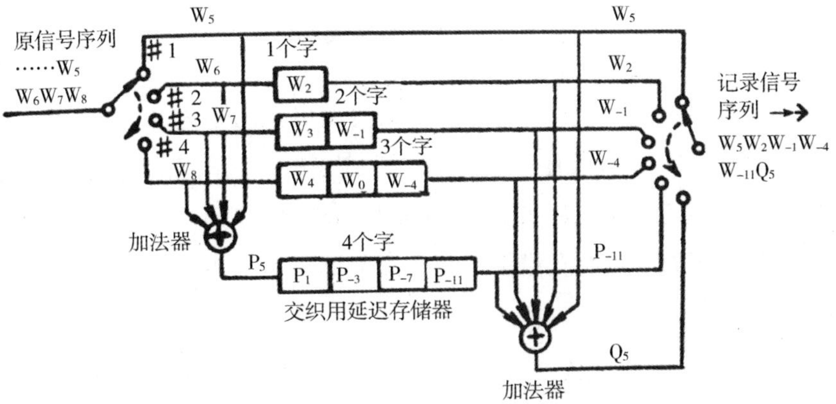

图 2-2-1 简单的交叉交织码

在延时存储器后面,也有一加法器用来产生另一个奇偶校验字 Q:

$$Q_1 = W_1 + W_{-2} + W_{-5} + W_{-8} + P_{-15}$$

$$Q_5 = W_5 + W_2 + W_{-1} + W_{-4} + P_{-11}$$

$$Q_9 = W_9 + W_6 + W_3 + W_0 + P_{-7}$$

……

图 2-2-2 为交织码的码序列,即 P 和 Q 两套奇偶校验字之间的关系,实线为 P 信号序列、虚线为 Q 信号序列。设 W_1 和 W_2 两个字有错(粗框),如果只从 P1 序列来看,有两个字出错,是无法纠正的,但从 Q_1、Q_5序列来看,只有一个字出错,是可以纠正的。

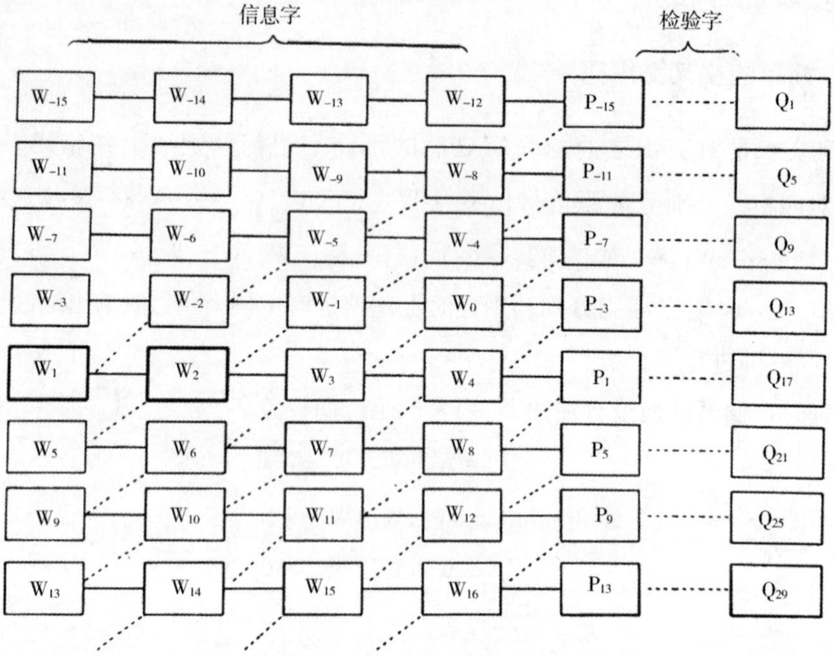

图 2-2-2 交叉交织码的码序列

图 2-2-3 为信息字约有一半出错时的情况。设出错的字为 W_1、W_2、W_5、W_7、W_9、W_{10}、W_{13}、W_{14}。除了 Q_1序列只有一个错字之外,P_1、P_5、P_9、P_{13}序列都有两个错字,由于 Q_1序列只有一个错字,所以 W_1可以得到纠正,于是 P_1序列就只有 W_2有错,可以得到纠正……这样就可依次将所有错字都纠正。但如果 W_{-2}、W_{-1}、W_1、W_2四个字出错,就无法纠正了。

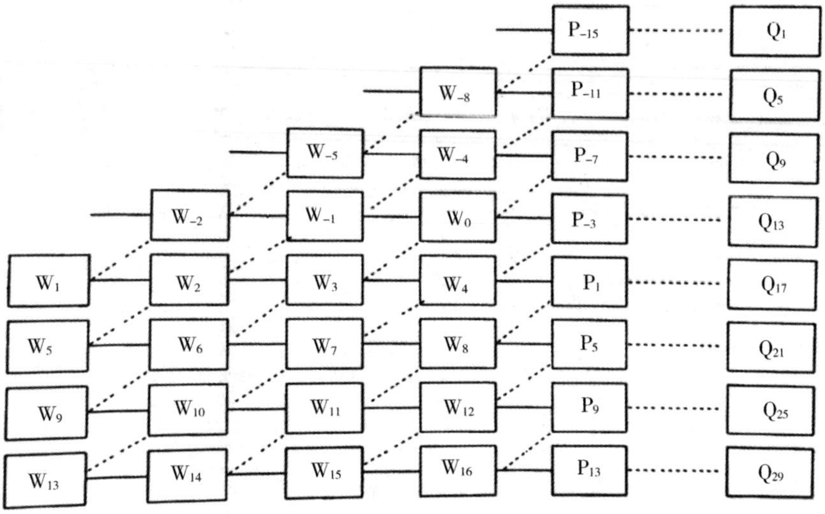

图 2-2-3 信息字约有一半出错时的情况

2.2.3 改进型交叉交织码

图 2-2-4 为改进型交叉交织码的编码器的一个例子。它的延时量分别为 1、4、6、12、19 个字,是无规律的。另外,它的奇偶校验字 P,不仅由数据字产生,还加有奇偶校验字 Q 的值。它可以对任意五个字的错误进行纠正。如有六个字的错误,例如图 2-2-5 中粗框的 Q_0、W_0、Q_{-4}、W_{-4}、W_{-19}、W_{-18}有错,就不能得到纠正。

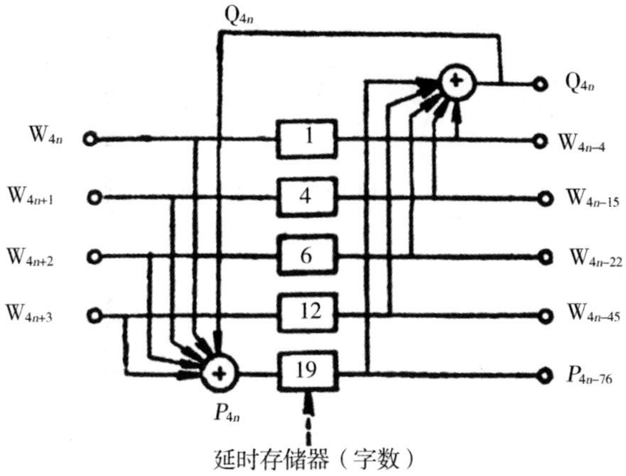

图 2-2-4 改进型交叉交织码的编码器

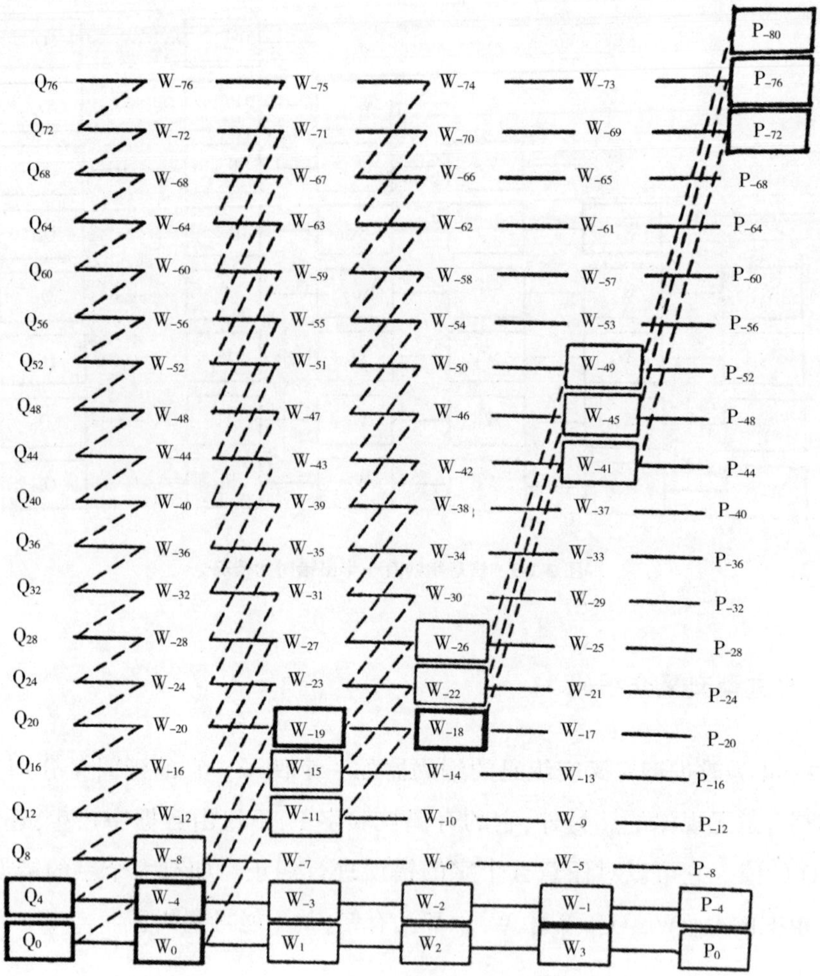

图 2-2-5　改进型交叉交织码的码序列

2.2.4　循环冗余校验码

在介绍循环冗余校验码(Cyclic Redundancy Check Code,CRCC)之前,先来看一下二进制数的多项式表示和它的运算。

一、二进制数的多项式表示

将 1998 这样的十进制数用位权值和位值表示则为:

$1998=1\times10^3+9\times10^2+9\times10^1+8\times10^0$

同理,二进制数 1000100101 可以表示为:

$$
\begin{aligned}
1000100101 &= 1\times x^9+0\times x^8+0\times x^7+0\times x^6+1\times x^5\\
&\quad +0\times x^4+0\times x^3+1\times x^2+0\times x^1+1\times x^0\\
&= x^9+x^5+x^2+1
\end{aligned}
$$

对于自然二进码,将 x 代以 2 就可得到它的值,但也可以用其他二进制码,因此,用 x 表示比较方便。

二、二进制数的运算

由于二进制的加法运算不进位,即 1+1=0,所以减法与加法结果相同,即没有减法。

(1)移位:将信息序列 $M(X)=x^9+x^5+x^2+1$,乘以 x^5 时,就对应于将该序列向前移位,得

$$x^5M(X)=(x^9+x^5+x^2+1)=x^{14}+x^{10}+x^7+x^5$$

(2)加法:模 2 和(mode2,即 1+1=0)

两个多项式之和是同幂项抵消,其他则与一般算术运算相同(模和用符号表示)。例如,

设 $M(X)=(x^9+x^5+x^2+1)$,$N(X)=(x^8+x^5+x^3+1)$,则 $M(X)+N(X)=x^9+x^8+x^3+x^2$。

CRCC 码是一种在音频处理中经常使用的检错码。它可以很好地检测到存储和传输通道中的突发性错误。CRCC 码通过一种循环块编码机制产生一个校验字。

CRCC 码的工作原理和前面讲的一致,但实际计算起来更复杂一些。简单地说,每一个数据块都被一个任意但恒定的数整除。余数在存储和传输时附加在数据末尾。在解码的时候,对接收到的数据再进行整除。如果得到的余数为 0,表示没有错误发生。

如果有 k 位数据位加有 m 位校验位共同组成一个字组,总位数为 n 位,则冗余度=m/n,码效率=k/n。

设 10 位的信息位(1000100101)加有 5 位的校验位(k=10、m=5),设数据位序列为上述 M(x),由于后面需加有校验位,所以应左移五位。作为除式的生成多项式也应是五次的,如果 $G(X)=x^5+x^4+x^2+1$ 作为生成多次项式,则冗余多项式 R(X)为 X+1,商为 $Q(X)=x^9+x^8+x^7+x^3+x^2+x+1$。将数据位与校验位连在一起就可得到发送多项式 U(X),即 $x^{14}+x^{10}+x^7+x^5+x+1$。

如果接收多项式中不含有误码,就与发送多项式 U(X)一样,能被 G(X)除尽,如果 U(X)中有误码,则不能被 G(X)除尽,从而能够检出误码。

生成多项式即一个不能用两个多项式的乘积来表示的多项式,这样可以在编码中加入结构信息,使得它应用起来更加有效。

在保持同等检错能力的条件下,数据块越大,产生的冗余越小。但是如果经常发

生随机性错误和短期的突发性错误，那么检错的完整性就会减小，就必须使用较短的数据块。关于 CRCC 码的检错能力可以如下总结，例如上述一个 n 位的数据块中包含 k 位数据和 m 位（m=n-k）CRCC 码，则有：

(1) 小于或等于 m 位的突发性错误总可以被检测到；

(2) 对 m+1 位突发性错误的检测概率为 1-2-m+1；

(3) 对大于 m+1 位的突发性错误的检测概率为 1-2-m；(1-3 项不受数据块长度 n 的影响)

(4) 可以检测到持续 3 位以上的随机性错误。

CRCC 码是很可靠的。在 CRCC 检错过程之后的纠错过程，其性能也影响着 CRCC 码的精度。CRCC 码常常被用在其他纠错过程之前来指明错误的个数和程度。

思考题

1. 一个纠错系统包括哪三个处理过程？

2. 奇偶校验码的优缺点是什么？

3. 简述一个 n 位的数据块中包含 k 位数据和 m 位（m=n-k）CRCC 码的检错能力。

2.3 纠错编码

利用冗余数据就可以纠正数字音频信号在存储和传输过程中发生的错误。最简单的方法是将数据重复记录。

另外，信道编码也很有效。比如，通过从 27 个可能的组合中进行选择，挑选相互之间差别最大的形式，把一个 3 位的序列编制成 7 位字节。在接收端把接收到的这些 7 位字节与 8 种允许的编码字节进行比较，这样就可以发现错误并把错误字节替换为最接近的允许编码字，然后再进行解码，还原到初始的 3 位序列。在那些更加复杂的纠错编码中，最小长度的概念是很重要的。

虽然这些简单方法是可行的，但是由于需要大量的额外数据，因而效率很低。一个更明智的做法是利用纠错编码技术，用更少的冗余数据获得更可靠的效果。进行纠错的冗余码和检错的冗余码，其编制过程是一致的。

纠错编码领域需要利用许多种数学方法。为了适应不同的设备，科研人员研究出了多种不同的编码方法。这些方法可以分为两大类：一类是利用代数方法的分组码，另一类是利用概率方法的卷积码。分组码只是利用了数据块中的信息进行编码，卷积码则同时利用了当前编码器中的数据信息和以前的数据信息。在某些情况下，还可以在卷积码中使用分组码技术，这种方法被称为交织编码技术。CD 格式中利用的就是这种编码。

2.3.1 码间距离和纠错能力

设传输一个 3 比特码，3 比特码有 8 种（000，001，010，011，100，101，110，111），如果在传输一个 3 比特码 001 的过程中有 1 比特出错成为 011，由于 011 也是被传输码之一，接收端就会误认为原传输的就是 011 码，而不判定其为误码。由于这 8 个码彼此之间最小只有 1 比特的差异，因此，我们称它的最小码间距离（d_{min}）为 1。即 $d_{min}=1$ 的码不能进行检错和纠错。

如果只传输 8 个 3 比特码中的 4 个：000，011，101，110，可看出这 4 个 3 比特码之间的最小码间距离 $d_{min}=2$，在传输过程中如有 1 比特出错，例如 011 变为 001，由于 001 不是要传输的 4 个码中的一个，接收端就会知道这个码是误码。由于传输 4 种信息只需要 2 比特码即可，也就是只需传输这 4 种子码中各自的前两比特即可，第 3 比特则是奇偶校验比特，它是为使接收端能判断传输过程中有无错码而增加的，它使最小码间距离增加为 2，使其具有能检出 1 比特错误（检错）的能力。

如果传输 3 比特码只有两个：000 和 111，则它们的最小码间距离为 2。如果在传输 000 时有 1 比特出错成为 001，则接收端可知出了错误，并可断定原传输的 000，能够进行纠错（因为出现一比特错误的机会要多于出现两比特错误的机会，所以不会断定原传输的是 111）。

如果出现两个比特出错，例如出现 011，则可断定是出了错误，但不能够断定原来传输的是 000 还是 111。即对两个比特出错只能进行检错，而不能纠错。

2.3.2 分组码

分组纠错编码器不但把数据字节编排成一个数据块，而且利用整个数据块产生一个或多个校验字，附加在数据块之后。在解码过程中，用专门的算法产生检验字来检错，同时利用足够的冗余信息来纠正这些错误。用这些算法来纠正数字音频信号中的错误是十分有效的。通过交织，利用连续的数据字可以进一步提高纠错性能。分组码校验字的产生利用了整个数据块的信息。另外，采用单位校验码或 CRCC 码还可以算出单个数据字节的校验字。这样就可以产生更多的冗余数据，纠错能力也可得到进一步提高。例如，利用 CRCC 码可以发现一个错误，而利用分组码可以纠正这个错误。

分组码可以被认为是利用行和列的校验位，固定在数据块中的二进制信息。

分组码可以利用许多种方法来产生传输的代码和检验位。但是,这些方法的本质都是相同的,都是只利用了数据块本身的信息。

为了提高系统性能,一个数据块可以利用两个校验字。

作为分组码中的一种,汉明码可以构造出能够指示错误位置的校验字。利用独特的算法,可以为每一个数据字节设置多个校验位。

从一个合法字节转换到另一个合法字节所必须改变的字位个数成为汉明距离或最小距离。汉明距离决定了一种编码的纠错能力。当汉明距离增加时,纠错能力也跟着提高。

汉明距离决定了一种编码的纠错能力。距离为1,则只是一种简单而独特的编码;距离为2,则具备了检测单位错误的能力;距离为3,则提供了单位纠错能力和双位检错能力;距离为4,则同时提供了单位纠错能力,还有双位和三位检错能力;距离为5,则具备了双位纠错能力。当汉明距离增加时,纠错能力也跟着提高。要想获得更高的纠错能力,就必须采用汉明距离更大的编码方法。一般来讲,为了检测 td 位错误,编码的最小距离必须大于或等于 td+1;当可疑符号(错误位置已知,并被置为0)为 e 时,最小距离必须大于或等于 e+1。为了纠正所有 tc 位或更少位的错误组合,最小距离必须大于或等于 2tc+1。为了能够进行全面的纠错,最小距离必须大于或等于 td+e+2tc+1。

分组码可以利用输入和输出关系来表示。将数据编成符号,最小的符号长为一位。一个具有 k 个符号的信息可以产生更大的、具有 n 个符号的编码,表示成(n,k)。例如,编码器输入 12 个符号,输出 20 个符号,则这个编码器可以表示为(20,12)。定义 k/n 为信源率 R。

2.3.3 卷积码

在一个二进制分组码(n,k)当中,包含 k 个信息位,码组长度为 n,每个码组的(n-k)个校验位仅与本码组的 k 个信息位有关,而与其他码组无关。为了达到一定的纠错能力和编码效率(R=k/n),分组码的码组长度 n 通常都比较大。编译码时必须把整个信息码组存储起来,由此产生的延时随着 n 的增加而线性增加。

为了减少这个延迟,人们提出了各种解决方案,其中卷积码就是一种较好的信道编码方式。这种编码方式同样是把 k 个信息比特编成 n 个比特,但 k 和 n 通常很小,特别适宜于以串行形式传输信息,减小了编码延时。

与分组码不同,卷积码中编码后的 n 个码元不仅与当前段的 k 个信息有关,而且也与前面(N-1)段的信息有关,编码过程中相互关联的码元为 nN 个。因此,这 N 时间内的码元数目 nN 通常被称为这种码的约束长度。卷积码的纠错能力随着 N 的增加而增大,在编码器复杂程度相同的情况下,卷积码的性能优于分组码。

另一点不同的是:分组码有严格的代数结构,但卷积码至今尚未找到如此严密的数学手段,把纠错性能与码的结构十分有规律地联系起来,目前大都采用计算机来搜索好码。

卷积码也叫循环码,它利用和分组码不同的方法进行编码。卷积码并不是把每一个数据块分成 k 个数字来产生一个包含 n 个数字的编码块,它每次只取出信息中的一小部分(如 k 个数据)来编制个数为 n 的编码,不仅利用了 k 个数据,还利用了存储在延迟存储器中的前 k 个数据。这样,输出的编码就包含了以前输入的记录。这种编码被称为(n,k)卷积码。其约束长度为 N(或 nN 个数据),长度为 n(m+1),m 为延迟的个数。信源率 R 就是 k/n。参数 k 和 n 都是整数,一般比较小。

和线性的分组码一样,卷积码也需要先进行编码过程,再把结果进行存储或传输。恢复时,解码纠错器利用校验字检测错误。编码和解码时,移位寄存器可以用作延迟存储器。延迟的个数决定了编码的约束长度,约束长度又和编码块的长度成正比。

卷积码的译码方法可分为代数译码和概率译码两大类。代数译码方法完全基于它的代数结构,也就是利用生成矩阵和监督矩阵来译码,在代数译码中最主要的方法就是大数逻辑译码。概率译码比较常用的有两种,一种叫序列译码,另一种叫维特比译码。虽然代数译码所要求的设备简单,运算量小,但其译码性能(误码)要比概率译码方法差许多。因此,目前在数字通信的前向纠错中广泛使用的是概率译码方法。

卷积码的缺点是错误传递,一个不能被完全纠正的错误会产生一个反映其错误的校验字,从而在以后的解码中引入错误。

2.3.4 里德-所罗门编码

里德-所罗门编码(简称 RS 码)是里德和所罗门两人于 1960 年发明的。它是已知的 q 进制 BCH 码的一个重要子集。BCH 码取自 Bose、Ray-Chaudhuri 与 Hocquenghem 的缩写,是编码理论尤其是纠错码中研究得比较多的一种编码方法。用术语来说,BCH 码是用于校正多个随机错误模式的多级、循环、错误校正、变长数字编码。BCH 码是汉明码的一个子集。

RS 码是一种循环码,并且是多错误纠正编码。它定义的符号为 n 位字节,有 2^n-1 种可能性。如果错误样本影响了编码字中的 s 个字节,则需要 2s 字节来进行错误纠正。所以有 2^n-1-2s 个字节可以用作数据。RS 码和互交织技术结合,可以有效地应用在音频设备中。

RS 码在编码、解码时,利用的多项式是从一个名为伽罗瓦域(简称 GF)的有限数学域中派生出来的。伽罗瓦域是由有限个具有特殊性质的元素组成的。在伽罗瓦域中,乘法和加法都可以用来连接元素,任意两个元素的乘积以及两者之和都等于域中第三个元素。例如,一个元素的幂总是域中的另一个元素。一般这些域只存在于质数以及它的幂中。另外,至少有一个元素被称为基础元素,其他元素都可以用它的幂来表示。

为了进行纠错处理,在伽罗瓦域中构造一个高度结构化的编码方法,最终简化了编码的实现。数据在 RS 码中被编织成伽罗瓦域中的符号。RS 码是非二进制 BCH 码,在特定的输入输出长度中,它可以最大可能地获得最小距离。最小距离就是序列中不同的非二进制符号的个数,可以通过 $d=n-k+1$ 得到。伽罗瓦域的大小决定了编码中符号的个数,它本身则是基于组成符号的比特数。一般常用 8 位符号,所以编码包括了 2^8-1 个 8 位符号,即 255 个。在 $GF(2^8)$ 系统中,常用的基本多项式为 $x^8+x^4+x^3+x^2+1$。

和其他编码一样,RS 码利用多项式来确定错误位置,并且提供纠错用的校验字。例如,利用输入字节可以产生 P 和 Q 两种校验位。校验位 P 可以通过对符号取模 2 加得到,Q 可以通过给每个输入字乘以 GF 基础元素的不同次方来获得。如果一个符号是错误的,则 P 给出一个非零的校验字 S1,Q 得到另一个校验字 S2,它的值是 S1 升到特定次方的位置,具体大小依赖于错误的位置。RS 编码通过比较 S1 和 S2 的关系来确定错误的位置。当一个符号出现错误时,S2 等于 S1 乘以一个原始元素的适当次方。把 S1 加到设计好的位置,就可以进行纠错了。反过来,如果通过探测指针已经知道两个错误的位置,则输入的这两个错误就可以被纠正。例如,如果第二个和第三个符号被标记,则 S1 就是两个错误的模 2 和,S2 是错误之和乘以多项式第二项和第三项指数的次方。

因为 RS 码在纠正突发性错误方面非常有效,因而把它和错误探测指针(如 CRCC)、交织技术结合起来,成功地应用在数字音频设备中。目前,RS 码被应用在 CD、DAT、DVD、直接卫星广播、数字广播和数字电视领域中。

2.3.5 交织处理

数据纠错依靠纠错算法,有效地利用冗余数据进行无效数据重组的能力。当错误持续发生时,比如在一个突发性错误中,数据和冗余数据都丢失了,纠错就变得十分困难,甚至不可能。为了克服这个问题,将数据流在存储和传输之前进行交织或分散,这样,当突发性错误出现时,它只损坏了数据中的一个连续的部分,通过对数据流进行解交织,把数据恢复到原来的顺序,错误就被分散到数据流中,受损数据就被有效数据和校验字包围，纠错算法就可以有效地利用有效数据对受损数据进行重组。

交织技术是非常重要的。如果不利用交织技术，冗余数据的规模就由可纠正突发性错误的大小来决定；利用交织技术后，可能发生在任意数据块中的最大规模错误就被限制在交织区域中，冗余数据的规模就不再由突发性错误的大小来决定，而是由交织区域的大小来决定。简单的延迟交织就可以有效地分散数据。如果一个数据块只有一个错误字节，很多块的校验和就是正确的。突发性错误会违背这条规律，但交织和解交织技术又可以使一个给定的数据块只分配一个错误。这样交织技术就大大提高了数据编码中对突发性错误的纠正能力。位交织和数据块交织的目的是一样的，它可以像处理小规模突发性错误甚至随机错误那样处理突发性错误。任何交织过程都需要足够多的缓冲区来保存在交织和解交织过程中出现的分散数据。

当突发性错误伴随着随机性错误出现时，交织技术也许会失效。因为突发性错误虽然被分散了，随机错误还是会增加给定字节中错误的个数，也许会超出纠错算法的能力。一种解决的办法就是采用两种纠错编码，用交织和延迟进行分离。将两种分组码组织成行和列两位空间，这种方法被称为乘积码（或交织字码）。在 DVD 中就采用了乘积码。其最小距离就是这两种编码最小距离的乘积。当两种分组码被交织技术和延迟技术分离时，就形成了互交织。互交织技术综合了两种分组码和一种卷积码。

可以用一种编码的校验字来指示错误，用另一种编码来纠正错误，这种方法很有效。错误位置已知，纠错性能就会得到提高。例如，一个随机错误被交织编码纠正，而一个突发性错误在解交织后被纠正。当两种编码都是单可疑符号纠错码时，得到的纠错编码成为互交织码（CIC）。

在数字音频固定磁头（DASH）字头格式中就利用了 CIC 编码。延迟单元形成交织，模 2 加法器产生单可疑符号纠错码。由于产生了两个校验字（P 和 Q），再加上两个单可疑符号纠错码，就可以有效地纠正错误。3 字错误可以被纠正，但 4 字错误在所有 4 个编码序列中产生双字错误，因而不能被纠正。CIC 码在获得卷积码高性能的同时，不会产生传递错误。因为一个序列中不可纠正的错误在下一个序列中都变成了单字错误，从而很容易被纠正。

交织深度越大，则离散度越大，抗突发差错能力也就越强。但交织深度越大，交织编码处理时间越长，会造成数据传输时延增大，也就是说，交织编码是以时间为代价的。因此，交织编码属于时间隐分集。在实际移动通信环境下的衰落，将造成数字信号传输的突发性差错。利用交织编码技术可离散并纠正这种突发性差错，改善移动通信的传输特性。

2.3.6 互交织里德-所罗门编码

在 CD 格式中,k2=24,n2=28,k1=28,n1=32,编码 C1 和 C2 是里德-所罗门编码。可以用一种编码的校验字来指示错误,用另一种编码来纠正错误,这种方法很有效。错误位置已知,纠错性能就会得到提高。例如,一个随机错误被交织编码纠正,而一个突发性错误在解交织后被纠正。当两种编码都是单可疑符号纠错码时,得到的纠错编码成为互交织码(CIC)。在 CD 中利用了里德-所罗门码,这种算法被称为互交织里德-所罗门码(Cross Interleave Reed-Solomon Code,CIRC)。CIRC 码顺序利用了两个 RS 码,通过交织过程把 C2 和 C1 编码结合。数据先通过 C2 编码器,再在 C1 中编码。解码时则把顺序颠倒过来。

C2 码是一个(28,24)编码,即编码器输入 24 个符号,输出 28 个符号(包括校验符号)。C1 编码器是一个(32,28)编码,即编码器输入 28 个符号,输出 32 个符号(包括 4 个校验符号)。两个编码器都采用 8 位字节,伽罗瓦域的大小为 $GF(2^8)$,其计算基于多项式 $x^8+x^4+x^3+x^2+1$。最小距离为 5,如果错误位置已知,最多可以纠正 4 个符号;如果错误位置未知,可以纠正 2 个符号。

思考题

1. 纠错编码主要有哪两类?
2. 分组码和卷积码各自的特点是什么?
3. 为什么要进行交织处理?
4. 码间距离和纠错能力之间有什么关系?

2.4 错误隐藏

对于许多不同的应用类型,存在多种不同的纠错方法,设计者必须对随机性错误和突发性错误的可纠正性、为增加冗余度而加入的额外数据、检测失败的概率、可以被纠正或者隐藏的最大突发性错误的长度以及编码器和解码器的成本等因素作出判断。对于数字音频信号,不能纠正的错误可以进行隐藏处理。由于检测失败而产生的错误常常不能被隐藏,这就会在音频输出端产生"咔咔"声。设计者必须保证在一般情况下不会出现这种状况,其他的设计标准由具体设备决定。

由于错误的特性不同,比如有些错误可以预测,有些错误不可预测,因此纠错系统必须采用不同的技术来应付这些情况。延迟、交织、校验和互交织等手段可以成功地纠正数字音频记录中大多数错误。

一般从纠错算法中输出的不可纠正错误有两种，一种是可以被预测，但是不能被纠正；另一种是完全没有被检测出来，或者被错误地纠正了。第一种错误可以设法进行隐藏处理。第二种无法隐藏，常常是随机错误和突发性错误同时发生的结果，必须尽量减少。所以，一种纠错系统的目的就是在纠错算法中减少未检测到的错误的个数，然后通过隐藏技术来处理检测到但无法纠正的错误。对于不能纠正的误码，可以采取一些处理方法，根据前后关系来推断出原来的数值，这被称为错误隐藏（error concealment）。

2.4.1 插值

在经过解交织处理之后，大多数错误甚至包括突发性错误都被分散到有效数据之中。因此可以利用周围有效数据计算得到的新数据来代替丢失或不可纠正的数据，只要错误足够分散，同时在数据之间存在一定的关系，这种技术就可以有效地发挥作用。组成一个音乐片段的数字信号通常可以在插值处理之后，不至于对声音质量产生严重的影响。研究表明，一个错误的持续时间并不能完全决定其是否被人觉察。

插值处理最简单的形式是只要保持前一个采样数值，利用重复的结果替换丢失或错误的数据。这种方法被称为零阶插值或前值插值。在一阶插值（也称线性插值）中，错误的采样用前后两个采样值的平均值代替。许多音频设备采用零阶插值和一阶插值相结合的方法。如果错误连续出现，则利用前值插值代替错误，但是最后一个错误用前、后采样值的均值代替。如果错误随机出现，即有效采样包围着错误，则利用均值代替错误。

N 阶插值就是利用高阶多项式计算替换值。在实际应用中，可以利用三阶或五阶插值方法。任何插值计算都必须完成得足够快，以保证数据速率。

应用各种插值方法的前提条件是，插补的误码不能是连续的突出性误码。

2.4.2 静音

静音就是简单地把丢失或未纠正的错误字设置为零。安静要比解调出错误数据产生不可预知的声音好得多。静音可以用来处理那些未纠正并且能够产生“咔咔”声的错误。一个简单静音产生的瞬间能量畸变可能是不会被听到的，但是“咔咔”声一定能够被听到。因此出现严重错误时，静音处理更加适用。为了使静音不被听到，静音算法在完全输出静音之前，先逐渐地减少输出信号的幅度，之后再逐渐恢复。例如，可以通过在几毫秒的时间内对连续的采样乘以衰减系数来调整增益。降低增益必须在错误之前开始,这样可以产生一个平滑的衰减。采用前向反馈标志,并简单地把所有音频采样延迟,就可以实现这种平滑处理。

2.4.3 复制

采用数字音频技术进行记录的一个优点就是,对记录进行复制不会出现在复制模拟音频记录时不可避免的音质下降。虽然数字音频复制可以是无损的处理过程,但能否成功复制,依然依赖于纠错算法能够成功地处理数据。虽然纠错算法可提供完全正确的数据,错误隐藏技术却不能做到这一点。在极端情况下,错误隐藏技术在数据复制中引入了音频错误,于是重复多次的复制就可能积累隐藏错误,而这些错误在原版拷贝中是不存在的。因此,错误必须在一开始就得以纠正。

思考题

1. 为什么要进行错误隐藏处理?
2. 错误隐藏主要采用哪几种方式?

3 高效压缩编码技术

3.1 心理声学和感知编码

爱迪生圆筒留声机与其他模拟记录格式一样都是以模拟的方式来存储声音的波形——原始波形的模拟量。而像 CD 这样的数字媒体完成的基本也是同样的工作,只不过它们是用离散的一串数字来表征波形的采样幅值,以此来替代原来的连续机械量。这两种方法的目的都是想在声频频带内重建出与原始声信号一致的物理波形。对于感知编码,它是放弃了对物理一致性的追求,转而追求感知上的一致性。它利用人耳听觉系统的心理声学模型,编码器在损失允许的范围内进行信号的计算处理,以此降低对声频信号编码所需的数据量。

从许多音质评价者的角度来看,他们通过对新型的感知编码方式与 PCM 进行比较,认为 PCM 的性能很出色,但其编码效率太低。由于 PCM 编码需要高比特,所以其应用受到了限制。进而人们试图通过感知编码来取得较低的比特率,在可接受的信号质量下降前提下,为数字声频(视频)的应用开辟出新的天地。心理声学的研究告诉我们人耳可以感知到多少信息。感知编码系统就是致力于将这些可被感知的信息传递出去,而舍去那些不能被感知的信息。

3.1.1 数据压缩

通常,一个事件发生的概率越低,则该事件包含的信息就越多。换言之,含有大量信息的事件是很少发生的。我们将在一段时间所发生事件的信息平均量称为熵,以 H

来表示。如果每个事件发生的概率是均等的，那么熵是最大的，以 Hmax 来表示。一般情况下，熵都是小于该最大值的。而大部分函数都可以通过其熵来加以分析。某一信号的冗余度可以通过下式加以表述：

$$冗余度 = 1 - H/Hmax$$

增加冗余度就是提高数据率，而降低冗余度就会减小数据率，实际上后者就是数据压缩，或称无损编码，理想的压缩系统可将冗余除去或减小，而保留其熵值不变。熵值决定了信号被转换成数字信号所需的平均比特数。

对于声频信号所包含的信息而言，出现概率极低的声频采样包含的信息量很大，频繁出现的采样包含的信息则相对少得多。对于前者是很难预料的，后者则很容易预测。同样的有音调的声音（正弦形式）就有相当大的冗余，而非音调信号（噪声类）的冗余就很小了。图 3-1-1 所示是一个周期性的小提琴声音和一个非周期性的镲的声音信号。从另外的角度来看，某一采样发生的概率取决于其相邻的采样，通常它与前一个采样的样值很接近。例如，对于一个纯低频信号，预测编码器可利用前一个采样值来预测当前的采样值，而预测的误差（实际值与预测值的差别）也被传送出去了。解码器将所接受的相同的预测值与误差值相加来合成出正确的样值，可通过量化误差信号来取得压缩。

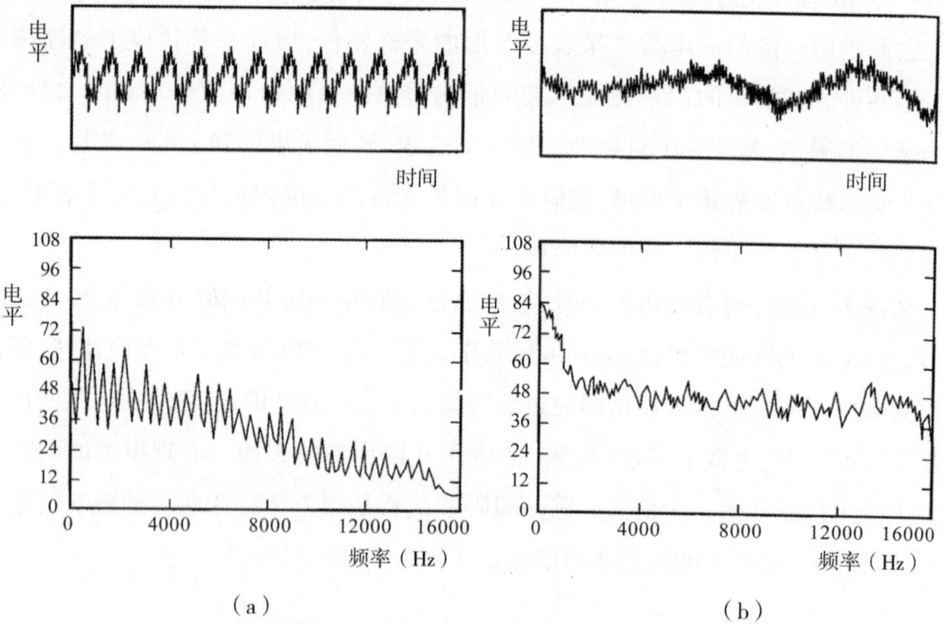

图 3-1-1　乐音周期性和非周期性的时域和频域示意图

注：(a)该小提琴声音是周期性的，并有离散的谐波成分。(b)该镲的声音是非周期性的，并且有非谐波成分。

事实上,人耳只能听到声频信号信息中的一部分,它可以称为感知熵。具有较小熵值的信号可以被有效地压缩,具有较大熵值的信息则不能。正因为如此,压缩编码器可以在信息较少的情况下输出低比特率的信号,而在信息丰富的时候输出高比特率的信号,即变比特率输出。尽管信号的采样率是恒定的,但输出是可变的,其波形的熵值当然就不是恒定的了。

3.1.2 熵编码

熵(或哈夫曼)编码是由戴维·哈夫曼(David Huffman)提出的,它是利用事件发生的概率来对信息进行编码的。例如,一个信息可以经分析和采样,那些最经常发生的采样被安排为最短的码字,而那些很少出现的采样被安排为较短的码字。在解码器中也包含这些设置,并对接收到的码字进行反向处理。由于没有信息丢失,所以这种压缩是无损的,其处理是完全可逆的。

莫尔斯电报代码是一种简单的熵编码,而现在许多文本和数据存储系统在将其存入硬盘、软盘或光盘中时都采用数据压缩技术。

通常,哈夫曼编码是一种无噪声编码方法,它使用统计技术以尽可能短的码长来表示一个消息。它是一种基于字首的熵编码。要想用最短的码字来对最常出现的字符进行编码,那么编码时要采用一种非重复性的系统,以便较短的码字不会成为较长码字的起始部分。例如,110 和 11011 不能同时成为码字。这样码字就能够被唯一地解码,而不产生损失。

哈夫曼编码的编码步骤如下:

(1)将信源符号按出现概率的高低依次排列;

(2)将出现频度最低,即最小概率的两个进行组合相加,并反复进行与最初相同的操作,始终将较高的概率分支放在上部,直到概率达到 1.0 为止;

(3)将每对组合中的上边一个指定为 1,下边一个指定为 0(或反过来,上边为 0,下边为 1);

(4)画出由每个信源符号概率到 1.0 处的路径,记下沿路径的 1 和 0;

(5)对每个信源符号都写出 1,0 序列,则从右至左就得到哈夫曼编码。

其结果是,给出现概率高的符号分配最短的码,给出现概率最低的符号分配最长的码,这样便保证了码的唯一可译性。

哈夫曼编码适合表示那些事先已知道其发生概率的信息。如果信源发生的符号相对频度近似相等,那么这种码就失去其作用了。如果一个偶发信源字符的概率接近于 1(成为频繁发生的),则所生成的信息编码的代码比其原始代码还要长。(要克服这一缺陷,有些编码系统采用自适应的办法,以改良压缩算法,实现更佳的运算操作。)哈夫曼编码最适合那些所有符号的概率为整体的 1/2 的情况。

游程编码也可以实现数据压缩,并且对高频采样是最佳的选择。当一个数据值在某一时间段上重复出现时,就可以用一特殊的码字来进行编码,即表示出这一样值的起始就可以了。例如,消息 6666 6666 可以编码为 86,这样编码的效率是比较高的。游程编码是被用于传真机上的。尽管哈夫曼编码和游程码对音乐编码并不能直接发挥其高效性,但是它们可以被用于某些感知算法中的压缩运算。

总之,因为原始信源数据可以被精确地恢复,故数据压缩是无损的,其过程是可逆的,并且其平均失真为零。数据压缩算法需要很复杂的运算处理,这就会引入编码延时,根据数据本身的复杂程度,一般 1. 5∶1至 3. 5∶1的压缩比是可以接受的。尽管数据压缩用于某些感知编码器中,但是另外一些有损编码方法会产生所需要的更明显的压缩效果。在一些特殊情况下,非相关数据也可被去掉,这就是数据减少。这时原始信号不能被精确重建。数据减少,系统降低了熵值,利用感知熵的建模,仅将不相关的信息去掉,这种减少人耳是不可闻的。所以感知编码器必须利用心理声学的研究成果来确定声频信号中的非相关成分。

3. 1. 3 心理声学

有关人类听觉的研究包含人耳的生理结构以及人的大脑对声音信息的翻译等方面。心理声学研究的是人类对所听到的声音的主观反映。

人耳对频率的响应是对数的,这可以通过人耳对音程的感觉加以说明。例如,100~200Hz 的音程被认为是一个倍频程(八度),它与 1000~2000kHz 的音程感觉是一样的。从线形的观点看,第二个八度间的间隔要大得多,但人耳听到的是相同的音程关系。正因为如此,音乐符号采用对数的度量尺度。在音乐的线谱中,每四个半的间或线代表一个八度,间隔可能是几十赫兹,或几千赫兹,这要取决于采用的谱号和加线。

频率是一个严格度量的参数,音调则不然,它是一个主观的参量,它与频率和诸如包络和强度等物理量有复杂的关系。例如,200Hz 的正弦波听起来先弱后强,则大多数听音人会认为越响的声音音调越低。事实上,频率增加 10%才能维持人耳对低频音调的主观评价不变。另外,人耳最敏感的频段是 1~5kHz,在这一频段内音调几乎不随响度变化而变化。但对乐音而言,这种效果就差得多了。

当频率相近的两个声音同时发声时会产生拍频。如果两个声音的频率差处在可闻声频段内,差频声音就能被听到。当频率高,声音越响且两个声音相差不超过五度时,这一效果尤为明显。尽管有些听音者称他们听不到信号音,但这一观点尚在争论之中。另外还会出现内部音,尤其是在200Hz以下,在这个范围内人耳能在同时发音的两个音衰减期间辨别出内部音。例如,同时发音的两个音为65Hz和98Hz,人们并不能听出是纯五度,而是82Hz的一个音。另一方面,500Hz以下的声音,如果一个比另一个迟一点被听到,则人耳可区分的音调偏差仅有2Hz。

人耳可承受的声音动态范围非常宽。120dB SPL的感觉阈的声强是0dB SPL的闻阈的1,000,000,000,000倍。为了表述方便,采用对数的分贝表示法。虽然人耳可承受的动态范围很大,但是其灵敏度是与频率有关的。通过实验得到了如图3-1-2所示的Robinson-Dadson等响曲线。其中最低的一条等响曲线描述的是最小的可闻区域,它表示的是在整个可闻声频频段内,正常听力的人耳刚好能察觉的最小声压级。例如,人耳刚能听到的30Hz声音的声压级要比刚能听到的4kHz声音的声压级高60dB。从等响曲线可看出:其响应是随响度而变化的,声音越响,响应越平坦。

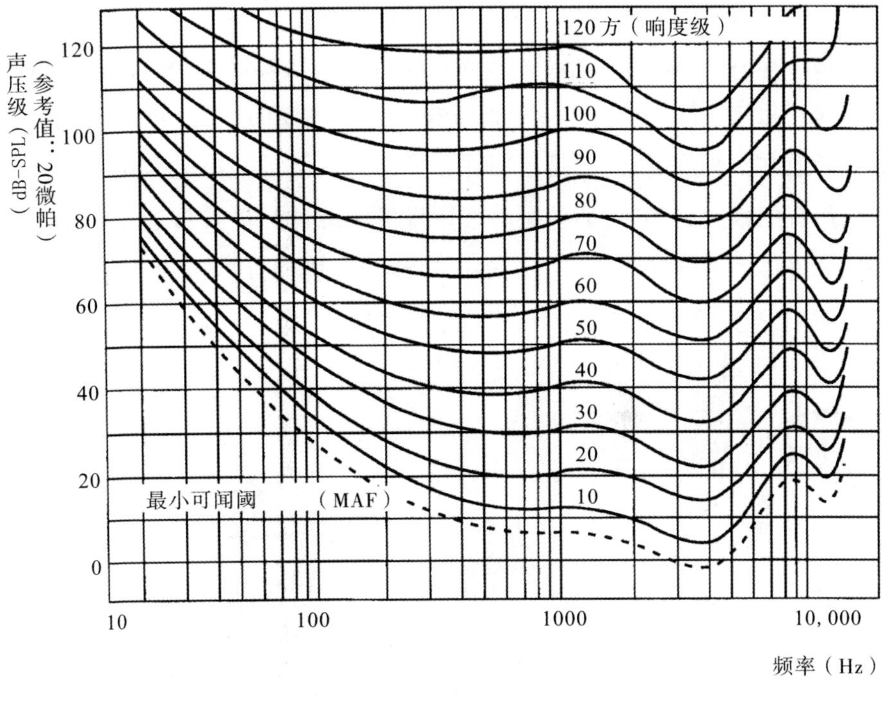

图3-1-2 Robinson-Dadson等响曲线

除了声音的定位以外,所有的声音特性都是可以通过单耳听音来完成的,只有声音的定位是要用双耳来完成的。当声音从某一侧传来时,人耳和大脑利用双耳感觉到的声音的强度差、包络的复杂性和时间延时来判断声音的原始方位。如果从两只扬声器发出的声音强度相同，则人们会认为该声音来自两个声源中间的空间位置，而不是来自某一只扬声器。由于每只耳朵接收到相同的信息，所以声音很难不被当作来自正前方的声音来解码。类似的是，立体声不外乎是两个不同的非立体声通道而已。

传统的录音系统是将一些客观的参量作为设计目标——平坦的频响，最小的噪声等。感知编码器认为最终的接收者是人类的听觉系统。通过心理声学的研究，他们将人耳自身的特性作为其设计的临界参考。总之，任何的音乐实践，不论是创作，还是利用模拟或数字的方法来传送和重放，都是纯主观的。

3. 1. 4 人耳的生理结构和临界频带

人耳完成的是将声能转换成机械能的工作，并最终将电脉冲传送至大脑，大脑能感知到声音中包含的信息。图 3-1-3 所示的是人耳的生理结构解剖图，外耳起收集声音的作用，其复杂的耳廓有助于判断声音的方位；耳道会在 3kHz 左右产生共振，这样它对语言清晰度所对应的频段极其敏感，耳垂将声能转化为生理声，它能达到的最大振幅大约为 120dB SPL，再大会造成包络的失真。中耳的三个小骨头——耳垂骨、砧骨和镫骨起到阻抗匹配的作用，以便能高效地将空气中的声音传送到充满液体的内耳。前庭通道并不影响听音，但是起到部分平衡感的运动检测的作用；螺旋状的基底膜检测出声音的幅度和频率；那些振动被转换成电脉冲的形式传送至大脑，它成为沿一簇神经纤维传送的神经信息。大脑解码出激励的周期，以及基底膜的最大激励点，从而决定频率，激励周围的固有区域的动作被忽略掉了。

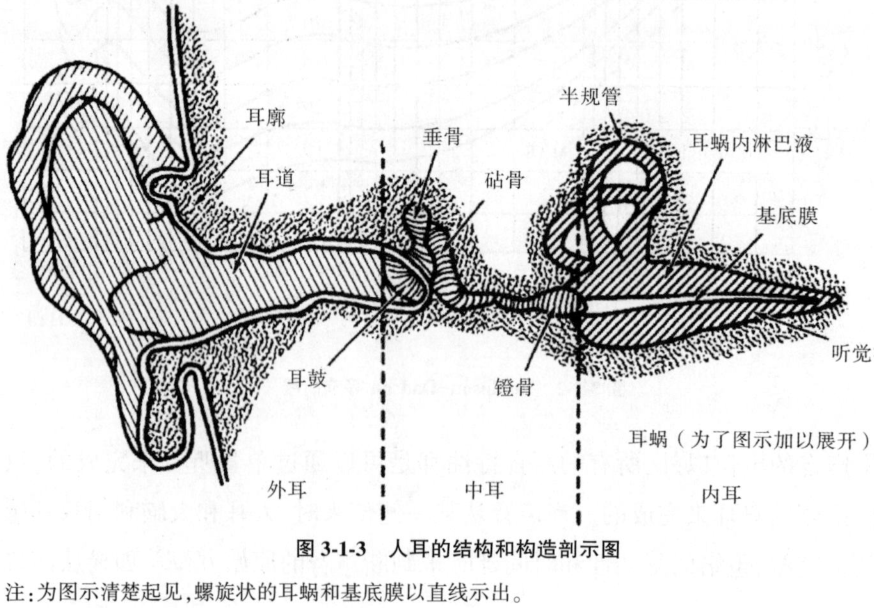

图 3-1-3 人耳的结构和构造剖示图

注：为图示清楚起见，螺旋状的耳蜗和基底膜以直线示出。

对基底膜的研究表明:人耳中大约包含30,000个沿着基底膜排列的多列绒毛细胞,每列大约32mm长,这就是所说的螺旋器。绒毛细胞检测出基底膜的固有振动,并以电脉冲的方式将声音信息传送给大脑。其中的频率分辨力为:在低频时相差几赫兹的音调是可以被分辨出来的,但是在高频段,要想分辨出两个不同的音调音,其频率间隔必须相差几百赫兹。不论在什么情况下,绒毛细胞对固有区域上的最强激励产生响应,这一固有区域被称为临界频带,这一概念是由哈维·福莱柴(Harvey Fletcher)提出的。试验表明,低频段的临界频带要比高频段的窄得多,其中3/4的临界频带处在5kHz以下,较之高频段,人耳从低频段获得了更多信息。20~400Hz的频段内的临界频带接近100Hz,而1~7kHz的频段内的临界频带大约为1/5倍频程的宽度。另外,对于300Hz~20kHz的频段可以认为临界频带为1/3倍频程,其误差小于1.5dB。除此之外的其他研究表明,临界频带可以用下面的公式近似表示:

$$临界频带(Hz)=24.7\times(4.37F+1)$$

其中F为以kHz表示的中心频率。

埃博哈德·齐威克(Eberhard Zwicker)对15kHz以下的频段用24个独立的临界频带对人耳进行建模;第25个频带占有的频段为15~20kHz,有关临界频带的例子如表3-1-1所示。从生理学的角度来看,每个临界频带大约占用了1.3mm的长度,大约相当1300个基本的绒毛细胞。对于一个1kHz的正弦音的临界频带大约为160Hz宽;所以一个以1kHz为中心频率,宽度为160Hz的噪声或误差信号只有在其电平比前面的1kHz正弦音的电平大的情况下才能被听到。另外一个例子是,具有恒定SPL的一定宽度的噪声信号的响度并不随带宽的提高而变化,仍然维持恒定。但是,当超过了临界频带之后,响度就会提高。临界频带可以被比作一个中心频率可调的频谱分析仪。重要的一点是,临界频带并不是固定的,它们是随频率连续变化的,并且任何的可闻音调都可建立起一个以之为中心的临界频带。临界频带的概念是以实验为基础得出来的。从另一个角度来看,临界频带是针对突变所产生的主观响度带宽。

有趣的是,临界频带的概念已经被用来解释谐振和失谐现象。对于频率差大于一个临界频带的音程一般是比较和谐的,而小于一个临界频带的音程就趋于失谐,对于0.2倍频程的音程是失谐最严重的。低频段的失谐现象较强,比如,音乐家在低音区就极力避免使用三度音。

Bark(以德国的物理学家Geory Heinrich Barkhausen的名字命名的)是感知频率的单位。我们用Bark来度量临界频带的比值,一个临界频带具有一个Bark的宽度,1/100Bark相当于1美。Bark的度量是将绝对频率(Hz)与以频率度量的感知量,如音调或临界频带(Bark)联系在一起。利用Bark,物理频谱可以转换成生理频谱。运用这种方法,一个纯音(单一谱线)可以表示成一条生理掩蔽曲线。

音调定位理论进一步解释了基底膜的作用,利用周围液体的传递作用,声波沿着膜的长度方向传输,并且波动停止于膜的长度方向上的特定位置,在这个位置上膜产生对应于不同频率的最强振动。尤其是膜感知到的高频成分处在中耳附近,而感知到的低频成分在远端。由高频声所激励起的波动并不达到基底膜的远端。但是,低频声将越过所有高频位置区,到达远端。由于绒毛细胞倾向于在最强激励的频率处振动,所以它们将在临界频带内传递这一频率,而忽略较弱激励的频率。该激励曲线可以通过耳蜗的传递函数来描述,它是一种非对称的等值线,解释了基于固有频率条件的宽频带测量不能描述闻阈现象的原因。沿着基底膜的方向共有大约620个相等频率差的音阶,所以1/25Bark的分辨率是合理的。总之,由于临界频带揭示人耳分辨频带内外能量的能力,所以临界频带在感知编码中是很重要的,特别是它引出了掩蔽现象。

表 3-1-1 人耳闻阈范围内临界频带

临界频带编号(Bark)	中心频率(Hz)	临界频带(Hz)	下端截止频率(Hz)	上端截止频率(Hz)
1	50	—	—	—
2	150	100	100	200
3	250	100	200	300
4	350	100	300	400
5	450	110	400	510
6	570	120	510	630
7	700	140	630	770
8	840	150	770	920
9	1000	160	920	1080
10	1170	190	1080	1270
11	1370	210	1270	1480
12	1600	240	1480	1720
13	1850	280	1720	2000
14	2150	320	2000	2320
15	2500	380	2320	2700
16	2900	450	2700	3150
17	3400	550	3150	3700
18	4000	700	3700	4400
19	4800	900	4400	5300
20	5800	1100	5300	6400
21	7000	1300	6400	7700
22	8500	1800	7700	9500
23	10,500	2500	9500	12,000
24	13,500	3500	12,000	15,500
25	18,775	6550	15,500	22,050

注:人耳闻阈范围内临界频带的例子说明了随着绝对频率的增高,频带也增宽。对于任何频率,一个可闻的声音都将引发一个临界频带。

3.1.5 听觉阈和掩蔽

影响人听力的两个基本因素是最小听觉阈和掩蔽(见图 3-1-4)。听觉阈曲线描述的是人耳对某一给定频率的音调音能够检测或听到的最低声级(0 宋)。该阈是以 1kHz 0dB 为参考值的。人耳对 1~5kHz 的声音最敏感,在这个区域内,人们可以听到比 0dB 参考值低几个分贝的信号。一般而言,等功率而不同频率的两个音给人的响度感觉并不相同。类似的,人耳对噪声和失真的感知能力也随频率而有所不同。人耳在高频和低频处的灵敏度会下降。例如,20Hz 的一个音刚好被听到的声压级比 1kHz 音高将近 70dB。感觉的响度可以用宋为单位来表示。1 宋是指 1kHz 40dB SPL 的正弦音的响度。2 宋是指响度相当于 50dB SPL。以此类推,以宋来表示的响度上的加倍,相当于 SPL 提高 10dB。例如,64 宋相当于 100dB SPL。感知编码器是将输入信号与最小听阈相比较,去掉那些低于阈值的信号,因为人耳听不到这些信号。

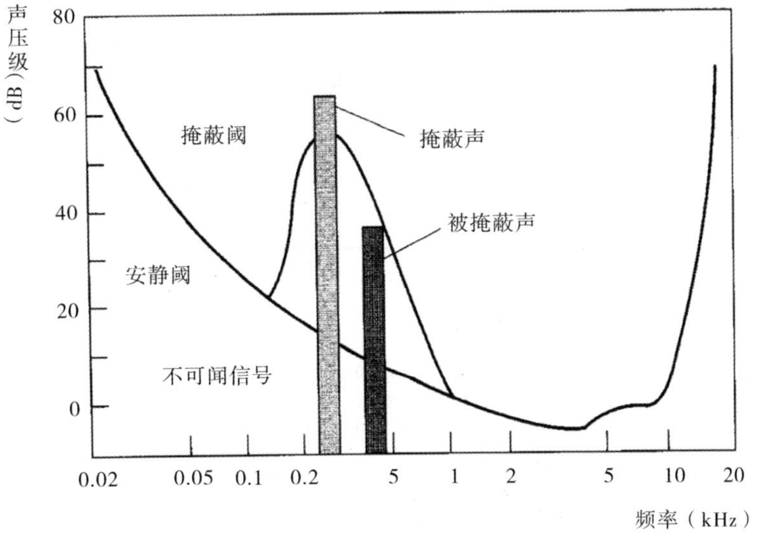

图 3-1-4 听觉阈曲线

注:听觉阈描述了在整个人耳闻阈内人耳可听到的最弱的声音,掩蔽音或噪声将提高所有区域上的听阈,建立起一条掩蔽曲线。被掩蔽的单音或噪声(可能平时是可闻的),处于掩蔽曲线之下时就听不见了。

当某一音调音使其附近的频率区域的闻阈的阈值曲线向上推移时,就说明产生了幅度掩蔽。掩蔽阈描述的是音调音刚好被听到的声压级。当音调音同时发声时,掩蔽现象中较响的音可能完全将较弱的音淹没掉。换言之,在物理上确实存在的声音并不能保证一定能被听到,反之可能确保其他的声音不被听到。强的声音被称为掩蔽声,而弱的声音被称为被掩蔽声。掩蔽理论讨论了当弱声音的能量等于临界频带内较响的掩蔽信号的部分能量时,它刚好可被检测到的情况,这与振幅呈线性的关系。例如,

500Hz 的音调音可以掩蔽较弱的 600Hz 音调音；一个感知记录系统将不去记录 600Hz 的音调音，因为它被掩蔽了，取而代之的是可闻的 500Hz 音调音被尽可能精确地编码。一般而言，根据相对振幅的情况，弱的（但在其他情况下是可闻的）音调音会被与之相近频率（在低频时为相差 100Hz 以内）的较强的音调音所掩蔽。

基底膜的机理可以解释掩蔽现象。在基底膜的某一位置上产生的响应将掩蔽掉临界频带内的较弱的响应。除非另外一个音调音的行为提高到掩蔽阈之上，否则它将被掩蔽声所淹没。如图 3-1-5 所示，图（a）所示的是 60dB SPL 的四条掩蔽曲线（音调音被窄带噪声所掩蔽），其频率的赫兹数是以对数来刻度的。图（b）是七条掩蔽曲线，它们是以 Bark 来刻度的。采用这种自然的刻度，从中可以看到临界频带比率。掩蔽阈有时表示成一个激励强度级，这可以通过在可闻音调音的声压级上增加 2~6dB 的掩蔽指数来得到。

(a)

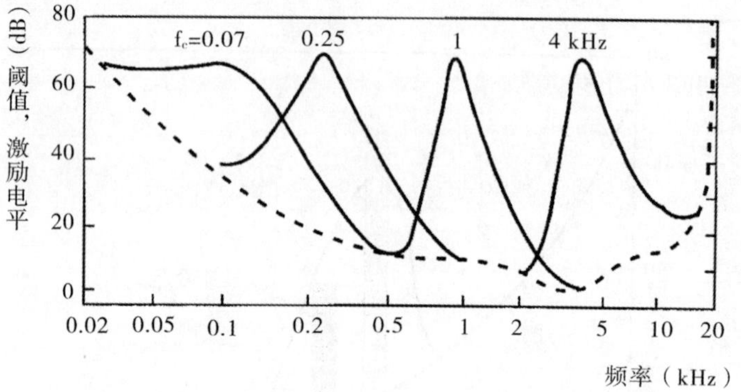

(b)

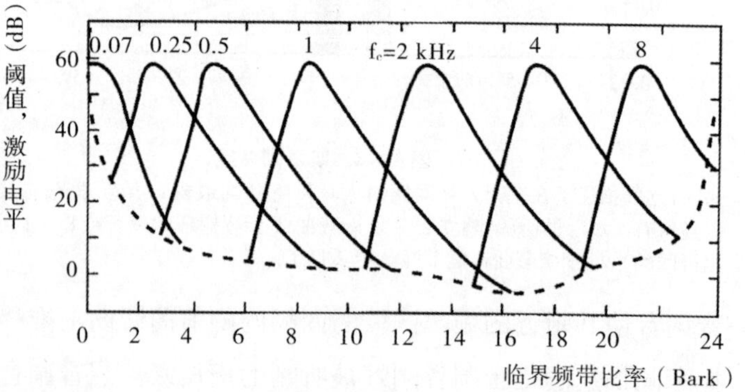

图 3-1-5　掩蔽曲线

注：掩蔽曲线描述的是当音调音或噪声在有掩蔽声存在时刚刚听到时的阈值，掩蔽阈的宽度是随着频率而变化的（当频率以对数刻度时）；当以 Bark 来刻度时，阈的宽度和斜率是类似的，它是沿着基底膜的反射响应。其中，（a）掩蔽阈是采用对数频率刻度给出的。（b）掩蔽阈是以临界频带比值为刻度给出的。

低频可以影响对高频的感知。当信号很响，或包含谐波成分时，掩蔽现象可能会重叠于相邻的临界频带上。例如，一个复合的 1kHz 信号可能掩蔽一个 2kHz 信号。小振幅的信号产生的掩蔽很小，像正弦音调音的窄带信号所产生的掩蔽也很弱。同样，越响、越复杂的音调音会使掩蔽曲线变宽，掩蔽效果更明显，并且使掩蔽曲线向高频端延伸。

由研究得出的许多掩蔽曲线是从将单一信号或窄带噪声作为掩蔽声的激励得出的。一般而言，单一音调音的掩蔽在该音调音附近所产生的谷底是由于掩蔽音与被掩蔽音的差拍影响造成的，对于窄带噪声就不会表现出这种效果。另外，音调音掩蔽似乎较噪声掩蔽更容易延伸高频段的掩蔽阈。通常，这些差异是与实验本身的人为因素相一致的。宽带噪声的实验表明，只有处在被掩蔽声的临界频带内的掩蔽声频带成分才能产生有效的掩蔽。

许多掩蔽实验研究的是一个音调音或噪声对另一个音调音的掩蔽，在感知编码中却正好相反，我们考虑的重点是量化噪声被音乐声掩蔽。需要指出的是，噪声频带所产生的掩蔽曲线与正弦音激励不同。通常，从掩蔽的特性上看，音乐更像是有音调的音。之所以将正弦音掩蔽用于掩蔽模型中，是因为它产生的噪声掩蔽最小（最差的情况），而复杂音调音会产生更大的掩蔽。一般而言，当一个音调音比临界频带内 1/3 倍频程的掩蔽噪声低 4dB 时就不能被听到了。相反，如果一个 1/3 倍频程的噪声要想被一个纯音所掩蔽，则噪声必须比纯音低 24dB，这要比掩蔽噪声时强 20dB。最后，在调整掩蔽刻度时还需要仔细地去听。总之，编码器要将静音的阈值设在标准曲线之下，因为我们并不知道听音声压级是多大。相对而言，将音乐作为激励信号的科学研究非常少。但是，人们一般都同意将音调音和噪声曲线用于音乐编码中是可以建立起有效的模型的。很显然，一个音乐声可以掩蔽另一个音乐声，但是有关音乐掩蔽机制的进一步研究工作会让人们找到更好的掩蔽算法。

同时，掩蔽曲线是非对称的，其高频段一侧曲线的斜率要缓一些。所以，低频音对高频音的掩蔽要容易一些，而反过来就要困难一些了。特别是低频侧的斜率大约为 27dB/Bark，高频侧的斜率则根据掩蔽声的幅度在 −20 ~ −5dB/Bark 间变化。低声压级掩蔽声影响相对的窄带被掩蔽频段。但是，当掩蔽声的声压级提高时，阈曲线就加宽了，同时其高频一侧的曲线斜率也下降了，而其低频一侧的斜率基本保持不受影响。图 3-1-6 所示的是由中心频率为 1kHz 的窄带噪声产生的一系列掩蔽曲线，其中声音的振幅不同，显然，人耳对于低幅度信号有最大的分辨率。

当声音发声在时间上很接近，但不是同时的时候会发生瞬时掩蔽。一个信号可以被在此之后发生的另一个信号（或噪声）所掩蔽，这被称为预掩蔽（有时也称后向掩蔽)。另外,在一个信号开始之前结束的另一个信号(或噪声)可以掩蔽这个信号,这被称为后掩蔽(有时也称前向掩蔽)。换言之,较响的音调音刚好发生在较弱的音调音之前(预掩蔽),或之后(后掩蔽),都将淹没掉较弱的音调音。正如同时掩蔽随频率差的提高而减小一样,瞬时掩蔽会随着时间差的加长而减小。一个 80dB 的音调音,它在 20ms 之内有 40dB 掩蔽量的后掩蔽,在 200ms 时则为 0dB 的掩蔽量,在 1ms 时间内,预掩蔽可以提供 60dB 的掩蔽量,而在 25ms 时为 0dB 的掩蔽量。如图 3-1-7 所示。瞬时掩蔽随着掩蔽声维持时间的减小而减小。另外,当掩蔽声与被掩蔽声在频率上很接近先发声的较低频率时,后发声的音调音会被稍早发声的音调音进行后掩蔽。而当掩蔽声是较高频率时,后掩蔽就要弱一些。从逻辑上考虑,由于在同时掩蔽时的两个声音是同时发声的,所以同时掩蔽比预掩蔽或后掩蔽都要强。

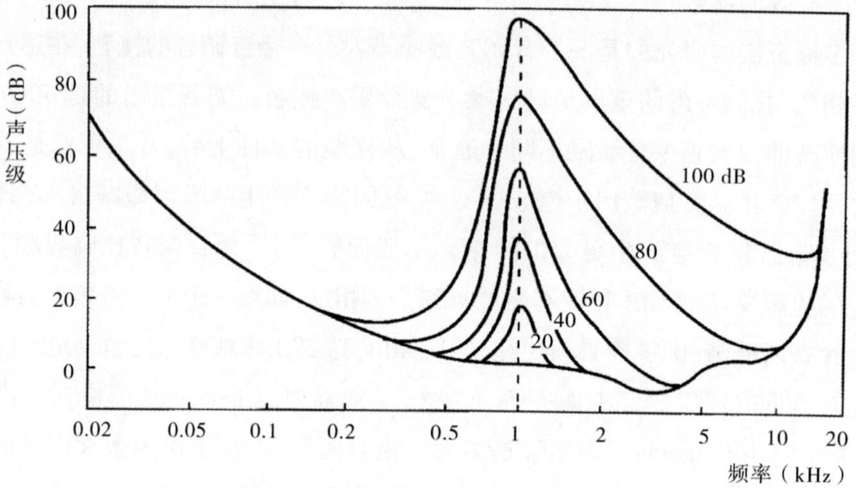

图 3-1-6 声压级变化造成的掩蔽阈改变

注:采用的是中心频率为 1kHz 的窄带掩蔽噪声,低频一侧的曲线斜率基本不发生变化。

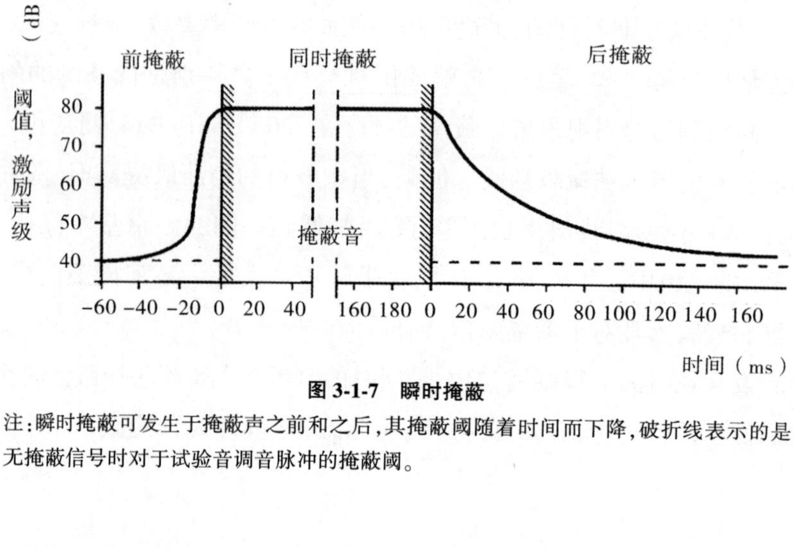

图 3-1-7 瞬时掩蔽

注:瞬时掩蔽可发生于掩蔽声之前和之后,其掩蔽阈随着时间而下降,破折线表示的是无掩蔽信号时对于试验音调音脉冲的掩蔽阈。

瞬态掩蔽理论认为:大脑对一段时间内的声音进行综合,并且在听觉皮层上处理脉冲形式的信息。另外,也可能是大脑简单地处理强的声音要快于弱的声音。不论是何种机制,瞬态掩蔽在频域编码中是很重要的。由于这种编码器处理的是采样块,其时间分辨率是受限的,所以其误差是在时间轴上扩散开来的,瞬时掩蔽可以避免瞬态信号所产生的人为不利因素。理想的情况是,滤波器组应提供 2~4ms 的时间分辨率。幅度和瞬态掩蔽的共同作用构成了一条在时频域内的等值线,如图 3-1-8 所示。落在轮廓线之下的声音将被掩蔽掉,感知编码器的任务就是要确定这条变化信号情况下的轮廓线,并且对信号进行相应的编码。

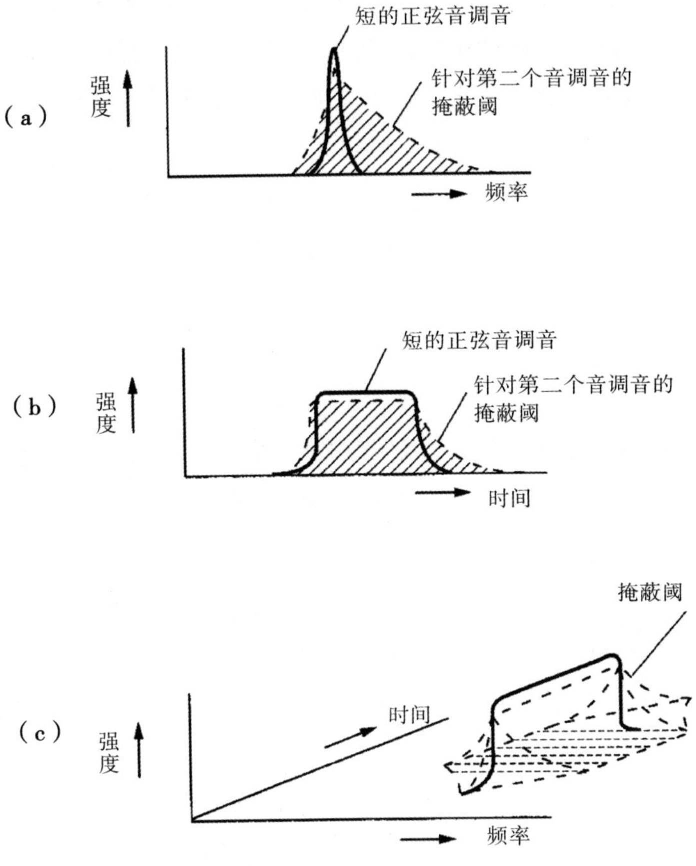

图 3-1-8 不同掩蔽效应下的时域轮廓线示意图

注:当同时和瞬时掩蔽综合在一起时,可建立起一条时频域轮廓线。感知编码必须将变化噪声和其他人为不良因素置于这一轮廓线内,以确保其不被听见。(a)同时掩蔽。(b)瞬态掩蔽。(c)在时频域上的综合掩蔽效果。

多声道的重放为数据压缩提供了其他的可能。结合立体声编码利用了立体声(或多声道)通道间存在冗余的特点来提高编码效率。立体声信号的数据率是单声道信号的两倍,但是大多数立体声节目并不是两个单声道信号,而是通道共享用来建立立体声声象的一些电平和相位信息。结合立体声编码是对共同的信息编码一次。256kbps 的结合立体声编码的通道工作性能要优于两个 128kbps 通道的性能。

利用各种形式和动态变化的心理声学特征及信号分析,可以在可接受的音质下降的前提下舍去听不见的成分。例如,在某一通道上响的声音可以掩蔽另一通道上较弱的声音。在 2kHz 以上,声音的定位基本上是靠幅度来获取的,因为人耳不能跟随快速变化的某一波形周期,它跟踪的是信号的包络,而不是相位。因此,波形本身的重要性并不大,这就是所说的强度定位。另外,人耳对于在频率上挨得很近的声音的定位能力是有限的。要想传递一个多声道的声场信息,每个通道上的高频成分可以分成多个频带,并且逐个将频带组合到一个复合通道中。复合通道的频带是从每只扬声器中重放的,或在扬声器间进行声象的调整定位,它们具有原始信号的频带包络。利用复合通道可以达到数据减少的目的。另外,在构成复合通道之前还可以应用其他的掩蔽理论。许多多声道系统采用了 5.1 声道格式,即三路前方的声道,两路独立的环绕声道,以及一路重低音声道。更为一般的情况是,对一个多声道信号进行编码所需的比特数是与多声道数的平方根成正比的。例如,对于 5.1 声道的编码器而言,理论上需要的比特数为对某一声道编码所需比特数的 2.26 倍。

3.1.6 感知编码原理

所有数据压缩系统的目的就是减低数据率、采样频率和字长。这一目的可以通过降低采样频率来达到。但是,奈奎斯特理论指出,采样频率的降低相应地也会减小声频带宽的高端频率。另一种方法是减少字长,但是这会造成声频信号动态范围的下降,即每减少一比特,动态范围减小 6dB,因此会造成量化噪声的增加。比较简明的方法就是利用心理声学的方法。感知编码器是维持采样频率不变,但是减少了字长。然而字长的减少是以信号情况的动态变化为前提的。尤其是在考虑了掩蔽和其他因素时,这种方法可以使由此增加的量化噪声尽可能地不被听到。

感知编码系统分析了输入信号的频率和幅度成分,并且将其与人的听觉模型相比较。适合模型的信息就是能够听到的要进行编码的信息,其他的所有内容就被舍掉了。理论上,虽然这种方法存在数据丢失,但人耳感觉不到。经过数字信号这样处理的结果是信息中的大部分被认为是附加的。例如,感知编码器可以将数据率减小将近 1/4,将 1.41Mbps 减到 384kbps,数据量因此将减少大约 75%。表 3-1-2 中列出了各种压缩比和针对不同压缩比时 48kHz 和 44.1kHz 信号的最终比特率。进一步的情况是,一个设计良好的感知编码记录,具备压缩的储备能力,它能与通常的录音质量相匹敌,因为数据是以更加智能的方式进行编码的,而且方法相当简单。

换言之,高效的感知编码只用了通常系统所要求的数据的一部分,就达到了满意的质量。

表 3-1-2 针对 48kHz 和 44.1kHz 采样频率的比特率压缩

比特数/采样	压缩比	48kHz	44.1kHz
16	1:1	768kbps	705.6kbps
8	2:1	384	352.8
4	4:1	192	176
2.67	6:1	128	117.7
2	8:1	96	88.2
1.45	11.1	69.6	64

这种高效率部分得益于大多数感知编码器所采用的自适应量化。对于 PCM,所有的信号均分配了相同的字长。感知编码器是依据听觉来分配比特数的。主要的音调音分配了大量的比特数,以确保听觉的完整性,对弱的音调音的编码则分配了较少的比特,对听不到的音调音就根本不编码。综合的结果是使比特数减少了。编码器的压缩比(或编码增益)是输入比特率与输出比特率之比。4:1、6:1或 12:1的压缩比是常用的。感知编码器具有明显的透明性,以致在许多数据压缩的应用中难以从听觉上区分出哪些采用了线性编码,哪些采用了压缩编码。试验表明,4:1或 6:1 的压缩比可以被认为是透明的。

通常,在感知编码器中采用了两种比特分配技术。在前后自适应分配中,所有的分配均在编码器中完成,并且这一编码信息就包含在比特流之中。它允许进行非常精确的分配,只要编码器足够精密。前后自适应编码器最重要的一个优点就是其心理声学模型是置于编码器中,而解码器并不需要一个心理声学模型,因为它采用的是编码过的数据来完全重建信号的。所以编码器中心理声学模型的改进就可直接通过现有的解码器来实现音质的提高。其缺点就是可使用的比特率的一部分要被用来传递分配信息给解码器。在后自适应分配中,比特分配信息是从编码器直接得到的。比特率并没有被分配信息所占用。但是由于在解码器中的比特分配是从有限的信息中计算出来的,所以其准确度下降了。另外,这种解码器比较复杂,并且心理声学模型不能很容易地跟随编码器升级。

除此之外,感知编码对误差有一定的容限。对于 PCM,误差产生的是宽带噪声,然而对于大多数感知编码器,误差是被限制在对应于编码的临界频率带宽之内的窄带中,所以限制了其响度。人们感觉到的不是“咔嗒”声,而是低幅度的噪声脉冲。感知编码系统也允许进行有目的的误差校正,例如,特别易受干扰的声音(诸如很弱的乐段)相比不易受干扰的声音(诸如很强的乐段)可以受到更强的保护。与任何的编码数据一样,感知编码数据在存储或传输媒介中都需要进行相应的误差校正。

由于感知编码器是使编码的信号能满足人耳分辨力的要求,所以它们也类似地满足重放系统本身所要求的响应。现场的音乐演出并不通过放大器和音箱来重放,它们是直接传入人耳的,但是记录下来的音乐必须经过重放信号链路。在实况录音中所要呈现的大多数原始信号仅仅是降低了重放系统再生声音信号的能力而已。因为感知编码器去掉了不可闻的信号成分,所以从逻辑上讲,重放系统传输可闻音乐的能力被改进了。简言之,感知编码器更适合对贯穿一个声频系统过程中的某一声频信号进行编码。

在许多应用中,感知编码器要被级联在一起使用。例如,无线电电台可以接收一个编码过的信号,将其解码成 PCM 信号,以进行合成、交叉渐变和其他操作,然后再对它进行编码后播出,之后再由听众对其解码,听众可以对它进行编码记录。总之,可能会发生九种不同的编码处理。信号通过这一链路时,编码的人为因素会不断累加,并且人们可以听到这种影响。每个编码器将对声频信号进行量化,并且将噪声加到前面编码器可以允许的噪声之上,因为许多心理声学模型监听的是声频掩蔽声压级,而不是低电平的噪声,所以噪声可以被允许提高到听觉的某一点上。更进一步地,当噪声成为可闻时,编码器可能要分配给它比特对其进行编码,所以就会占用另外的比特,这样可能会造成其他部分的噪声增加。另外,级联的编码器可能会使信号的时基变差,导致信号产生可闻的预回声。当编码器要级联时,重要的是要对信号在开始时就进行最高质量的编码。一个保真度差的链路将会对接下去的处理产生种种限制。高保真的编码器在掩蔽阈和编码噪声间有很大的编码边界,这样就可以允许进行多代的编码。

思考题

1. 声频信号压缩的可能性有哪些?
2. 什么是临界频带?其意义是什么?
3. 心理声学的主旨是什么?
4. 感知编码原理是什么?

3.2 音频数据压缩技术

如果信号的平均信息小于所使用传输线路的传输容量，则必然存在能够正确传输信号的编码方法。这是信息论先驱香农（C. E. Shannon）得出的重要定理。

这个定理表明，要想有效地使用传输线路将信号进行高效传输，就必须知道信号的信息量与传输线路的容量，以及找出最佳的编码方法。

音频数据压缩技术指的是对原始数字音频信号流（PCM 编码）运用适当的数字信号处理技术，在不损失有用信息量，或所引入损失可忽略的条件下，降低（压缩）其码率，也称压缩编码。它必须具有相应的逆变换，称为解压缩或解码。音频信号在通过一个编解码系统后可能引入大量的噪声和一定的失真。

数字信号的优势是显而易见的，但它也有自身相应的缺点，即存储容量需求的增加及传输时信道容量要求的增加。

一般来讲，可以将音频压缩技术分为无损（lossless）压缩及有损（lossy）压缩两大类，而按照压缩方案的不同，又可将其划分为时域压缩、变换压缩、子带压缩，以及多种技术相互融合的混合压缩等。各种不同的压缩技术，其算法的复杂程度（包括时间复杂度和空间复杂度）、音频质量、算法效率（即压缩比例），以及编解码延时等都有很大的不同，各种压缩技术的应用场合也因之而各不相同。

对音频压缩技术的研究和应用由来已久，如 A 律、μ 律编码就是简单的准瞬时压扩技术，并在 ISDN 话音传输中得到应用。对语音信号的研究发展较早，也较为成熟，已得到广泛应用，如自适应差分 PCM（ADPCM）、线性预测编码（LPC）等技术。在广播领域，准瞬时压扩音频复用（Near Instantaneous Commanded Audio Multiplex，NICAM）等系统中都使用了音频压缩技术。

数据压缩编码有非均匀量化、预测编码、差分 PCM 以及利用人耳听觉特性的子带（Sub band）编码、变换编码（Transform Coding）等各种方法。对于宽频带声频信号，CD 和 DAT 使用 44.1～48kHz 采样，16bit 量化，即 700～800kb/s，如采用准瞬时压扩或 ADPCM，则可减到 1/2 左右；如用子带编码与 ADPCM 相结合或采用利用人耳听觉特性的变换编码等，就可减到 32～128kb/s 的高效率编码。

数据压缩编码器的意图就是在量化误差最小的同时，以一个压缩的数据率来表示声频信号。像 Delta 调制这样的时域编码也可以被认为是数据压缩编码器（其他的像 PCM 这样的时域方法就不能产生压缩了）。它们对采样采用预测的方法来表示整个声频信号频带,并且会将所产生的量化误差频谱分布到声频频带上。虽然对误差的听感取决于信号的幅度和频谱,但是量化误差通常不能被信号所掩蔽。然而工作于整个时域信号带宽内的时域编码器能够取得高达 2.5 的压缩比。例如,NICAM 编码器利用一个滑动窗口来决定 14 比特中的 10 个比特可以以最小的听感下降来传输,而将 32 个采样的块从 14 比特减少到 10 比特。这对于低电平信号编码是无损的,而在高电平时损失会提高。虽然可以取得数据压缩的效果,这对线性 PCM 编码是一个改进,但是对许多应用而言比特率还是太高了。基本上,由于掩蔽不能完全利用,压缩是有限的。频域编码器采用了一种不同的方法,信号在频域内被分析和编码,以便量化误差可以以人耳心理声学的特性为基础来被安排(和掩蔽)。但是,编码器的复杂性大大提高了。

频域编码器有两种类型:子带编码器和变换编码器。一般而言,子带编码器具有出色的时间分辨率,但频率分辨率差;变换编码器有出色的频率分辨率,但时间分辨率差。子带编码器和变换编码器的原理框图如图 3-2-1 所示,不论是时域的采样,还是频域系数,均可按照编码器中的心理声学模型进行量化。子带编码是时域和频域技术的结合。时间轴上的宽带输入采样构成的数据组被用带通滤波器组分成多个频率子带,它决定每个子带的能量。利用旁链上的变换频率的分析,每个子带上的采样按照心理声学模型对能量成分进行分析和编码。在变换编码中,输入采样组成的短数据块

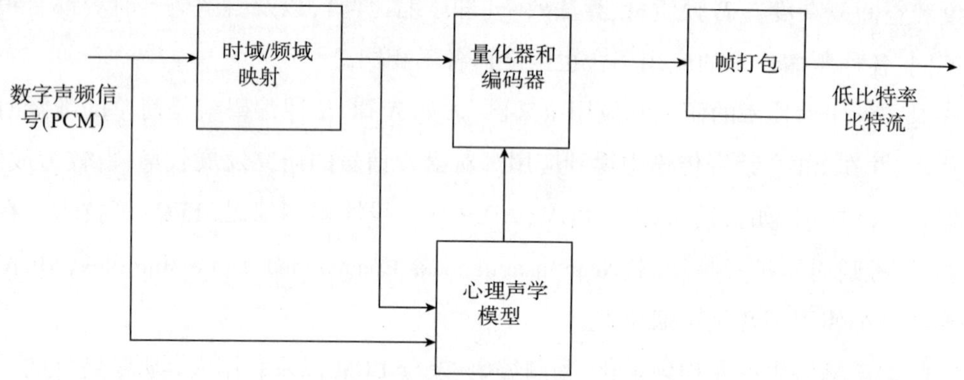

(a)

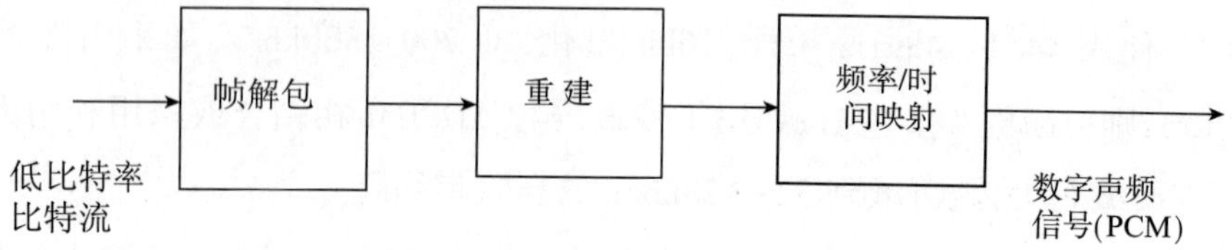

(b)

图 3-2-1　频域编码器和解码器的基本结构

被变换后，得到了数据块在频域上的细节频谱。这些变换系数此后再按照心理声学模型进行量化和编码。要想得到高分辨率的频谱表现就需要相对长一些的数据块。

子带编码和变换编码都是针对一定的采样块进行工作的。该采样块必须保持短一点，以使其处在人耳的瞬态分辨率之内。量化噪声在频带内的频率上以采样块的持续时间扩散开来。如果块太长，噪声就会成为先于声音开始的预回声。在安静的段落之后紧接着一个瞬态的情况下，这是一个值得研究的问题。由于变换编码器需要长的数据来取得较高的频率精度，所以这个问题对变换编码器的影响特别明显。而短的数据块长度限制了频率分辨率。更主要的是，变换编码器为取得频谱分辨率而牺牲了瞬态分辨率。长的数据块适合慢变的信号，但是，瞬态信号就需要短长度的数据块。在有些变换编码器中，块长度是动态适应信号的情况。另外，变换编码器较子带编码器会产生更长的处理延时。

子带和变换方法利用心理声学模型对信号中能明显感觉到的部分进行自适应的量化，而对那些在最低阈值曲线之下的信号部分，或被更显著的信号所掩蔽的信号部分就判定为听不到而不去进行编码。另外，量化的分辨率也是动态自适应的，以便允许误差在频谱显著部分附近提高一些，并期望在信号重建时误差可被信号所掩蔽。这种方案可使数据带宽明显地减小。频域编码器较时域编码器有更大的压缩，典型的压缩比值可为 4:1至 12:1。

3.2.1 子带编码

子带编码是由贝尔实验室于 20 世纪 80 年代初首先提出的，在此后的十年内欧洲对此进行了不间断的研究工作。代表宽带信号的相邻的时域采样块被集中在一个短时间段内，并采用数字滤波器组进行处理。滤波器组将信号划分成多个(可能多达 32 个)限带通道，以逼近人耳的临界频带响应。滤波器组必须具备非常陡的截止特性(大约为 100dB/oct)，以模拟临界频带响应，并限制该带宽内的量化噪声。只有数字滤波器才能达到这种结果。另外，处理延时(理想情况是小于 3~4ms)必须足够小，以使量化误差不超出人耳的瞬时时间限制。每个子带中的采样均被分析，并与心理声学模型相比较，编码器根据每个子带的掩蔽阈对该子带中的采样进行自适应的量化。

每个子带依据分配给子带内采样的不同比特数进行独立的编码。不论何种情况，每个子带内的量化噪声被提高了。但是在信号重建时，子带内的量化噪声将被限制在相应的频带内，并被每个相应子带内的信号所掩蔽，如图 3-2-2 所示。另外，由于所增加的量化噪声电平可以被信号所掩蔽，所以这一噪声是可以允许的。比特分配是利用心理声学模型和分析信号本身的结果决定的，具体是通过对每个新数据块的每个子带的重新计算得出的。采样是根据信号和噪声的听感情况来进行动态量化的。心理声学模型有很大的灵活性,并且用于编码器中的比特分配算法有一定的兼容性。解码器利用量化的数据来重新构成每个块中的采样,利用一个反向合成滤波器组将子带信号相加来重建宽带的输出信号。

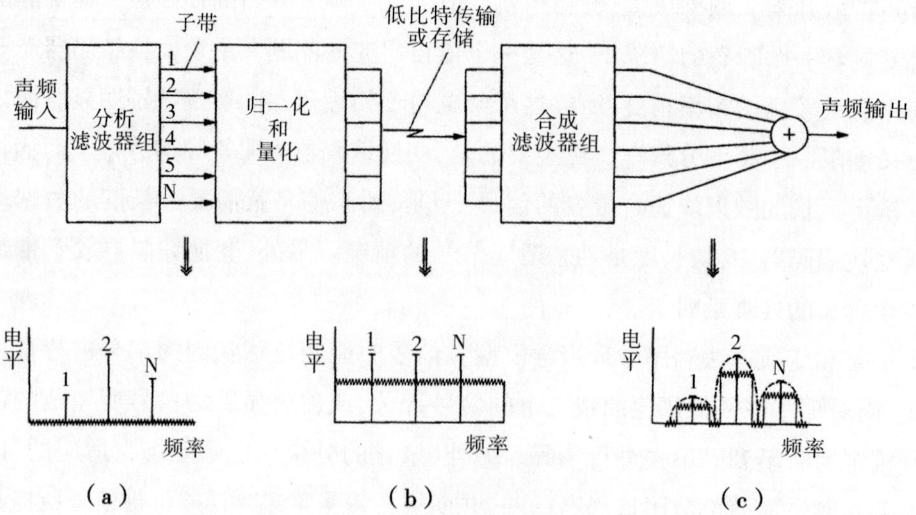

图 3-2-2 子带编码中本底噪声电平处理示意图

注:子带编码器建立起高分辨率窄带的采样,并带有低的宽带噪声底电平。在每个子带内的采样被归一化和粗量化,使得宽带噪声底电平被提升。当采样重建时,滤波器将量化底电平限制在每个子带内,并被其中的信号所掩蔽。(a)高分辨率的窄带采样。(b)归一化和被比特率压缩的子带采样。(c)重建的带有被掩蔽的噪声底电平的采样。

子带感知编码器利用数字滤波器组将短维持时间的声频信号分成多个频带,如图 3-2-3 的例子所示。在有些设计中,旁链处理器对信号进行诸如 FFT 这样的变换,以分析每个子带的能量。这些数值被提供给心理声学模型,以决定用于该块信号中综合掩蔽曲线。这样可以对时域采样进行更佳的编码,特别是,编码器分析每个子带的能量,从而决定哪个频带包含可听到的信息,通过计算来决定每个子带中数据块的平均能量级。由于每个子带内信号存在掩蔽,以及来自相邻子带的掩蔽,这个平均能量级被用来计算掩蔽级。最终,将最小听阈值提供给每个子带,以产生最终的掩蔽级。每个子带内存在的峰值能量级也被计算出,并与掩蔽级相比较。不包含可听到的信息的子带不进行编码。类似的情况是,子带内被附近较强的音调音所掩蔽的音调音也不进行编码,并且在有些情况下,整个子带可能被相邻的子带所掩蔽,因此也就无需编码了。那些峰值电平在掩蔽级之上的包含可闻信号的子带则是必须进行编码的。

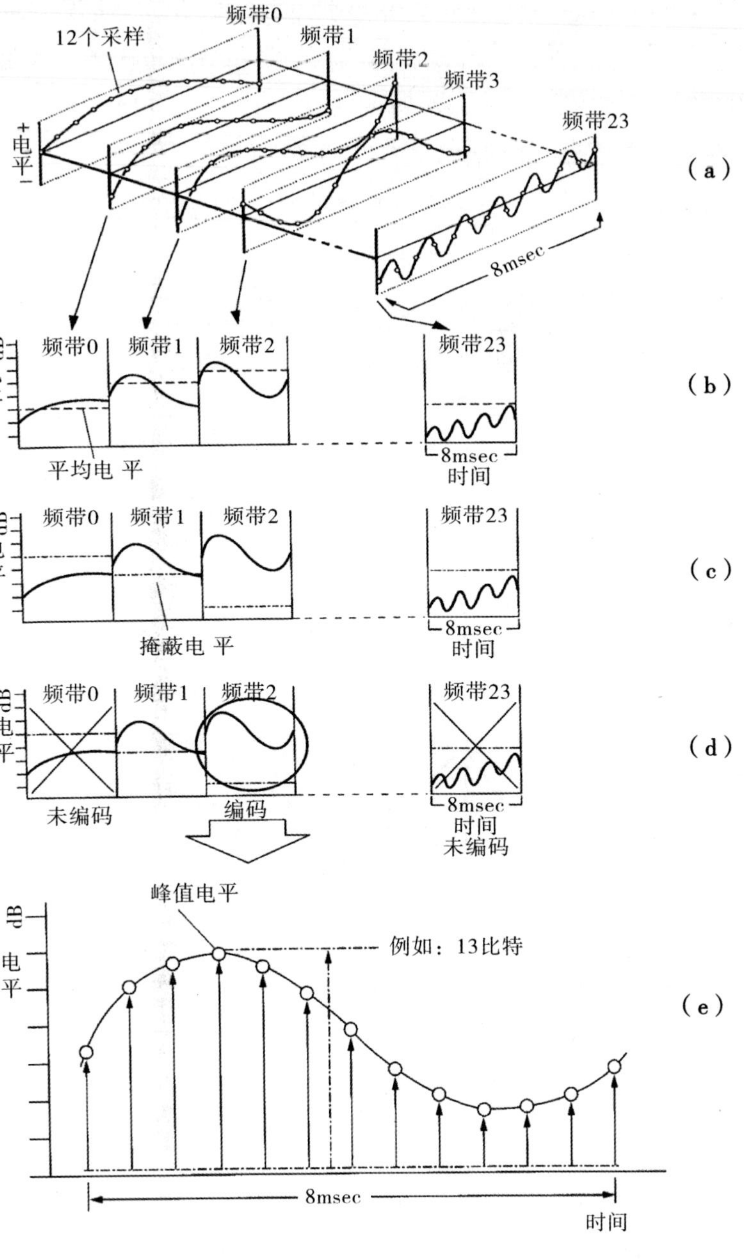

图 3-2-3　子带编码处理过程

注：子带编码器将信号分成窄带，计算出平均信号电平和掩蔽级，然后以此量化每个子带的采样。(a)24个频带的子带滤波器的输出。(b)计算每个子带的平均电平。(c)计算每个子带的掩蔽级。(d)在听感之下的子带不进行编码，听感之上的频带进行编码。(e)根据掩蔽阈之上的峰值电平情况进行比特分配。

计算决定了每个子带内峰值能量级与掩蔽级的比值,并以预先的安排指派给可闻节目素材的量化比特数,这个预先的安排是根据听觉曲线之上信号的强度来对每个子带进行比特分配。如图 3-2-4 所示,其中的竖线代表的是峰值能量级和最大最小掩蔽阈。曲线之下就不再编码。如信号 A 在最小听阈曲线之下,它在任何情况下都不用编码。在该帧中的信号 C 由于信号 B 使听阈动态地向上移动了,信号 B 是必须编码的。但是,其存在所建立起的掩蔽曲线,减小了在最小听阈曲线之上的相对幅度。在最小听阈曲线间的信号 B 的部分只需较少的比特数来表示即可,因为这时对其进行的编码要考虑掩蔽效应的因素。换言之,不是采用信噪比,而是用信掩比(SMR)。对每个子带计算出信掩比,它是最大信号与掩蔽阈间的差别,被用来决定安排给子带的比特数。

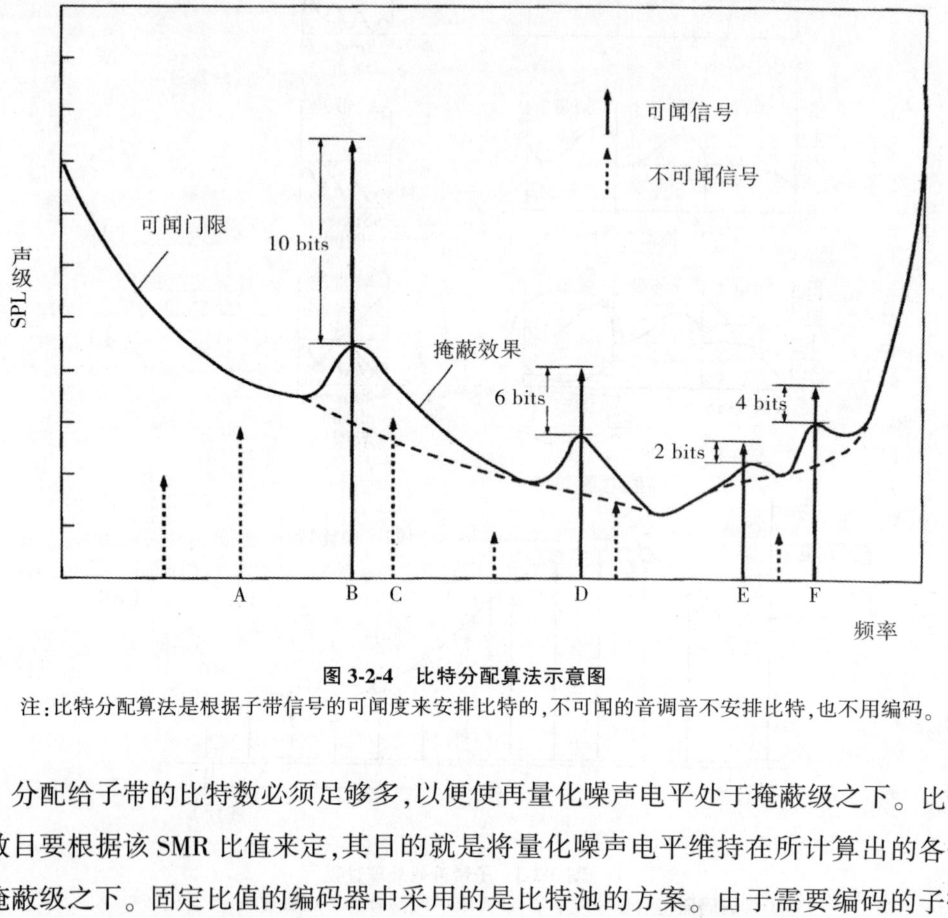

图 3-2-4　比特分配算法示意图

注:比特分配算法是根据子带信号的可闻度来安排比特的,不可闻的音调音不安排比特,也不用编码。

分配给子带的比特数必须足够多,以便使再量化噪声电平处于掩蔽级之下。比特的数目要根据该 SMR 比值来定,其目的就是将量化噪声电平维持在所计算出的各子带掩蔽级之下。固定比值的编码器中采用的是比特池的方案。由于需要编码的子带数目大,并且信号具有大的 SMR 比值,故它们将耗光比特池,致使编码达不到最佳。另一方面,在最初的分配之后,若比特池不是空的,则处理被重复进行,直至编码器的数据容量内所有比特被用过为止。特别是重复的叠代处理连续进行时,就需要分配更多的比特,而具有最高 SMR 的信号总是要求接受最多的比特,这样便提高了编码边缘。在有些情况下，此前划分的，被认为是不可闻的子带可能接受来自剩余比特的编码，从而实际上使掩蔽阈之下的信号被编码了，但这些只是处在第二位考虑的事。总结一下有关子带编码的概念，以图 3-2-5 来加以说明。图中表明了一个 24 个子带的编码器是如何对 250Hz、1kHz 和 4kHz 的音调音进行编码的，需注意的是，在每种情形下，量化噪声电平都是处于综合的掩蔽和阈曲线之下的。

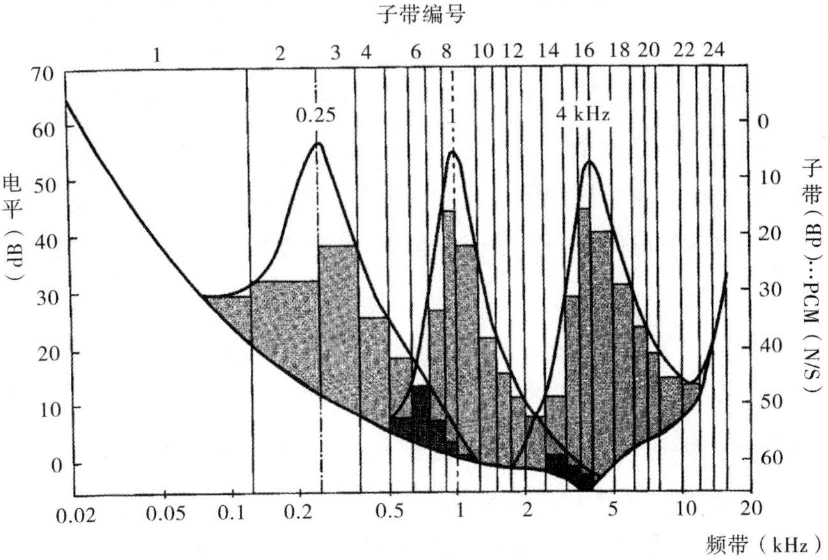

图 3-2-5 子带编码示意

注：在这个 24 频带的子带编码器中，三个音调音被编码，并且每个子带的量化噪声处于所计算出的综合掩蔽曲线之下。

3.2.2 变换编码

在变换编码中，时域声频采样块被转换到了频域。编码器可以采用诸如离散傅立叶变换(DFT)方法——快速傅立叶变换(FFT)来进行变换或者采用改进的离散余弦变换(MDCT)来进行变换。这种变换的作用类似于基底膜沿其长度方向分析振动的频率成分。由变换而产生的谱系数输出根据心理声学模型被量化了，被掩蔽的分量被消除了，并且量化决定是以听感为基础的。与子带编码器相对比，它采用频率来分析要编码的时间轴上的采样，变换编码器对频率系数进行编码。从信息论的观点来看，变换减少了信号的熵值，利于进行高效编码。变化块越长，所提供的频谱分辨率越高，但是会损失瞬态分辨率，例如，长的数据块可能会导致瞬态前的预回声。大多数编码对相邻的块在时间上进行 50%的重叠，以改良瞬态分辨率，故来自当前块的前一半的采样减少了块与块之间的谱变化。在有些设计中，块长度是随信号的情况自适应变化的。

时域采样被变换到频域,会产生谱系数。其中的系数数目有时被称为频率箱数目,例如,512 点的变换可以产生 256 个频率系数或频率箱。系数可能达到 512、1024 或更多,这些系数被编码组合到大约 32 个与临界频带划分相类似的频带中。这种谱代表了时间轴输入采样的数据块,每个频带的频率系数根据编码器的心理声学模型进行量化。在每个频带内的量化可以是均匀的或非均匀的,固定的或自适应的。

在自适应变换编码器中,每个单独的子带采样的量化是由模型提供的均匀、自适应量化,但是某个频带内的系数值是采用相同的比特数来量化的。比特分配算法计算出每个子带的最佳量化噪声,以取得产生掩蔽需要的信噪比。利用可使用的附加比特来进行的反复叠代分配,可增大编码边缘,同时还可维持有限的比特率。在有些情况下,每个块的输出比特率可以是固定或可变的。在进行传输前,压缩的数据常常进行哈夫曼编码和游程码这样的熵编码压缩处理。解码器反过来量化系数,并且执行逆变换,以重建时域信号。

图 3-2-6 所示的是一个自适应变换编码器的例子,是由卡尔海因茨 · 布兰德登伯格(Karlheinz Brabdenburg)提出的。MDCT 将信号变换到频域,每个临界频带中的信号能量是利用谱系数计算出来的,它被用来决定每个临界频带的掩蔽阈。两个迭接环路是采用分解合成技术来进行量化和编码的。最初系数被分配给某一量化器的步阶,并且通过算法计算出对块中需要编码信号的最终比特数。如果计算结果超出了块所允许的比特率,那么环路再分排一个更大的量化步阶,其得数要被重新计算,直到达到目标比特率。外面的环路计算出将会出现在重建信号中的量化误差。如果某一个频带内的误差超出了掩蔽模型所允许的误差值,则频带内的量化器步阶将减小。在两个环路内的反复叠代连续进行,直至取得最佳的编码。当采样频率为 44. 1kHz 时,像这样的编码器能够工作于低至 2. 5 比特/采样的比特率上。

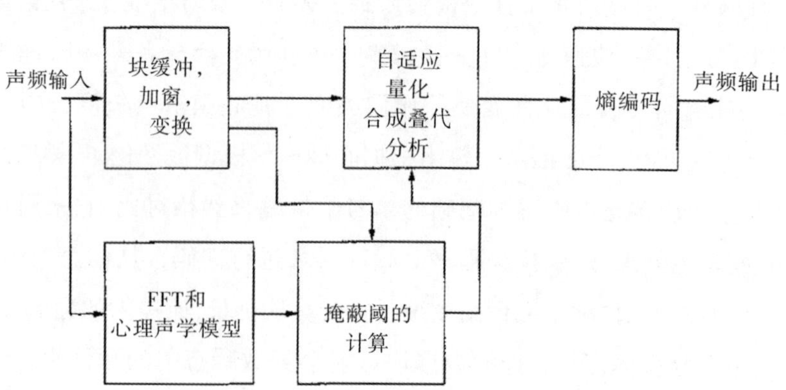

图 3-2-6　采用 FFT 旁链和迭代量化的自适应变换编码器

3.2.3 滤波器组

频域编码器常常使用滤波器组来将宽的声频频带分成较窄的子带，解码器则采用逆向的滤波器组将子带合成为宽频带。理想的情况是，滤波器组应能提供理想的低通和高通特性，其截止频率为 Fs/2，在此 Fs 为采样频率。然而，实际的滤波器有频带交迭的现象。例如，在双频带系统中，子带采样率必须降低（2:1），以维持总体的最低比特率。这种抽取会在子带内引入混叠：在低频频带内，Fs/4 以上的信号将折叠到 0～Fs/4；在高频频带内，Fs/4 以下的信号将折叠到 Fs/4～Fs/2 之上。在解码器中，通过增加零使采样频率恢复（1:2）。由于是内插，在低频频段，0～Fs/4 的信号将以 Fs/4 附近为镜像轴，镜像至更高的频段上。类似的是，在高频频段，Fs/4～Fs/2 的信号将镜像到较低的频段上。

通常，当建立起 N 个子带时，每个子带要以 1/N 进行亚采样，以维持整个的采样限制。需指出的是，由于其过渡频带有限宽度的原因，大多数滤波器组并不具备理想的特性，频带的重叠，以及 1/N 亚采样将导致出现混叠现象。很明显，相隔一定距离的频带可以避免这一问题的发生，但它将在信号的频谱上留下缝隙。正交镜像滤波器（QMF）组具备从无混叠的 N 个交叠的子带中重建原始信号的重要特性，而不论带通滤波器的阶数如何，在重建信号过程中，任何混叠成分都可准确地被消除掉。相邻子带滤波器的衰减斜率互为镜像。图 3-2-7 所示的就是一个 QMF，中间的采样可以无损失地进行精确亚采样。如果输入信号被分成 N 个等宽度的子带，则每个子带可以以 1/N 来采样，每个子带滤波器的采样频率正好是滤波器带宽的两倍。

QMF 滤波器可以通过具有偶数抽头的对称型有限冲击响应滤波器来实现；以 $-H(-z)$ 替代 $H(-z)$ 的 z 变换重建信号高通滤波器，消除了混叠的可能（当采用每个子带是均匀量化时）。但是出色的重建信号通常限制 $N=2$，即从一个频带建立起两个等宽度的子带。这些 Fs/2 的子带可通过重复的 QMF 处理进行进一步的划分，并使每一个子带再分成两个更小的子带，每个有 Fs/4 的采样频率。类似一种树结构，这种处理增大了延时。目前已采用了其他结构的 QMF，以减小创建多个子带而产生的延时。

目前在感知编码器中采用了各种各样的滤波器组。其中的多相滤波器组是一组具有允许进行高效率应用的有一定相位关系的等带宽滤波器。多相滤波器组具有相等带宽的子带，以及用来控制混叠的高精度频率分辨率（大的止带频率）。MPEG-1 的层Ⅰ和层Ⅱ的编码器就可使用 32 个子带的多相滤波器。离散傅立叶变换（DFT），以及具有正弦分布窗口的离散余弦变换可以提供众多（128～512）的均匀分布的频带。

但是,频率分量的数目要比时间样本的数目大,它们并不具备临界采样。改进的离散余弦变换(MDCT)可以采用时域混叠消除的办法来实现具有出色频率分辨率的临界采样。多个频带(128~512)可以有较佳的效率,使不同的频率有不同的频率分辨率。例如,MPEG-1 层Ⅲ的编码器可以利用采用了多相滤波器组和 MDCT 的混合型滤波器。像层Ⅲ的变换编码器在变换前对块数据进行一个窗函数处理,这样有助于减小谱系数产生的谱泄露。窗口是一个时间函数,它通过与一个声频数据块相乘得到一个加窗的声频数据块。窗的分布形状决定了滤波器组的频率选择性。重叠/相加特性减小了分块带来的不利影响和泄露。

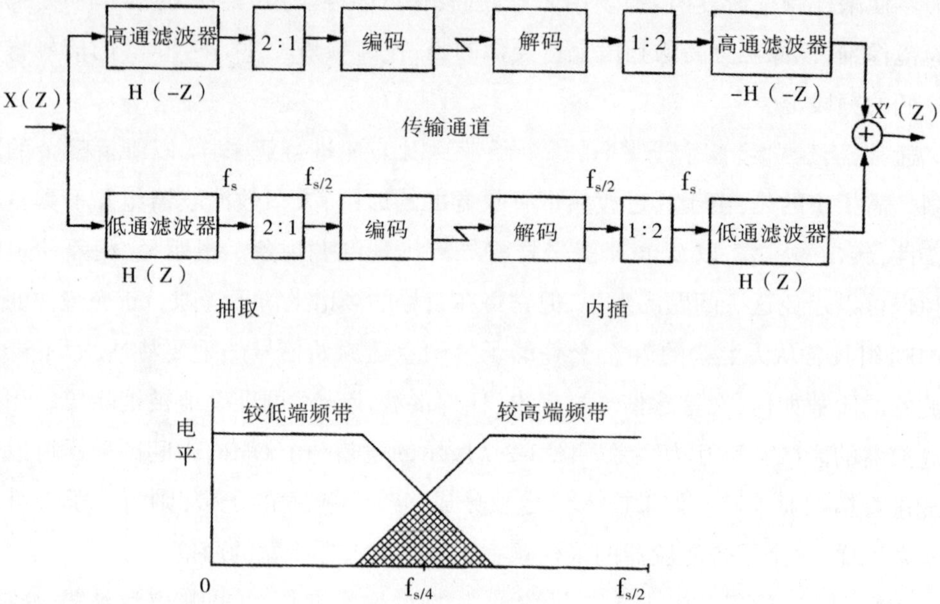

图 3-2-7 正交镜像滤波器

注:正交镜像滤波器构成了两个等宽的子带,在抽取过程中引入的混叠成分在重建过程中被准确地消除掉,利用多个 QMF 级的级联可以构成另外的子带。

许多编码器综合了子带和变换编码两种技术,它们被称为混合型编码器。其中的自适应声学变换编码(ATRAC)算法就是采用 QMF 将信号分成 3 个子带的混合型编码器,然后每个子带再使用 MDCT 变换到频域。

思考题

1. 无损压缩和有损压缩的异同点是什么?

2. 子带编码的主要处理过程包括哪些步骤?

3. 变换编码设计的时域和频域分析都包括什么?

3.3 音频数据压缩编码应用

3.3.1 MPEG-1 声频标准

国际标准化组织(ISO)和国际电工委员会(IEC)组成的活动图像专家组(MPEG)颁布了 ISO/IEC11172 国际标准"对以 1.5Mbits/s 左右数据率进行的数字存储媒体的活动图像和相应声频的编码",它用来对数字视频和声频信号进行数据率压缩,于 1992 年 11 月最终定稿,即通常所称的 ISO/MPEG-1。该标准由三部分构成:系统(复用的视频和声频)、视频和声频,而第四部分将定义适应性测试。它的最大比特率设定为 1.865Mbps。标准的声频部分(11172-3)已有许多的应用,比如 Video CD、CD-ROM、ISDN、Video 游戏和数字声频广播,它支持 32、44.1 和 48kHz 的数据率为 32~192kbps/通道(立体声为 64~384kbps)的 PCM 数据编码,由于采用 64kbps 数据率的数据网(采样频率为 8kHz,8 比特量化)的存在,大多数编码器输出的单数据通道的数据率为 64 的倍数。

ISO/MPEG-1 标准是专门用来支持在 1.41Mbps 的 CD 带宽上进行 CD 质量重放的声频和视频编码的。但是,该标准支持立体声比特率范围是 64~448kbps,同样单声道声频编码为 32kbps。此外,在立体声模式下,立体声信息的非相关性和冗余度可进行优化利用,以降低比特率。在 256kbps 之下的声频比特率对于那些两个声频通道以上的,并要维持满屏活动图像的应用是有用的。而在 256kbps 之上的比特率,要求更高声频质量和非满屏视频影像的应用更有用一些。不论哪种情况,都是根据需要来进行动态的自适应比特分配。MPEG-1 标准是以数据压缩算法的开发和研究的结果为基础建立起来的。

掩蔽型通用子带综合编码和复用(MUSICAM)是早期开发的一种成功的感知编算法。它是由掩蔽型自适应子带编码和复用(MASCAM)派生出来的,MUSCAM 将输入的声频信号分成 32 个子带,并利用最小听阈和掩蔽创建的编码模型来取得数据压缩。对于 48kHz 的采样频率,子带的带宽为 750Hz。根据子带内 12 个采样的峰值情况分派给每个子带一个 6 比特的校正因子,并且使用字长在 0 至 15 比特可变的字来量化。标度因子是一个 24ms 的时间段计算出来的,这个时间段对应 36 个采样。只有当子带内包含掩蔽阈之上的可闻信号时才能进行量化。对于子带中高于掩蔽阈的信号要用较多的比特数来进行编码,产生高的信噪比。换言之,对于在给定的比特率范围内(如 128kbps),比特被分配给最需要的地方。另外,旁链的傅立叶谱分析是用来从输入信号中计算出掩蔽阈。采用这种方式,可以降低数据率,使数据率降至每个单通道 128kbps(立体声为 256kbps)。关于 128kbps MUSICAM 的进一步试验表明:编码器所取得的保真度与 CD 声源相当,它具有单声道的兼容性,并且至少两级的编码过程不会造成听感上的质量下降,这对极高质量的 FM 是再好不过了。

ISO/MPEG-1 标准的声频部分可以追溯到 1990 年 7 月瑞典电台所进行的原始试验。在复杂性和编码延时方面,MUSICAM 是相当不错的,但是,自适应(声频)频谱感知熵编码(ASPEC)变换编码器在极低的数据率上具有极佳的质量。这两种编码方法是 ISO/MPEG-1 标准的基础。11172-3 标准描述了编码的三个编码层级,每层都有不同的应用。特别指出的是,层Ⅰ描述了相对最不复杂的一种方法,这种方法需要相对高的数据率(大约为 192kbps/通道);层Ⅱ以层Ⅰ为基础,但复杂性增大了,并工作于较低的数据率上(大约为 96~128kbps/通道);层ⅡA 是结合立体声规格,每个立体声工作于 128 和 192kbps;层Ⅲ在某些概念上与层Ⅰ和层Ⅱ不同,它是三个层级中最复杂的,工作的数据率也最低(大约为 64kbps/通道)。层Ⅰ至层Ⅲ在复杂性上的增加实际上反映在低比特率上,层Ⅲ在应用时具有最佳的音质。通常,层Ⅱ,层ⅡA 和层Ⅲ被认为达到了广播应用的要求。换言之,128kbps/通道的数据压缩并不损害原始声频信号的质量。

概括来说,所有三种编码器的工作是类似的。声频信号通过一个滤波器组,并在频域内进行分析。被亚采样的分量被当作子带值,或频谱系数。旁链变换或滤波器组本身的输出用来估算出掩蔽阈,子带值或谱系数按照心理声学模型进行量化。编码过的映射采样和比特分配信息在传输前被打包成帧。在每种情况中,编码器并没有由 ISO/MPEG-1标准所定义,仅仅是指定了解码器。这种前向自适应比特分配允许进行编码方法的改进,尤其是在心理声学模型上的改进,使编码器的数据输出能按照标准来进行解码。换言之,现有的编码器能对改进的编码器进行处理,下面将说明编码器的设计。

一、MPEG-1 层Ⅰ

层Ⅰ可以说是 MUSICAM 标准的简化版本,层Ⅰ单通道编码器和解码器的框图(也适用于层Ⅱ)如图 3-3-1 所示。其目标是以低成本来实现高保真,并且其数据率也不十分高。多相滤波器被用来将宽带信号分成等宽度的 32 个子带。滤波器被进行关键性的采样,分析域采样的数目与时域的相同,相邻子带进行交叠,单频信号可能影响两个子带。滤波器及其逆向处理均不是无损的,但是,其误差比较小。滤波器组的频带全都是等宽的,然而人耳的临界频带不是等宽的,这是由比特分配算法加以补偿的,例如,较低频率的频带通常被分配给较多的比特,以提高其相对高频频率的分辨率。这种滤波器组在所有三层中都被应用了。

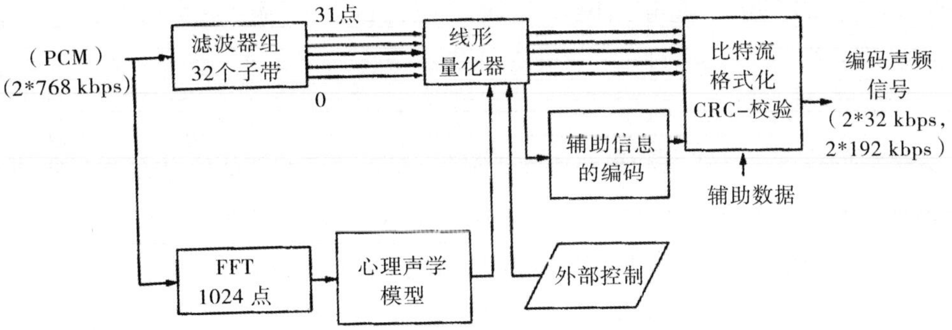

(a)

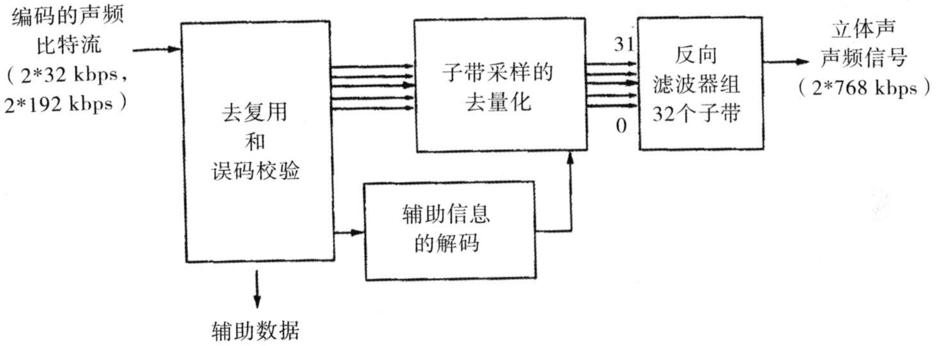

(b)

图 3-3-1 ISO/MPEG-1 层Ⅰ或层Ⅱ的声频编码器和解码器

注:对于所有三层,滤波器组都是一样的。(a)层Ⅰ或层Ⅱ的编码器(单通道模式)。(b)层Ⅰ或层Ⅱ的解码器(双通道模式)。

滤波器输出 32 个采样,每个频带一个采样,它们对应着 32 个输入采样。在层Ⅰ中,取自 32 个子带中每个子带的 12 个子带采样被编组构成一帧,这样可表示 384 个宽带采样。每 12 个采样构成的子带噪声分组被进行一次比特分配,而被判定为不可闻的子带就为 0 比特分配。基于掩蔽阈的运算(刚刚听见噪声),比特分配决定用于量化那些采样的比特数。对采样的编码采用浮点表示,尾数决定分辨率,而指数决定动态范围。针对每个非零分配的子带计算出固定的标度因子指数,其计算取决于子带内的最大采样值。数据块的 12 个子带采样,每一个用同一标度因子来除,以进行归一化,这样可优化量化器分辨率。

利用标度因子信息,以及由 512 个采样的 FFT 宽带变换得到的谱分析,心理声学模型将数据与最小阈值曲线相比较,被归一化的采样由比特分配器进行量化以取得数据压缩。子带数据被编码,而不是 FFT 频谱。动态的比特分配将尾数比特安排给每个编码子带的采样,或者对不可闻的子带省略编码,每个采样编码对应一个 PCM 码字,量化器具有 n-1 个步阶,其中 n 为 $2<n<15$。具有高信掩比的子带被指定用长一些

的字，而低信掩比的子带被指定用较少的比特。换言之，信掩比决定了子带采样的量化所应满足的最小信噪比。但是，量化是迭代进行的，在应用时，要为码字增加附加比特，提高最小听阈之上的信噪比。

数据块的标度因子指数和采样尾数被输出，误码校正和其他信息在编码器的输出端被添加进去。

对比特分配信息的解码是由解码器来完成的，其同时完成对标度因子的解码。通过将它们与正确的标度因子相乘，采样被再次量化。标度因子提供了对掩蔽阈进行重新计算所必须的所有信息，换言之，解码器并不需要一个心理声学模型。采样被提供给逆向合成滤波器，以产生波形输出。目前，层Ⅰ的一个版本已被应用于数字盒式磁带录音机(DCC)记录系统中。

二、MPEG-1 层Ⅱ

层Ⅱ基本上与最初的 MUSICAM 标准相一致(帧的字头不同)，所以与层Ⅰ相类似，但在设计上较层Ⅰ更复杂精密一些。层Ⅱ的目的是通过一个合适数据率及并不太高的成本来实现音质的高保真。图 3-3-2 所示的是层Ⅱ编码器较详细的框图(也适用于层Ⅰ)。该滤波器创建了 32 个等带宽的子带，但是帧的大小三倍于层Ⅰ，即 3×12×32，对应的每通道采样为 1152 个宽带采样。换言之，数据以每个子带 12 个采样编成三组来编码(层Ⅰ仅使用了一组)。FFT 分析的块大小增加到 1024，有调音(类似正弦波)和无调音(类似噪声)分量被区分开来，以便更好地决定它们在掩蔽阈中的作用。

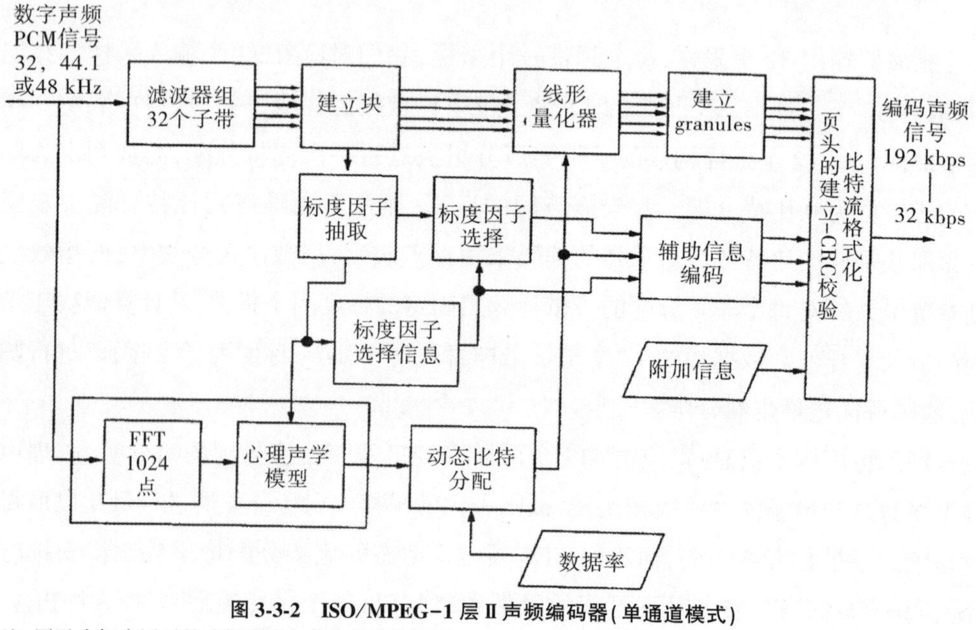

图 3-3-2 ISO/MPEG-1 层Ⅱ声频编码器(单通道模式)

注：图示为标度因子的选择和附加信息的编码情况。

由几个子带采样构成的各个分组有一个单独的比特分配,针对每个子带要计算出多达3个标度因子,每个对应12个子带采样的分组。但是要想减低标度因子的比特率,则要在两个分组差别小时或发生了瞬态掩蔽时,标度因子能为两个分组所共享。比特分配被用来使子带和帧的信掩比达到最大。量化覆盖的范围从3至65,535(或无),可利用的电平的数目则取决于子带的情况。低频段子带可能分配到15比特之多,中频段子带可能有7比特,高频段子带则可能被限制在3比特。在每个子带中,主要的信号被分配给较长的码字,这一点可以从量化随子带数目变化这一情形加以认识。较高频段上的子带通常也用较少的比特,且量化的步阶较大。所以为了取得更高的效率,三个连续的采样(对于所有32个子带)被编组成一个整体并一同量化。

像层Ⅰ一样,解码就相对简单了。解码器对数据帧进行解码处理,并将相应的数据传输到重建滤波器。层Ⅱ编码可以采用立体声强度编码,并可进行适应不同听音环境的动态范围控制,同时采用了固定长度的字长。层Ⅱ编码已被应用到 Eureka 147DAB 系统中。编解码延时的最小值分别大约为30ms和10ms,层Ⅰ和层Ⅱ的对比情况如表3-3-1所示。

表3-3-1 ISO/MPEG-1层Ⅰ和层Ⅱ中参数的比较

参　　数	MPEG-1层Ⅰ	MPEG-1层Ⅱ
帧长度(采样数)	384	1152
子　　带	32	32
子带采样	12	36
FFT(采样数)	512	1024
比特分配(比特)	每个子带4个	根据子带情况2~4个
标度因子选择信息(比特)	无	每个子带2个
标度因子(比特)	每个子带6个	每个子带6~18个(可选)
采样编组	无	每个子带3个(组)

三、MPEG-1层Ⅲ

层Ⅲ结合了与 MUSICAM 和 ASPEC 一样的基本要素,并且较层Ⅰ和层Ⅱ更加复杂。它的极限情况是即便是以一个非常低的数据率和稍微高一点的成本仍可能得到适度保真度的音质,并且成本不太高。图3-3-3所示的是单通道层Ⅲ编码器和解码器的框图,由图可看出:宽带信号被多相滤波器分成32个子带。另外,每个子带通过改进的离散余弦变换(modified discrete cosine transform,MDCT)变换成18个谱系数,在48kHz采样率,时间分辨率为24ms时,每个41.67Hz的百毫秒度的代表性带宽上最多要576个系数。它提供了针对稳态信号所必需的出色谱分辨率,但是是以牺牲针对瞬态信号的瞬态分辨率为代价的。

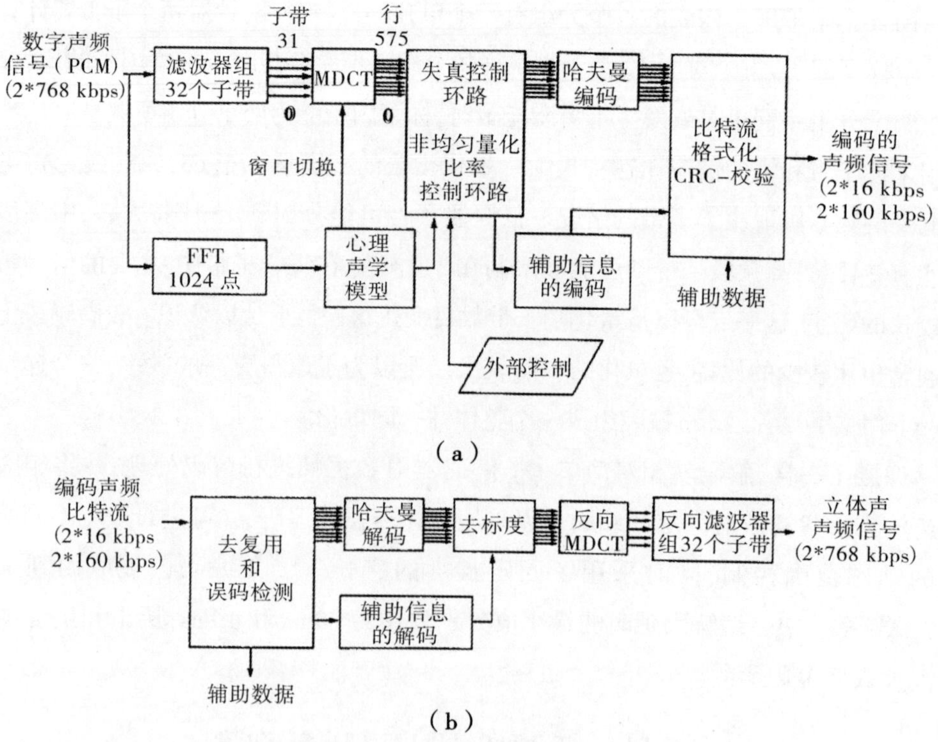

图 3-3-3 ISO/MPEG-1 层Ⅲ声频编解码器

注:(a)层Ⅲ编码器(单通道模式)。(b)层Ⅲ解码器(双通道模式)。

正如所述的那样,在整个窗口长度上分布的量化误差会产生预回声成分。所以有些或者说所有的 MDCT 窗口的大小可以在频率或时间分辨率间切换,如图 3-3-4 所示,其中的开关切换是利用门限计算结果来进行的。长的窗口具有 36 个采样的长度(MDCT 有 50%的重叠),它被用于稳态信号,对于 48kHz 采样频率,具有 192 条谱线,8ms 的时间分辨率。由于开关转换并不是瞬态完成的,所以在从长的窗口切换到短的窗口时,应用了混合型的起始窗口,并且用一个终止窗口切换回来。这样就确保了消除折叠。共有三种模式,使用其中的两种模式时,所有 32 滤波器组的输出通过 MDCT 以等块长度来处理;在混合模式中,两个低频段的频带采用的是长的块,而高频段的 30 个频带采用的是短的块来处理的。

分配控制算法采用了动态量化,噪声分配迭代环路被用来计算优化每个子带的最佳量化噪声,这被称为噪声分配,与比特分配相对应。分解—合成法用来计算出满足掩蔽阈的噪声要求的量化谱,该谱的量化是被迭代调整的,所以可以观察到比特率的限制。此法采用的是非均匀量化,数值在量化之前被提升到 3/4 的功率,以优化量化器数值在整个范围内的信噪比(解码器通过将数值提高到 4/3 的功率进行互补处理)。哈夫曼编码和游程熵编码利用声频信号的统计特性来取得数据压缩,根据信号

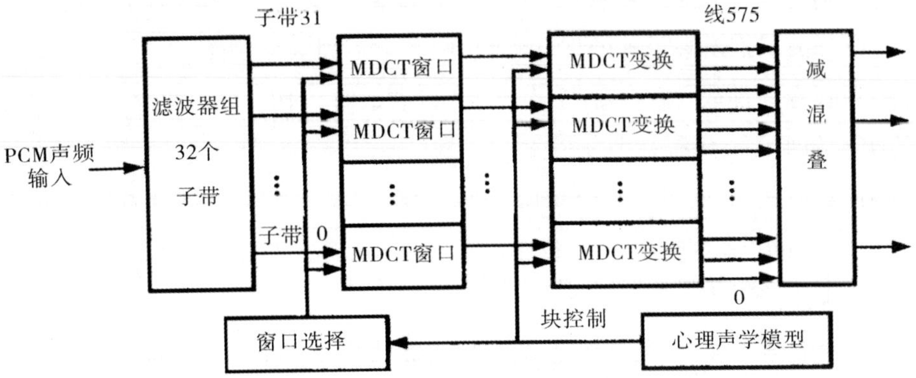

图 3-3-4　ISO/MPEG-1 层Ⅲ编码器中采用 MDCT 变换选择长、短数据块

注:在 ISO/MPEG-1 层Ⅲ的编码器中采用的 MDCT 变换可以进行长、短块的选择。长短窗口和两个瞬态窗口被采用。

的特性来选择不同的编码表。哈夫曼编码被用于标度因子和系数,从帧到帧的数据率在层Ⅲ中是变化的,这可以被用于可变数据率的记录。当需要一个恒定的数据率时,层Ⅲ可以采用一个备选的比特池,以允许提高特别困难的(大的感知熵)短窗口段落的编码精度。采用这种方法,平均传输的数据率可以比峰值数据率小。每帧的比特数是变化的,但是具有一个恒定的长期平均值,平均的比特率决不允许超出固定的通道容量。换言之,在比特池中有储备的容量。在需要附加的比特时,它们可由比特池中取出使用。接下去的帧就用比填充比特池的平均值更少的比特数来进行编码,缓冲内存增加了编码器的处理时间。解码器在进行哈夫曼解码时,就像对比特分配信息进行解码一样,系数被进行反向 MDCT 变换,并且 32 个子带由合成滤波器合成后输出一个宽带信号。

四、心理声学模型

MPEG-1 标准提供了两个心理声学模型,它们决定了不可闻的最低掩蔽阈。在最大信号电平与掩蔽阈间的差值由比特分配器利用来设定量化级。通常,模型 1 被应用于层Ⅰ和层Ⅱ,而模型 2 被应用于层Ⅲ。在这两种情况下,模型采用一种算法,以输出针对每个子带或子带编组的信掩比。例如,模型 1 执行以下九个步骤:

(1)进行时域至频域的映射:采用 512 或 1024 点快速傅立叶变换,并结合汉宁窗来降低边缘效应,将时域数据变换到频域。这种方法可以计算出精确的掩蔽阈。

(2)决定最大声压级电平:利用谱系数和标度因子对每个子带进行计算,将最大值视为潜在的掩蔽者,用来构成掩蔽阈。

(3)决定静音时的掩蔽阈:决定在没有任何信号存在时的绝对听阈,这构成了掩蔽边界的下限。

（4）识别音调音和非音调音成分：信号中的音调音（类似正弦音）和非音调音（类似噪声）成分被识别出来单独处理，因为它们产生不同的掩蔽阈。

（5）掩蔽音的抽取：减少掩蔽音的数目，以获取唯一切合实际的掩蔽音，其用 Bark 表示的幅度和距离必须合适。

（6）计算掩蔽阈：通过将一个掩蔽函数应用于信号之上，来决定每个子带的噪声掩蔽阈。当子带比临界频带宽时，谱模型选择最小阈；当子带比临界频带窄时，模型对覆盖子带的阈进行平均。

（7）决定总体的掩蔽阈：某个子带掩蔽阈曲线上下的斜率，与静音时的掩蔽阈一样构成一个复合的轮廓线。

（8）决定最低的掩蔽阈：根据总体掩蔽阈的情况，来决定这些针对每个子带的值。

（9）计算信掩比：最大声压级电平与最低掩蔽阈数值间的差值决定了每个子带的信掩 SMR，将这一数值提供给比特分配器使用。

五、MPEG-1 的特性与性能

MPEG-1 各层支持采用强度编码的立体声结合编码。左/右高频子带采样被相加组成一个通道，但标度因子保持各自的独立性；解码器利用标度因子构成了原来的左和右通道的包络。左和右通道的谱形状在这些高频段子带中是同样的，但是它们的幅度不同。对于结合的边界有四个频率可供选择：对于 48kHz 的采样频率分别为 3、6、9 和 12kHz。边界在从一帧变到另一帧时是可以改变的。在进行结合编码时，必须格外小心，以避免在子带和通道间的反相关出现折叠。层Ⅲ也支持通道间的 MS（和和差）编码，有些子带是作为和差信号进行编码的。结合立体声编码只是稍微提高了编码器的复杂性。

MPEG-1 声频数据是成帧传送的，帧以一个 32 比特的 ISO 页头开始，它包括一个 12 比特的同步型和 20 比特的有关层、比特率标记、采样频率、加重类型等通用数据。紧接着的是一个可选用的 CRCC 检错字，其生成多项式为 $X^{16}+X^{15}+X^{2}+1$。接下去的是描述比特分配的数据（同时对子带采样编码的比特数）、标度因子选择数据及标度因子本身，这些数据随层的不同而变化。例如，对于每个编码的子带层Ⅰ传送的是固定的 6 比特标度因子。层Ⅱ分析标度因子，并利用动态标度因子选择信息（SCFSI）来避免出现冗余，这样就降低了标度因子的比特率，每个因子 2 比特。

帧中最大的部分被子带采样所占据，它也是随层而变化的。例如，在层Ⅱ中，采样是以块进行分组的。这个区域的长度是由比特率标记来决定的，而比特分配决定了用来对信号编码的实际比特数。如果帧长度超过了比特分配的数目，帧的剩余部分可以被辅助数据所占用（如该特性被 MPEG-2 所利用）。辅助数据是采用与主要的帧数据相类似的方法进行编码的。在层Ⅰ中包括384个采样,层Ⅱ和层Ⅲ中则包含1152个采样(或在48kHz采样时,分别为8ms和24ms的长度)。

各层之间的相似形促使串行工作得以实现。例如,层Ⅲ的数据可以在返回模拟域的情况下被解码为层Ⅱ的数据(但是需要另外的数字处理)。MEGP-1解码器必须能对自身所在层和低于它的各层进行解码。层Ⅰ对于能以6或更多编码的高比特率的检索和制作工作提供最高的保真度。在采用两种编码的情况下,层Ⅱ可有效地用于节目发行。层Ⅲ是最为有效的,因为它的比特率最低,保真度下降很小,并且为单一编码。无线电广播已推荐层Ⅱ作为诸如节目的制作、发行和传送的应用格式,而层Ⅲ被用于实况广播报道。

更进一步的实验已表明,无论是层Ⅱ还是层Ⅲ,若是以2×128kbps或192kbps结合立体声进行编码,并传送立体声声频节目,其音质较16比特的线性系统并没有可闻的质量下降。如果允许采用384kbps这样的高比特率,层Ⅰ也能取得可与16比特线性PCM相比拟的透明度。当比特率低至128kbps时,层Ⅱ和层Ⅲ能够以主观上与16比特线性PCM很相近的保真度传送立体声资料。对级联感知编解码所产生的影响的研究也已经进行了实验。例如,一次实验将要求苛刻的声频资料通过四级192kbps的层Ⅱ编解码器和两级128kbps的编解码器之后,其音质仍是透明的。另一方面,若将五级128kbps的编解码器相级联,则对所有的音乐节目而言均失去了透明性。更为特别的是,采用MPEG-1层Ⅱ的减至384kbps的信源,在出现明显的噪声以前,可以有大约15级的编码/解码。而在192kbps时,只能有两次编码。这些特定的实验与任何的感知编码器一样,没有获益于结合立体声编码,其总体的性能改善是由于编码器中采用了新的心理声学模型。另外,在经过了多级编码/解码之后,解码所产生的噪声也不再明显。

ISO/MPEG-Surround(ISO/MPEG-环绕声)是ISO/MPEG标准的进一步延伸,它利用了通道间冗余的特点,对5.1声道进行编码。很显然,因为六个通道间的冗余较两个通道间的要大,所以可以取得更高的编码效率。总之,5.1声道可以以384kbps进行编码,或者说大约为PCM声道所需数据率的1/10。另外,ISO-MPEG-环绕声对ISO-MPEG是后向兼容的,所以两声道的解码器可以从多声道节目中播放出立体声声道声音。

3.3.2 MPEG-2 声频标准

MPEG-2音频技术标准是20世纪80年代中期随着MPEG技术标准的不断成熟而推出的音频编码技术标准,其目的是为数字视频节目伴音,伴音具备8声道(用于多语言重放)。由于其设计的目标适合多种语言环境的伴音,特别适用语言环境复杂的地区,目前,欧洲 DVB 标准中将 MPEG 作为音频伴音标准。MEPG-2 的声频标准(ISO/IEC DIS 13818-3)是在原 MEPG-1 声频标准(ISO/IEC11172-3)的基础上发展起来的。根据 MPEG-1 标准对标准的双声道立体声信号进行编码和传送就能获得良好的音质。如果使用低于 192kbps 的数据率就会听到与信号相关的编码噪声。换言之,在设计 MPEG-1 编码器时,如果采用低数据率工作,则要么加大对量大噪声的容限,要么就缩减信号的带宽。

在多声道声音方面的扩展支持在一路码流中传输五个输入声道、低频增强声道以及七个旁白声道。该扩展与 MPEG-1 保持前向及后向兼容。前向兼容性意味着多声道解码器可正确地对立体声码流进行解码,后向兼容性则意味着一个标准的立体声解码器在对多声道码流进行解码时可输出兼容的立体声信号。

这是通过一种真正的可分级方式实现的。如图 3-3-5 所示,在编码器端,五个输入声道被向下混合为一路兼容立体声信号。该兼容立体声信号按照 MPEG-1 标准进行编码。所有被用于在解码器端恢复原来的五个声道的信息都被置于 MPEG-1的附加数据区内,该数据区被 MPEG-1 解码器忽略。这些附加的信息在信息声道 T2、T3、T4 以及 LFE(低频加强声道)中传输,这几个信息声道通常包含中央、左环绕和右环绕声道。MPEG-2 多声道解码器不但对码流中的 MPEG-1 部分进行解码,还对附加信息声道 T2、T3、T4 及 LFE 解码。根据这些信息,它可以恢复原来的 5.1 声道声音。

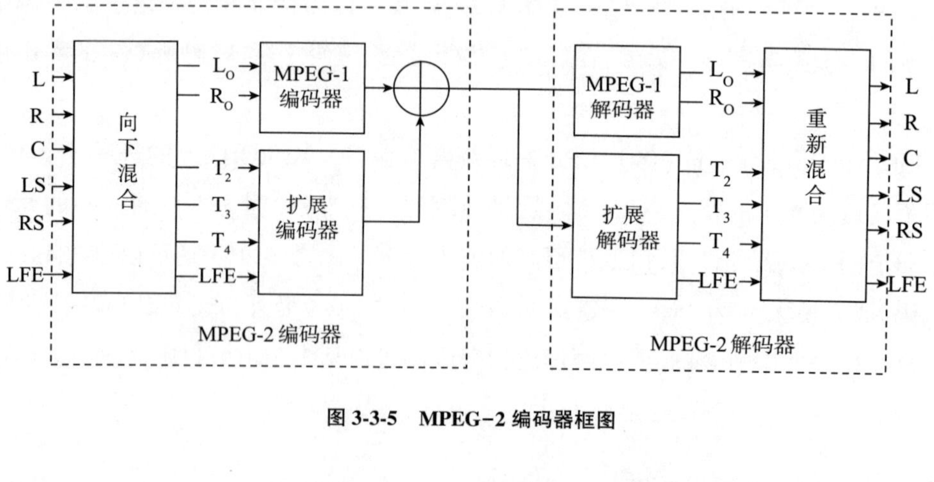

图 3-3-5　MPEG-2 编码器框图

MPEG-2 的成功之处就在于它在低比特率情况下对音质的提高和对声音信号空间表现的改善,这其中包括多声道立体声(环绕声)和多语种节目。

MPEG-2 声频标准可分为低采样频率标准、多声道标准及多语种标准。MPEG-1

与 MPEG-2 在声频部分的差别要小于视频。在此仅对 MPEG-2 与 MPEG-1 的不同之处作以下介绍。

(1)低采样频率算法。为了在低于 64kbps 的低采样频率下得到高质量声音,相对于 MPEG-1 标准,MPEG-2 采用了三个新采样频率:16kHz、22.05kHz 和 24kHz,在比特流中增加了记有新采样频率和比特率的部分,并且更改了加入的比特分配表及心理声学模型。

(2)多声道/多语种算法。它是为了将 MPEG-1 标准与三声道以上的多声道声频及多语种声频相对应而引入的。其中一个特点是与 MPEG-1 标准具有兼容性。

第一,多声道格式。

多声道输入声频信号如表 3-3-2 所示,共有 9 种。有 7 种输出可与之对应。基本方式为 ITU-R 等标准化机构推荐的 3/2 方式,即由前方左(L)右(R)声道、中央声道(C)和后方左(Ls)右(Rs)环绕声道组成。

表 3-3-2 MPEG-2 多声道输入/输出方式

输入	输出
3/2(L,C,R,Ls,Rs)	3/2(L,C,R,Ls,Rs)
3/0(L,C,R)+2/0(Ls,Rs)	3/1(L,C,R,S)
3/1(L,C,R,S)	2/2(L,R,Ls,Rs)
2/2(L,R,Ls,Rs)	2/1(L,R,S)
2/0(L,R)+2/0(Ls,Rs)	3/0(L,C,R)
3/0(L,C,R)	2/0(L,R)
2/1(L,R,S)	1/0
2/0(L,R)	
1/0	

另外,在主声道以外,还可以附加电影使用的 LFE 供使用者选用。LFE 声道的频带为 15~120Hz,采样频率为主声道的 1/96。它的扬声器置于 L 与 C 的中间。

第二,MPEG-1 的前向/后向兼容性。

多声道比特流构成的帧结构如图 3-3-6 所示。多声道方式具有与 MPEG-1 的后向兼容性,这是非常重要的。所以,多声道编码后的比特流能用 MPEG-1 解码器恢复为双声道,但用 MPEG-1 解码器重放的两声道声音不仅有左右声道信息,也包括中间声道及环绕声道信息。当然,用 MPEG-2 解码器重放时,L、C、R、Ls、Rs 各信号可分别被重放出来。

MPEG-1 帧头	MPEG-1 CRC	MPEG-1 声音数据	MPEG-2 多声道扩展数据	MPEG-1 AUX

图 3-3-6 MPEG-2 的帧结构

图 3-3-7 所示的是 MPEG-2 的声频编码器的框图。由图可看出,经 A/D 转换之后的声频信号先通过子带滤波器,成为 32 个子带,各个子带的带宽为 750Hz。出于兼容性的考虑,即 MPEG-1 编码的立体声声道能够使扩展后的多声道必须包括 5 个声道的信息,因此需要进行矩阵变换,从而生成兼容的立体声信号 Lo、Ro 以及加权的左、中、右、左环绕、右环绕声音信号 Lw、Cw、Rw、Lsw、Rsw。加权的目的是避免计算兼容的立体声信号时在编码前对所有信号给予的衰减,并且矩阵化的等式中也包含衰减因子和类似相移的处理。从图中可以看到,矩阵过程之前对多声道扩展信号有一个预失真过程,这是因为在解码器的解矩阵过程中有来源于声音通道中的没有被隐蔽的和不可预知的噪声。这种噪声的产生是因为多声道扩展信号经过了编码器的矩阵转化过程和解码器的解矩阵过程。而在解码器中,真正有用的只有量化的样值。为了能够减小这些人为的噪声,在矩阵化过程之前给所有的样值加以预失真。由于编码器只有五个传输通道,而经过矩阵化处理后产生了 Lo、Ro、Lw、Cw、Rw、Lsw、Rsw 七种声音信号,因此必须对这七种信号进行合理的选择处理,这一过程取决于解矩阵的过程和传输通道的分配信息,而且合理的通道选择有助于进一步减小人为噪声的影响。多声道的预测计算用于减少各通道之间的冗余度。当使用多声道预测时,在传输通道中的信号可以从比特流(Lo、Ro)的 MPEG-1 兼容部分计算出来,而且不需要传输子带组的实际信号,只把预测误差、预测系数和延迟补偿传输过去就可以了。根据人耳的听觉模型,相对于立体声重放空间不相关的立体声信号的低频部分,对声源的定位不起作用,它们可以通过任何一个扬声器或安排几个扬声器重放,而不影响立体声效果,这就是动态串话的声学基础。用于层Ⅰ和层Ⅱ的动态串话类似于强度立体声编码的概念,但是,在不同的声道之间它具有更高的灵活性,而且以频段的方式给出了一个较好的处理方法。动态串话可以在给定比特率的情况下提高声音质量,或者说在要求的声音质量的条件下能够降低比特率。自然,动态串话的引入增加了解码器的复杂度,但是并不影响解码器的时延。虽然动态串话的方法会导致有用信号的畸变,但使用恰当时,这种畸变对空间定位的影响极小。最后由编码产生的编码采样值、标度因子、比特分配数据和前级产生的动态串话模式,多声道预测信息,预测选择等信息传递成帧模块,形成 MPEG-2 比特流。

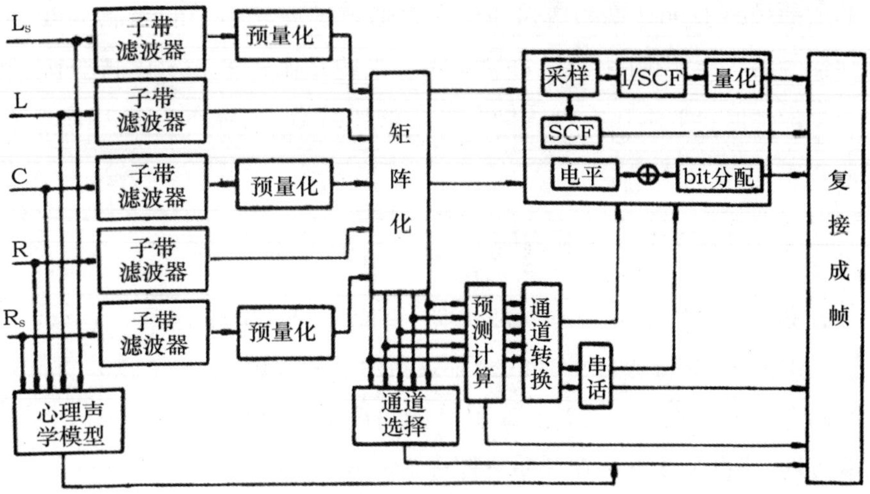

图 3-3-7 MPEG-2 声频编码器框图

MPEG-2 解码器的结构相对于编码器而言要简单,运算量也要小,其框图如图3-3-8所示。

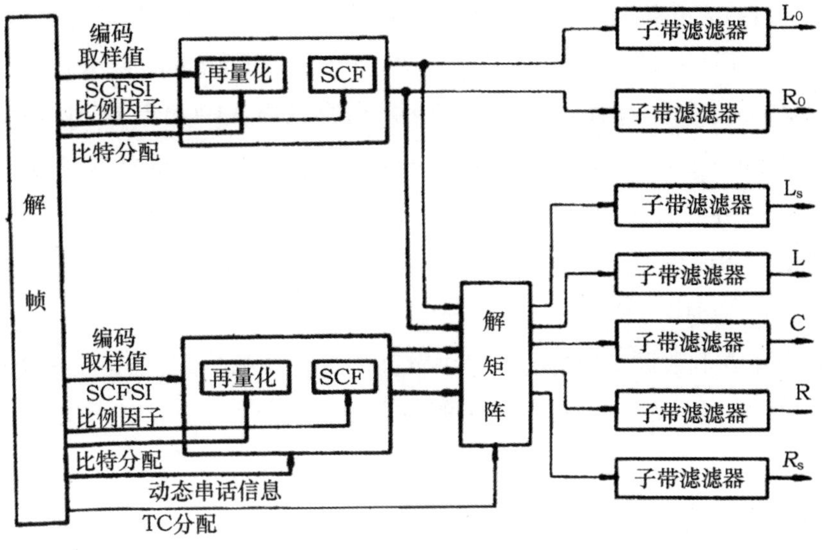

图 3-3-8 MPEG-2 声频解码器框图

上图所示的只是原理框图,在 MPEG-2 中还可以存在多语种信号和低频增强通道。编码器部分的多语种通道可以用和比特流中多声道数据一样的采样频率,或者是一半的采样频率。在后一种情况下,可以以频带缩减来换取更大的编码效率。如果输入信号就像语音信号一样已经有了带限,那么这种采样频率减半并不会带来很大的音质下降。低频增强是为了再现附加的低频效果信号。此附加声道所用的采样频率为其他多通道信号的1/96。低频增强通道在多通道扩展复用中的编码方式，原则上类似于其他信号的块压缩扩展，只是每帧需要较少的几比特来表示比特分配信息、标度因子和一个采样值。如果在编码后仍有多余的比特数，则可作为MPEG-2的辅助数据部分。

3.3.3 MPEG-AAC先进音频编码

先进音频编码(MPEG-AAC)是1997年成为ISO/IEC标准的(参见ISO/IEC 13818)。AAC(Advanced Audio Coding)是以新建立的MPEG-4标准中的时域到频域映射的编码算法组成的。AAC从提高效率的角度出发，放弃了与原MPEG-1解码器的后向兼容性，这也是该算法在开始时被称为NBC的原因。

先进音频编码是继MPEG-2音频标准(ISO/IEC 13818-3)之后的新一代音频压缩标准，事实上，AAC即原来所称的后向不兼容编码标准——NBC(Non-Backward Compatible)。该标准主要是在原MPEG-2层Ⅱ、杜比实验室的Dolby AC-3及MPEG-1层Ⅲ等的音频压缩算法的基础上发展起来的。其主要目的就是在于对MPEG-2层Ⅱ的码率要求进行大幅度的压缩。该项研究工作由WG11工作组发起，从1994年3月开始，至1997年4月结束。参加该标准研究的主要有Fraunhofer IIS研究所、ATT、Dolby Labs、Sony、Hanover大学及NEC等多家研究机构。1996年11月WG11工作组Maceio会议该标准研究委员会草案提交为国际标准草案时，正式将NBC更名为AAC。该草案于1997年4月Bristol会议上被最终批准为国际标准，即ISO/IEC 13818-7。AAC从提高效率的角度出发，放弃了与原MPEG-1后向兼容性，这也是该算法在开始时被称为NBC的原因。

AAC可以在低数据率的情况下提供较高质量的音频信息，如每个声道仅64kb/s时就会有比较好的性能。AAC当前主要被用于日本的数字音频广播及美国的IBOC(带内同频技术)。

一、AAC的主要特点

AAC可以支持1到48路之间任意数目的音频声道组合，包括15路低频效果声道、配音/多语声声道，以及15路数据。它可同时传送16套节目，每套节目的音频及数据结构可任意规定。在码率为64kbps/声道的条件下，AAC可以提供很高的声音质量。

二、AAC算法结构

为提高音频编码效率，AAC采用了许多先进技术，如霍夫曼编码、相关立体声、声道耦合、反向自适应预测、时域噪声整形、修正离散余弦变换(MDCT)及混合滤波器组等。

根据不同的应用场合，AAC 提供了三种类型（Profile）以供选择，即主要类型（Main Profile）、低复杂度类型（Low Complexity Profile）、可放缩采样率类型（Scaleable Sampling Rate，SSR Profile），因而其可应用范围很广。

在 AAC 编码的三种类型中，各种编码技术的使用也是不同的，也就是说，三种类型的算法复杂度是不同的。这一不同考虑了编、解码两端的算法复杂度。WG11 专门对 AAC 算法复杂度从代码、时间、空间复杂度及芯片面积等角度进行了定量分析。结果表明，在当时，立体声解码大约仅需要占用当时主流的主频为 100MHz 奔腾处理器一半的 CPU 时间。随着信息网络及芯片技术的发展，AAC 现在已经可以在各种移动终端进行良好的使用。

AAC 主要的应用范围集中在因特网网络传播、数字音频广播，包括卫星直播和数字 AM 以及数字电视及影院系统等方面。日本邮政省通信技术委员会在其"数字广播卫星业务建议"中，选择了 AAC 作为音频编码方案，该项建议的主要目的是推动高清晰度电视的数字传输。虽然 AAC 可以以比较低的比特率来提供较好的声音质量，但编解码器要复杂得多。同时，由于 AAC 不能实现多声道与立体声或单声道的兼容，解决之道就是通过 2 通道与 5.1 声道的同播来实现，但是这种情况下，就不存在低比特率的优势了。另外，AAC 还存在着设备的复杂化及与其他编解码方案没有兼容性的问题。

3.3.4 杜比数字 AC-3

杜比公司研究开发的 AC-3 技术标准是目前为止在广播电视领域应用最为广泛的数字音频压缩技术标准，它具备单声道、立体声和 5.1 环绕声功能，在数字电视、DVD、影院系统等多方面得到广泛的应用。从某种程度上说，杜比 AC-3 技术标准是目前应用最为普及的技术标准。目前，美国 ATSC、欧洲 DVB、澳大利亚等国家数字电视纷纷采用杜比 AC-3 作为数字电视的伴音标准，使其应用更为广泛，得到业界的共同认可。

AC-1 立体声编码器采用了自适应增量调制及模拟压扩技术，它并不是感知编码器。AC-1 编码器可将 20kHz 带宽的立体声声频信号编码为 512kbps 的比特流（大约为 3:1的压缩），它被应用于电视的卫星中继、FM 节目的卫星中继和有线广播业务。

AC-2 立体声编码器是一种采用了低复杂程度的块变换的感知编码器。它利用 512 点 50%重叠的 FFT 算法进行 MDCT/MDST 计算，将宽带信号划分为多个子带信号。系数被编组到包括 1~15 个系数的子带中，以模拟出临界带宽。子带具有预分配比特,子带的频段越低,其具有的共享越大。附加的比特自适应地由比特池中提取,并且根据比特分配计算结果进行量化,构成数据块。算法参数则根据采样频率而变化,当采样频率为48、44.1和32kHz时,有如下的应用:字节/块168、184、190;总的比特数1344、1472、1520;子带40、43、42;自适应比特225、239、183。

AC-2编码器可在256kbps的数据率下提供高质量的声音;对于16比特输入,如果采样频率分别为48、44.1和32kHz,则压缩比可为6.1:1、5.6:1和5.4:1。AC-2也可以工作于120和192kbps之下。AC-2可以WAV形式来存储,以使AC-2文件能在计算机平台间互换。AC-2.WAV的页头包括一个辅助数据区,它在每个数据块的末尾,比特数可以从0至32间选择。例如,峰值电平可以被存储起来,以便于监看和对WAV文件进行编辑。AC-2在应用时采用了PC声卡,演播室/发射机链接,以及录音演播室的ISDN链接,这样可以进行长距离的录音操作。AC-2A是一种可工作于多种比特率下的自适应块编码器,设计目的是为了取得更大的压缩比。

杜比数字AC-3是最先为电影和高清晰度电视广播传送而开发的5.1声道音频技术,是于1991年由美国杜比实验室与日本先锋公司联合开发的。AC是Audio Perceptual Coding System的缩写,是一种感知性编码系统,它将音质学和数字信号处理技术结合在一起。

杜比数字AC-3环绕声是多通道立体声系统,它是由六个独立的声音通道和音箱来组成的,其目的就是改善和提高三维声场的重现能力。传统的立体声系统仅仅能够提供给听者面前的二维声场,而无法描述三维空间感。通过增加左、右环绕声及中置通道,以多通道音频重放的方式来重现三维立体空间,就是AC-3环绕声系统要实现的。

杜比数字AC-3环绕声六个独立的声音通道和扬声器中,C(中置音箱)、L(左声道)、R(右声道)主要用于重建二维立体声声场,Ls(左后环绕)、Rs(右后环绕)用以与L、C、R共同营造逼真的三维空间立体声声场,LFE(超低音)声道则用来弥补声场中低频部分的不足,烘托和渲染整个三维立体声空间声场。由于六个独立通道中前五个通道的频响范围都是音频全频带即20Hz~20kHz,LFE频响范围则是15~150Hz,仅占整个频谱的十分之一,因此又被称为5.1通道环绕声系统。

杜比AC-3感知性编码系统主要利用心理声学中掩蔽效应和哈斯效应原理,将原始信号中不相关分量和冗余分量有效地去除掉来实现。杜比数字AC-3这样的感性编码系统,实质上是一种非常有选择性和强有力的降噪处理方法。AC-3算法是AC-2编码格式的一个分支,这种感知编码器对左、中、右、左环绕、右环绕和一个重低音声道,即5.1声道进行多声道环绕声格式的编码。这六个声道可以以384kbps的数据率编码，其所占用的带宽大大低于 CD。AC-3 的编码器与矩阵式环绕声格式、双声道立体声、单声道重放是后向兼容的，其所有这些均可以从 AC-3 数据流中解码得到。更为重要的是，AC-3 在其比特流中并没有使用 5.1 矩阵变换，这就确保量化噪声并不能直接作用到未被掩蔽的错误声道上。AC-3 传送的是分立的多声道编码比特流，并在解码器中通过数字式的缩混建立起相应数目（单声道、立体声、矩阵环绕声或完全多声道）的重放声道。

另外，AC-3 使用了对白电平控制，以便使所有节目和声道的对白重放电平是一致的。AC-3 也具有动态范围控制特性，控制数据可以被放在比特流中，以便节目的动态范围可以减小。然而，解码器可以通过选择来改变节目的动态范围，以满足使用者的喜好。附加业务可以综合到比特流中，包括针对视觉障碍者的语言表述信息、针对听觉障碍者的清晰度增强信息、解说以及第二种立体声节目等。所有的业务均可以附上说明性语言。

AC-3 采用了混合型的向后/向前自适应性比特分配，所用程序是可工作于编解码中的自适应分配程序。模型定义了谱包络，并将其编码于比特流中。编码器包括一个核心的心理声学模型，但可以使用不同的模型和比较结果。如果需要的话，编码器可以采用数据语句来对核心模型中的参数变量进行编码，或传送清楚的增量比特分配信息，来改善其编码结果。AC-3 的编解码器的框图如图 3-3-9 所示。

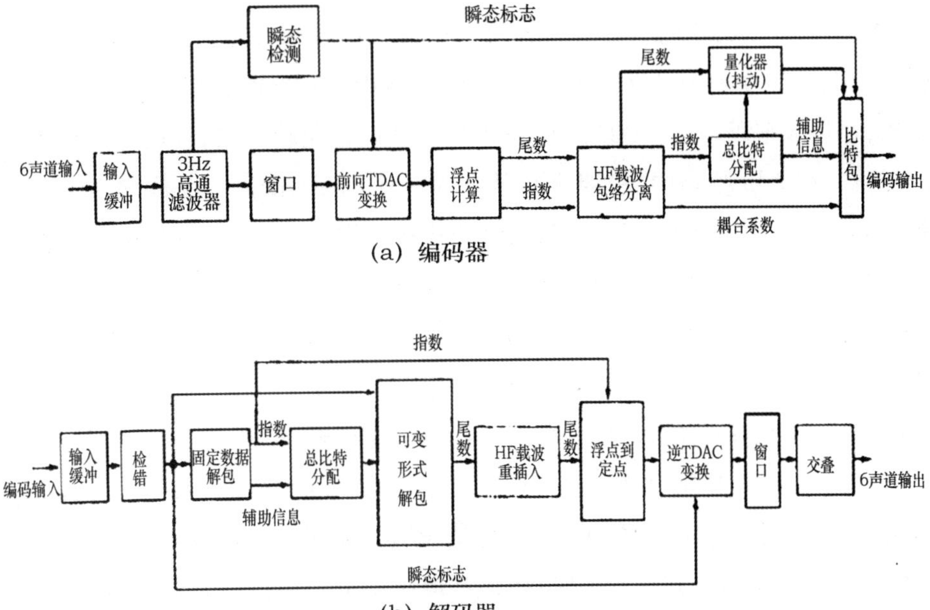

(a) 编码器

(b) 解码器

图 3-3-9 AC-3 的自适应编解码器

在AC-3编码器中,512个采样的数据块被采集,并且通过3Hz的高通滤波处理,以消除直流偏置和用带通滤波器进行分解以检测出瞬态。数据块被加窗处理后,再由采用了时域混叠消除(time domain alias cancellation,TDAC)技术的临界的采样滤波器组进行自适应变换编码器处理。利用FFT来进行MDCT/MDST算法的运算,其48kHz时的时域分辨率为10.66ms。由于存在50%的窗重叠,每个PCM样值会在连续的两个变换块中都出现。系数由两个因子中的一个进行抽取,以给每个块提供256个系数。对宽带信号而言,块长度可以减少到256,分辨率提高到5.33ms。512采样率构成的块被一分为二,其中的每一半被单独变换,以生成针对总数为512个的128个特有的系数。对于长块也用同样数量的系数,但是瞬态分辨率加倍到2.67ms。

每个系数采用浮点法来处理,浮点法用尾数和指数来表示系数,以维持动态范围,编码的指数代表信号的谱,其代表的含义是谱包络。谱包络是根据相邻滤波器的差异来编码的,因为滤波器响应是以12dB/oct衰减的,所以需要+2的增量(+1代表+6dB的差异)。第一个直流项是以绝对值来编码的,其他的指数是按五个从先前低频指数转变过来的某一个来编码的。三个差值组成的编组被编码成一个7比特字,这被称为谱包络的D15指数编码(每个指数2.33比特),它具有很高的频率分辨率,并且用于在多个声频数据块期间声信号包络相对恒定的情况。由于D15是在谱为稳定的情况下被采用的,所以预测值仅偶尔被编码,例如,每六个块(32ms)一次,每个声频采样为0.39比特。

当信号谱并不稳定时,谱的预测值必须频繁地进行更新,这个预测值编码的频率分辨率较低。如今采用另外两种方法:D25具有中等程度的频率分辨率;每隔一个频率系数,增量被编码一次。D25被用在2-3块期间谱是稳定的情况,之后谱发生了明显的变化。在D45编码中,每四个系数才对一个增量编码一次;数据率为每个指数0.58比特。D45具有出色的时间和频率分辨率,并且被用在单个的声频数据块中就产生了瞬态变化。编码器为每个声频数据块选择指数编码方法(D15、D25、D45或REUSE),并且置于2比特的指数方式区域。在大多数情况下,D15是在一帧中的第一个块中被使用的编码,并在接下去的五个块中被重复使用。由于指数选择信息是被编码于比特流中的,解码器会跟踪任何编码器方法的结果。

核心比特分配算法将解码的谱包络视为信号的功率谱密度(power spectral density,PSD)。这一信号与体现人耳的掩蔽响应的简化分布扩散函数相卷积,有多达256个PSD指数值可被建立起来,但是这些值被编组到模拟临界频带的频带之中,并且数目减少到了构成64个带状谱PSD数值。扩散分布函数是由两条掩蔽曲线逼近的快速衰减的向上曲线和缓慢衰减的向上曲线,它是电平上的偏置下降。该曲线是快速泄露和慢速泄露的参考标准。卷积是在最低频率的 PSD 开始进行的，每个新的 PSD 与当前的泄露值相比较，并且判断其是否很明显，这样便产生了针对每个频带的预测掩蔽值。

该预测曲线与听阈相比较，其中较大的数值被采用。最终的预测曲线被从原始的非带状谱 PSD 中减去，以决定针对每个变换系数的 SMR 比值。这些被用来量化每个系数的尾数，由公共的比特池取出的迭代用比特是所有的通道都可采用的，通过判断尾数量化来决定采用的有效比特率。由于并不采用预分配比特，所以通道间相互掩蔽的效果是相当弱的。被量化的尾数是被标度化和偏置的，要被减去的高频颤动是利用伪随机数发生器有选择地使用。当使用高频颤动时，模式比特会表示出来，并且为解码器的高频颤动减去电路提供同步。另外，高频的载波部分的定位信息被去除了，取而代之的是对包络的解码。高频的多声道载波成分可以结合到耦合声道中。

耦合可以在低比特上进行，当信号条件超过了比特率时，考虑到人耳听觉对高频方向感的有限性，在不减小声频信号带宽的情况下，可对多声道信号进行有效的编码。因为人耳并不能分辨出高频声音（2kHz 以上）的单个周期，而是对其包络进行检测，其方向感是由包络的内耳时差和基于头部掩蔽所产生的频率响应来决定的。所以，人耳并不能检测出两个彼此频率相差很近的高频声音的方向。AC-3 编码器能够在高频进行通道耦合，但要避免出现共用通道的相位抵消现象。对于每个单独的通道码，耦合调整了带内的原始信号功率与每个频带内的耦合通道功率的比值。耦合通道采用的是与伴随有指数和尾数的谱包络的单独通道相同的编码方法。在某一耦合频率（典型值为 10kHz）以下的频率成分被作为一个单独通道进行编码，在耦合频率之上的则作为耦合配比来进行编码。在解码期间，单独通道的耦合配比与耦合通道的系数相乘，以再生出单独的高频系数。耦合方式完全是由编码器来决定的。

一个 AC-3 帧包含一个同步区、页头、被量化了频率系数的声频数据和 CRCC 误码校验数据。对于 48kHz 采样频率的帧周期为 32ms。同步信息（synchronization information，SI）区包括一个 16 比特的同步字，2 比特的采样频率码和 6 比特的帧大小的码。比特流信息（bit stream information，BSI）页头区定义了诸如编码方式、时间码、版权、归一化对白电平和语种码这样的伴有信息的声频数据。声频数据块是可变长度的，但是为 6 个编码的数据块，每个块为 256 个采样，该声频块必须被安放在一帧内。这些块主要包括量化的尾数、微分的指数、耦合的数据和比特分配旁链数据。在每帧的结尾处是 16 比特的 CRCC 码字，以及另一个 16 比特 CRCC 码字，可有选择地放在 SI 页头之中，在每种情形下，生成多项式为 $X^{16}+X^{15}+X^2+1$。对误码的检出及对误码的响应在不同的 AC-3 应用中是变化的。第一个块总是包含对所有解码信息的全面刷新。不使用的块区域可供附加数据使用。解码器接收到数据块,并进行必要的误码校验。根据伴随比特流的指数和分配旁链数据的情况进行比特再分配。编码器可以传送比特分配补偿信息,以便改善编码器与现有解码器的兼容性。系数返回定点表示法方式,减去高频颤动,重新建立起载波和包络信息,并且通过逆变换、加窗和折叠操作生成输出数据。在进行逆变换之前,重低音数据要进行零垫整,以便使输出采样频率与其他声道相兼容。

杜比数字 AC-3 可提供所有相应的音频设备的兼容性,由解码器来完成各种兼容,通过一个信号比特分配出 5.1 多通道环绕声、ProLogic 环绕声、立体声、单声道。杜比数字 AC-3 的解码器可以自动识别信号源类型,也可以分配出不同的声音信号(见图 3-3-10)。

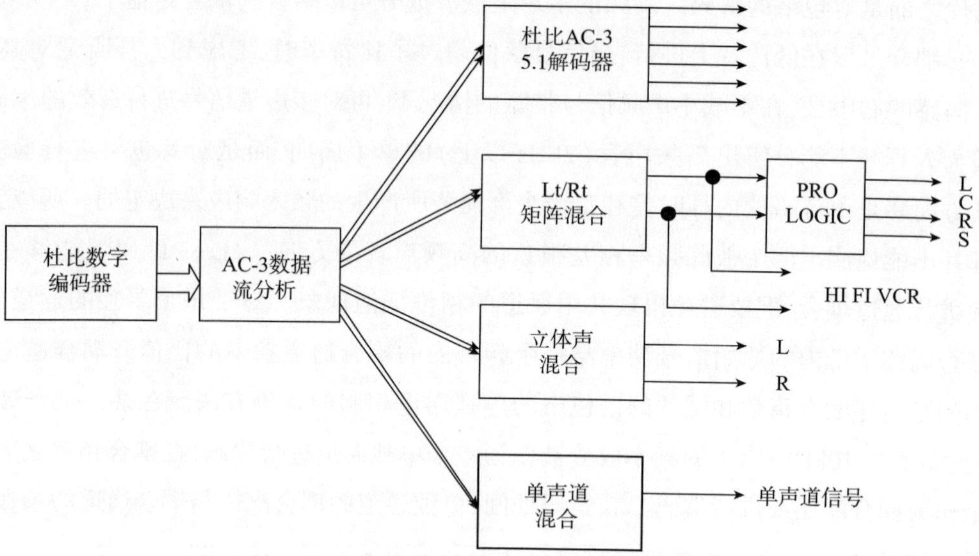

图 3-3-10 杜比数字 AC-3 的兼容性

杜比数字技术还提供控制动态范围还原和保持节目与节目之间响度一致性的优点,这些均系系统的分离和明确的功能。动态范围的控制通过在解码器中降低节目峰值和在解码器中通过每几毫秒调整还音增益提高低电平通路的方式完成。节目与节目之间响度一致性的控制通过指示解码器在节目长度范围内将标称还音增益设置至特定数值的数据完成。两种控制类型均在主控录音棚中进行准备和视听,然后作为解码器的附属信息传送。

杜比数字技术被广泛应用于商业标准化制式中,如激光盘和 DVD。在公开市场上从许多授权公司可广泛得到预录盘、还音机、解码器。此外,杜比数字还得到了"官方"标准化组织如 FCC(ATSC)、ITU、DAVIC 和 SCTE 的认可。除了美国的 ATSC 以外,在 DVB 中也有对 AC-3 的支持,随着 AC-3 的不断完善,世界上已经有一些国家的数字电视标准选择了 AC-3 或是对其的支持,如澳大利亚、新加坡等。

由于编码后的 AC-3 数据信号的音频帧是连续的,而其帧长与现行的 50 或 60 场的视频帧不同步,所以在后期的编辑处理中会出现音、视频不对位的问题。因此,杜比公司又提出了一种解决方案——Dolby E 技术,它在编码过程中考虑到与视频的同步压缩编码,实现与视频同步。

杜比公司之后又推出了杜比数字环绕声 EX(Dolby Digital Surround EX,以下简称环绕 EX)系统,杜比数字环绕声 EX 原本是杜比实验室与卢卡斯电影公司于 1998 年 10 月共同为电影院还音系统开发成功的一种 6.1 声道数字环绕声制式。1999 年 5 月 20 日,采用环绕 EX 录音的科幻大片《星球大战前传——魅影危机》在美国首次上映时曾引起轰动,电影界和广大观众对它出色的音响效果给予了充分肯定。接着好莱坞电影公司又对许多影片陆续采用了环绕 EX 录音。

环绕 EX 的基本原理是,在杜比数字 5.1 声道原有的左环绕 SL、右环绕 SR 两个环绕声道的基础上,增加一个后方环绕声道 SB,使之扩展为三个环绕声道。在制作录音时,利用矩阵编码技术将这三个环绕声道的音频信息编码成 LST 和 RST 两路环绕声信号并记录在影碟上。重放录音时,用环绕 EX 解码器将 LST、RST 环绕声信号还原成 SL、SB、SR 三声道环绕声信号,从而与系统原有的 L、C、R 三声道环绕声信号和“.1”低音声道一起构成 6.1 声道系统,再增加一路后方环绕声放大器和后方音箱即可播放环绕 EX 6.1 声道录音的影碟。现有的杜比数字 5.1 声道系统仍可播放按环绕 EX 6.1 声道制作的影碟,但此时的环绕声只有 LST 和 RST 两个声道而无 SB 声道的后方环绕声效果,即环绕 EX 制式既能向下与现有杜比数字 5.1 制式保持兼容,又比后者更加先进和完善。家庭影院现有的 DTS 制式也具有它的环绕 EX 版本,叫作 DTS-ES,其基本原理与上述相同。该版本也可与现有的杜比数字 5.1 声道系统保持兼容。

随着环绕声和全景声的发展,杜比也推出了 Dolby Digital+、Dolby Atmos 全景声音频压缩编码格式,在此就不一一阐述了。

3.3.5 DTS 相干声学编码

DTS 是英文 Digital Theater Systems 的缩写,是美国 DTS 公司开发成功的一种数码环绕声音响制式,公司的创始人特雷 · 比尔德(Terry Beard)推出的这种数字影院系统采用 CAC(相干声学编码)方式,在声象定位感和现场感等音响效果上已明显优于传统的立体声。1993 年 6 月,以 DTS 编码技术发行的第一部电影《侏罗纪公园》问世,极大地改善了人们在电影院中看电影时的音响效果,由此而得到众多观众和电影制片人的认可。

DTS 系统中采用的数字音频压缩算法——相干声学编码,主要目的就是提高民用音频重放设备重放的音频质量,其音频重放质量可以超越原有重放设备如 CD 唱片的质量。同时通过更多扬声器的使用,使得听众可以感受到普通立体声无法达到的声音效果。因此,其总体目标就是将听众真正带入专业的音响领域及多声道环绕声的天地。

相干声学编码器是一种感知、优化、差分子带音频编码器,它使用了多种技术对音频数据进行压缩。从整体来看,编码器与解码器的实现是不对称的。理论上编码器可以设计得非常复杂,但实际上,编码器发展成为包括两种音频分析的模式。解码器与编码器相比则简单得多,因为解码算法是根据编码数据流中的参数来控制的,解码器不需要做任何计算来决定重放的音频质量。

一、编码过程

编码过程的第一步是通过一个多相滤波器组将每个声道的全频带 24 比特线性 PCM 源信号分割到一定数目的子带中去。这种滤波方式提供了一种框架,既可以消除频谱滚降较快的音频信号分量,同时又去除了感知上的冗余度。多相滤波器只要通过低复杂度的计算就可以实现更好的线性、更高的理论编码增益和更理想的阻带衰减。每一个子带信号都包含了相应的严格限制带宽的线性 PCM 音频数据。子带的个数及相应的带宽是由源信号的带宽来决定的,一般情况下分为 32 个独立的子带。在每个子带中进行差分编码(子带 ADPCM),这一步可以去除信号中的客观冗余量,如周期很短的信号。通过对信号的对比分析、心理声学及信号瞬态的分析可以判断信号中的感知冗余信息。通过子带范围比特率的选择和上述分析的结果,来调整对每个信号的差分编码程序的执行。差分编码与心理声学模型(如噪声掩蔽门限)的结合可以得到较高的编码效率,甚至可以在不影响主观听觉的基础上进一步降低比特率。如果使用较高的比特率,那么对于心理声学模型的依赖性相对较弱,但可以肯定,随着比特率的增加,编码信号的保真度也会提高。

比特指派程序管理着所有音频声道中子带信息的编码指派和分配。在时间和频率上的自适应可以优化音频质量。作为音频编码系统设计的基础,比特指派程序通过分配和使用音频信号比特的比特率来决定音频质量。在编码策略中独立执行这些程序使得运算的复杂程度大大提高,但是这样做可以使得解码器相对简单。相反,随着比特率的增加,比特指派程序的灵活性也将大大降低,但是可以确保音频质量的透明性。

编码过程中最后一步就是将来自每个子带 ADPCM 处理后的音频数据进行数据

复用(或称打包)。数据复用器将所有声道中子带数据加上附加的辅助信息进行打包,形成特殊数据语法格式的编码数据流。在数据流中加入的同步信息将被用于解码器对编码数据流的同步。

二、解码过程

对编码数据流同步以后,首先就是对编码数据流进行解包,如果必要的话还将对编码数据流进行检错及误码校正,然后将解包的音频数据送到相应声道的子带中去。

第二步是通过在每个子带中传输的辅助信息指令,对子带中的差分信号进行反量化得到子带 PCM 信号。这些通过反量化得到的子带 PCM 信号再进行反滤波处理,得到每个声道的全频带的时域 PCM 信号。在解码器中,没有程序被用于音频质量的调整。

解码器中包括一个可选的 DSP 功能模块,这个模块主要被用户的编程使用。它允许对单个声道或全部声道中子带或是全频带 PCM 信号进行处理。这些功能诸如上矩阵变换、下矩阵变换、动态范围控制以及声道之间的延时调整等。

DTS 系统最早是被应用于电影中的。如前所述,1993 年的电影《侏罗纪公园》中,没有使用 AC-3,而是使用了 DTS 多声道数字音频系统。DTS 系统中的音频数据是被存储在一张 CD-ROM 上的,取代了将声音记录在胶片上的方式,而是在胶片上记录用于同步 CD-ROM 音频信息的时间码,通过电影胶片上的时间码来同步播放 CD-ROM。由于 CD-ROM 与电影胶片磁迹相比,具有更大的容量和更稳定的可靠程度,因此它可以在 4:1压缩比的情况下提供质量更高的多声道音频信息。对于 AC-3 来说,典型的压缩比为 12:1。随着应用的普及,DTS 系统又推出一种低数据率版本,他们称这种格式适合广播电视应用,其参数规范如下:

音频声道的个数$_{DTS}$ = 1—10. 1

采样频率　　Fs_{DTS} = 8—192kHz

采样精度　　R_{DTS} = 16—24bit

编码后码率　B_{DTS} = 32—6144kb/s

数据帧大小$_{DTS}$ = 512 样本

在低数据率版本中,由 0~24kHz 的 32 个子带的频率,通过一个 512 抽头的多相正交镜像滤波器(PQMF)来实现从时域到频域的映射。另外 8 个附加的子带覆盖了 24~48kHz 之间的频率范围,2 个附加的子带覆盖了 48~96kHz 之间的频率范围。为了进一步减小冗余度,采用前向自适应线性预测,同时用心理声学模型来对信号进行预测,在量化过程中使用了标度量化和矢量量化。

DTS 的大多数应用都是采用相对较小的压缩比、工作在几乎无损情况的模式下的。一般来说,数据率在 1Mb/s 的情况下,DTS 可以提供较好质量的音频。DTS 的应用也主要是在电影、CD 及 DVD 视频中。另外,DTS 所具有的可变比特率编码方式使得它同样可以被应用于 DAB 及 DVD 的广播中。

3.3.6 MPEG-4 音频

根据编码的对象,MPEG-4 音频标准(ISO/IEC 14496-3)分为自然音频编码和合成音频编码两大类。在自然音频编码方面提供三种编码方案,即参数编码(parametric coding)、码本激励线性预测(code excited linear predictive,CELP)编码和时间/频率(time/frequency,T/F)编码。在合成音频编码方面提供了两种编码方案,即结构音频(structured audio,SA)和文语转换(text-to-speech,TTS)。每个编码方案都按照两部分来组织标准的内容:标准部分描述解码的语法和解码过程,附录部分描述编码器和接口。

MPEG-4(ISO/IEC 14496)已建立了两个版本。MPEG-4 音频部分促进广泛的应用,这些应用可能包括从智能语音到高质量多声道音频,从自然声音到合成声音。特别是,它支持由下述成分组成的音频对象的高效表示:

- 语音信号:能通过使用语音编码工具实现位速在 2~24kbps 间的语音编码。当允许不同速率的编码时,像平均速率为 1.2kbps 这样更低的位速也可编码。在通信应用中可能需要低延时。使用 HVXC 工具时,在回放时,可在用户控制下修改速率和基音周期(pitch)。如果使用 CELP 工具,回放速度能通过使用另外的效果处理工具达到。
- 合成语音:可伸缩的 TTS 编码器的位速在 200bps~1.2kbps 之间。它允许一个文本或带有韵律参数的文本(基音周期轮廓、音素持续期等)作为输入产生可理解的合成语音。它包括如下功能:

(1)用原始声音的韵律来合成声音。

(2)用音素信息进行唇同步控制。

(3)技巧模式功能:暂停、重放、向前/向后跳。

(4)支持文本的国际语言和方言(如它能以信号表示所运用语言和方言的位流)。

(5)支持国际音素符号。

(6)支持识别说话者的年龄、性别和语速。

(7)支持传送面部动作参数(facial animation parameter,FAP)的书签。

- 普通音频信号:通过变换编码技术支持从很低的位速到高质量的普通音频编码。有了这项功能,大范围的位速和带宽都被覆盖了。从位速为 6kbps,带宽低于 4kHz 开始，也包括了从单声道到各个声道的广播质量音频。

- 合成音频：通过一种结构化的音频解码器（Structured Audio Decoder）实现对合成音频的支持。此解码器使基于乐谱（score-based）的控制信息能应用于由特殊语言描述的乐器。
- 绑定的复杂度（bounded-complexity）合成音频：这是通过一种结构化的音频解码器实现的，允许对标准化的波表格式语音的处理。

其他功能的例子有速度的控制和对语音信号基音周期的改变，标度用位速、带宽、错误顽健性、复杂度等来描述。说明如下：

- 速度改变（speed change）功能能在编码和解码过程中不改变基音周期而改变时间标度。举个例子，它能用于“快进”功能的实现（数据库搜索）或调整一音频序列的长度到一指定的音频序列，或低速回放练习的舞蹈步伐。
- 基音周期改变（pitch change）功能允许在编码和解码过程中不改变时间标度而改变基音周期。举个例子，它能用于声音转变或卡拉 OK 类型的应用。这种技术仅用于参数和结构化的音频编码方法。
- 位速伸缩性（bitrate scalability）能将一位流分析成一位速较低的位流。这样，合成的位流也能被解码成一有意义的信号。这种位流分析可能在传输期间或在解码器中发生。
- 带宽伸缩性（bandwidth scalability）是位速伸缩性的特殊情况，即在传输和解码中，代表频谱的一部分位流可被丢弃。
- 编码器复杂度伸缩性（encoder complexity scalability）允许不同复杂度的编码器生成有效和有意义的位流。
- 解码器复杂度伸缩性（decoder complexity scalability）允许位流被不同级别复杂度的解码器解码。一般地，音频质量与所使用的编码器和解码器的复杂度有关。
- 音频效果（audio effects）提供了通过完整的定时精度来处理已解码音频信号的能力，以达到混音，发出回声、立体声等功能。

MPEG-4 音频版本 2 是对版本 1 的扩展，在保持版本 1 全部功能的同时，向 MPEG-4 标准中加入了新的工具和功能。版本 2 提供了如下功能：

- 新增的错误顽健性（error robustness）。
- 低延时且高质量的音频编码。
- 好的增益（grain）伸缩性（伸缩性分辨率小到每频道 1kbps）。
- 允许低速率声音操作的参数音频编码。

- CELP 静音压缩，使语音编码中位速更低。
- 错误恢复参数语音编码。
- 环境立体化——用知觉的和(或)物理的建模技术重建声音环境的可能性。
- 一个帮助实时调整编码或可伸缩播放的反向通道(back channel)。
- 指定了一种低开销(overhead)传输机制。

思考题

1. MPEG-1 标准中音频压缩分为几层？
2. MPEG-2 标准中音频压缩的核心是什么？
3. Dolby AC3 编解码有哪些特色？
4. AAC 编码算法为何又被称为 MPEG-NBC？
5. 心理声学模型在压缩算法中的重要意义是什么？

4 数字设备互联

虽然从一台设备至另一台设备的模拟声频信号传送相对比较简单,但是要在数字域进行声频信号传送就非常复杂了。在数字域要想进行良好的连接,就必须对采样频率、字长、控制和同步字,以及编码方式进行准确的定义。最重要的一点是,应该将文件格式本身放在当前采用的物理媒体或互联线之前优先考虑。为了进行数字声频设备间的互联,人们已制定出了多种数据格式,其中包括同一制造厂家的设备互联和不同制造厂家设备间互联的数据格式。利用相应的互联协议,数据可以通过局域网、电话网或者覆盖某一地区或全球的其他传输系统以非实时或实时的形式进行传输。但是,在进行数据传输时必须采用专门的技术来确保数字声频信号的完整性。

4.1 数字音频接口

在数字化系统中最基本的互接就是硬件设备间的连接了,因为这样才能实现设备间数字声频数据的实时传送。很显然,数字化的连接要优于模拟连接:前者的连接是透明的,而后者会产生模数转换带来的信号劣化。要想传送数字数据就必须有一个数据通信通道和一个共用的时钟同步通道。一种点至点的硬线连接具备以上要求的两个功能,但是随着设备数量的增加,推荐采用单独的主时钟信号。另外,数字互联要求发送和接收设备能够对传送的声频信号的格式加以识别。通常数据流是单方向的,直接是点至点的(不同于网络传递或母线分配),并且是无反馈校验地连续进行。或许两个或多个声频通道,以及辅助数据都可以以串行方式进行传送,而数据率则由信号的采样频率、字长、通道数目、辅助数据数量和调制编码方式来决定。当接收设备是录音机时,录音机可以设为录音方式,以实时方式复制所接收到的数据流,要想得到正确的工作处理,所接收的数据应是传输数据的克隆。

要想成功地通过同轴电缆来进行串行数据传输的一个关键问题就是电缆在传输信号的二分之一时钟频率上的衰减。一般而言,所用电缆的最大长度可以通过电缆在二分之一时钟频率上的衰减达到 30dB 时的长度估算出来。专业接口允许的线长是 100~300m,而民用接口允许的线长限制在 10m 以内;光缆传输受线长损失的影响要小得多,所以工作的线长可以更长些。常用的数字声频接口有:SDIF-2、PD、Yamaha Interconnect、ADI、AES3(AES/EBU)、S/DIF 和 AES10(MADI)等。

4.1.1 SDIF-2 接口

SDIF-2 接口(Sony Digital Interface,索尼数字接口)协议被用于某些专业数字设备的互联上。例如,它允许从录音机至录音机的数字化转换。它采用两个独立的非平衡式 BNC 同轴连接,每个声频通道一个。另外,还要为字时钟同步提供一个单独的 BNC 接口,它传输的是共用采样频率的两个通道的对称方波信号。在 44.1kHz 采样频率时的字时钟周期为 22.676μs——在这样一个周期内传送一个 32 比特字,其中 MSB 至比特 20 被用作数字声频数据,数字声频数据采用 NRZ 编码,MSB 首先传送。当采用 16 比特量化时,剩余的四个比特被设成 0 打包;比特 21 至 29 构成控制(或用户)字:比特 21 至 25 是为将来扩展应用而保留的;比特 26 和 27 是为决定 A/D 转换是否采用加重而设的加重 ID 保留的;比特 28 是复制禁止比特;比特 29 是块标志比特,它用来表示一个 SDIF-2 块的起始点;比特 30 至 32 构成同步型,这一区域被特定地分成 1.5T 的两个相等部分(1.5 个比特单元),组成一个块同步信号,块的最初字包括一个高至低的脉冲,而余下的 255 个字具有低至高的脉冲。

这种字结构是专供每 256 个字块的第一个 32 比特字使用的。在一个块中依次的字中的数字声频数据和同步型是同样的结构。但是控制区被用户比特所取代,通常设置为 0。每个 256 字块的开始是设置为 1 的块标志比特;在内部,数据以并行方式处理。然而,在通过数字输入/输出(D I/O)端口时,数据是以串行方式发送和接收的。SDIF-2 采用的是单端 75Ω 同轴电缆传送信号,而信号为 TTL 兼容信号。如要保证准确无误地工作,则三条同轴线应为相同的长度。有些多轨录音机采用用于RS-422 兼容信号的 SDIF-2 平衡式/差分规格,这时使用双组扁形导线,带有 50 针 D-Sub 型接口和一条 BNC 字时钟导线。SDIF-2 接口是由 Sony 公司推出的。

4.1.2 ProDigi 接口格式

PD(ProDigi)格式使用串行的互联方式,在磁带录音机间传送数据;数据是以 2 的补码形式传送的，并且 MSB 在前。这种格式采用 Dub-A 和 Dub-B 接口端子作为多轨录音机间的互联接口，而采用 Dub-C 接口端子为双通道的接口；在双通道和多通道接口间，字的长度和接口端子均提供有输入和输出接口。Dub-A 和 Dub-B 采用的是平衡式的/差分导线。传送字的长度为 32 比特，伴随传送的还有一个工作于采样频率的单独脉冲字时钟，以及采样频率为 48kHz 时的 1.538MHz 比特时钟。对于 16 通道的情况，它的信号是通过一个多针接口来传送的。在 Dub-A 中，还增加了两个通道，以表示多通道录音机的录音状态；Rec. A 信号是针对最初的 16 个通道的，而 Rec. B 是针对通道 17 至 32 的，这些状态通道采用与声频通道相同的格式。如果对应的通道是处在录音方式时，则相应的比特就设成了逻辑 0 状态。Dub-C 格式传送的是两路声频信号，在每个采样值开始时的一个单一脉冲字时钟（为采样频率），以及比特时钟（为字时钟频率的 24 倍），对于 Dub-C，24 个数字槽是处在字时钟间隔之中的，并且在 48kHz 采样频率时的比特时钟为 1.152MHz。在 48kHz 采样频率下，Dub-C 也传送 2.304MHz 的主时钟信号。

4.1.3 Yamaha 数字级连接口

Yamaha 的两轨数字互联采用多芯电缆来传送立体声信号，所传送的立体声声频信号中首先是 LSB 和左通道信号，每个通道最多可有 24 个声频比特。利用独立的工作于采样频率的字时钟来表示出每个左/右数据字的开始。在每个字时钟周期内可传送出总数为 64 个时间槽。这种格式可使调音台这样的设备实现输入和输出间的菊花链式连接。该格式采用一个 8 针 DIN 接口：两个平衡连接的针传送的是多路复用的声频信号，另两个平衡连接的针传送字时钟，而余下的针用作遥控操作；信号是 RS-422 兼容形式的。

4.1.4 Alesis 多通道光形式数字接口

Alesis 多通道光形式数字接口通常被称为 ADI 接口，它利用一跟光纤缆在短距离内传送八个通道的数字声频串行信息，相应的协议支持 24 比特量化，并且是带有 NRZI 调制的自时钟形式，分布在采样频率范围上。192 比特的数据组（24 比特/通道×8 通道）与 256 个通道时钟一同传送，并构成一个单独的数据帧。256 个开槽的每帧包含有一个同步型（10 个逻辑 0）、一个同步周期终止符（一个逻辑 1）、4 个用户比特、一个标志用户序列的结束逻辑 1 和 192 个数据比特。在用户比特周围的二进制 1 的作用是提供时钟信息；这允许接收机锁定到其他没有明确采样率信息的数据流的采样率上。192 个数据比特被分成 48 个数据组，每组 4 比特，并且在每个分组的结尾后缀一个二进制 1;它占去了数据帧中余下的 240 个开槽。数据组是以串行方式传送的,其中数据 1 由通道的跳变来体现,而数据 0 则通过无跳变来表示,这与 NRZI 是一样的。在 48kHz 采样频率时的标称时钟频率为 12.288MHz。多台录音机通过 ADI 光环路连接在一起;利用软件控制,通道可以重新分配,以提供数字跳线盘的功能。例如,一台录音机的通道 3 可以复制到另一台录音机的通道 1 上。ADI 也可用来进行模块化录音机的互联,以及数字声频工作站、键盘乐器、效果处理器和其他设备的互联。

4.1.5 AES3(AES/EBU)专业接口格式

AES 已经建立了通常被称为 AES3 或 AES/EBU 数字接口的互联标准。它是被用于线性数字声频数据串行传输的格式。它允许在专业声频设备间传送两通道的数字声频信息,其中包括声频或非声频数据。另外,它具备为专门应用定义标准的灵活性。该格式已经被编纂为 AES3-1992 标准,它是原来的 AES3-1985 标准的修订版。除此之外,其他的标准化组织也已先后发布了类似的接口技术指标。国际电工委员会(IEC)颁布了专业或广播使用的格式(称为 I 型)IEC-958;国际无线电咨询委员会(CCIR)发表了 Rec. 647(1990);日本电子工业协会批准了 EIAJ CP-340-I 型格式;美国国家标准学会颁布了 ANSI S4.40-1985 标准;欧洲广播联盟发表了 EBU Tech. 3250-E。正是因为 AES 和 EBU 间的合作,以及标准上的基本一致性,所以接口常常被称为 AES/EBU 接口。

AES3 格式建立了利用单根双纽线传送被周期采样和均匀量化的双通道声频信号的标准。格式意为不采用均衡,而将数据传送到距离 100 米以上的地方。再远的距离则可能需要使用均衡了。左和右声频通道被复用,并且通道能够自锁定和自同步。由于采样频率的独立性,所以该格式可以被用于任何的采样频率。具有代表性的采样频率是 32kHz、44.1kHz 和 48kHz;这些采样频率是 AES 针对 PCM 应用而在标准文件 AES5-1984 中推荐的。格式中规定在一个采样周期内传送 64 比特;对于 44.1kHz 的采样频率,周期为 22.7μs。AES3 减小了通道间的极性偏移,通道间的不平衡,绝对极性反转,增益漂移,以及模拟传输中的哼声、噪声和高频衰减问题造成的影响。更进一步,AES3 数据流可以携带单声道/立体声、预加重的使用,以及信号的采样频率等信息。

双相位标记编码是一种能自锁定的编码,它是被用来在 AES3 形式互联的设备间传送数据的二进制频率调制通道编码,它在比特间隔的起始点始终存在一个瞬态变化(高电平到低电平,或低电平到高电平)。而 1 在间隔的中间又增加了一个瞬态,0 在间隔中间则没有瞬态。每个比特的起始瞬态确保接收机能够恢复比特时钟率。这种编码还可以将低频成分减至最小,无极性限制(信息表现在瞬态的时间上,而与方向无关)。全部的信息都被包含在码字的瞬态上。采用这种编码,正确的编码数据流的瞬态间隔必须不大于一个数据周期(两个单位),同时又不小于半个编码周期(一个单位)。利用门限检测方法,这种微分编码能够允许大约两倍于通道噪声的噪声存在。但是,它的频带宽、通道率有限,逻辑 1 信息比特导致通道率等于信息比特率。总的比特率是采样频率的 64 倍。例如,在 48kHz 采样频率下,比特率为 3.072Mbps。

AES3 格式定义了各种术语。声频采样是被进行周期采样、量化,并以二的补码方式表现的数字化信号。子帧是一系列声频采样数据及其其他辅助信息。在一个采样周期内传输两个子帧,每个通道一个子帧;第一个子帧标为 1,第二个标为 2。顺序的两个子帧构成一帧;帧的传输率完全对应于信源的采样率。对于立体声传输,子帧 1 包含的是左 A-声道的数据,而子帧 2 则包含右 B-声道的数据,其细节如图 4-1-1(a)所示。对于单声道而言,传输率保持 2 通道时的传输率,并且声频数据处在子帧 1 中。通道状态块是由一组通道状态数据比特和用户比特选项组组成的,每个子帧一个,它是由 192 个信源采样周期的数据块综合得来的。子帧的字头表明了子帧和通道状态块的开始,并用来同步和识别声频通道。字头有三种类型,字头 Z 标记出了子帧 1 和子帧 0 的开始,同时也是通道状态块的开始。字头 X 标出了子帧 1 的开始,而字头 Y 标出了子帧 2 的开始。字头占四个比特,它们是以不同于双相位编码的特殊方式来构成的。

格式规定子帧的长度为 32 比特,场的定义如图 4-1-1(b)所示。声频数据可以占 24 比特。数据是以二的补码的形式用线性表示出来的,并且最低标志比特(LSB)最先传输。如果声频数据不需要 24 比特,则最初 4 个比特可以供辅助数据采样使用,这要由通道状态数据来定义。由于大多数设备采用 16 比特的字长,所以在数据场中使用后 16 比特是典型的情况,而其他的比特则设为 0。子帧的四个结束比特是:如果传输的声频采样无误码,则声频采样有效比特为 0;如果采样被检测后被认为不适合转换为模拟信号,则声频有效比特为 1。用户数据比特可以被选用来传送用户数据块。在 AES18-1992 标准中对用户比特的推荐格式进行了说明,下文会加以解释。声频通道状态比特通常被用于构成描述有关互联通道及其他系统参数的信息,具体如下文所述。子帧校验比特对子帧提供偶校验,在传输中发生了奇数的误码时可以检测出来。

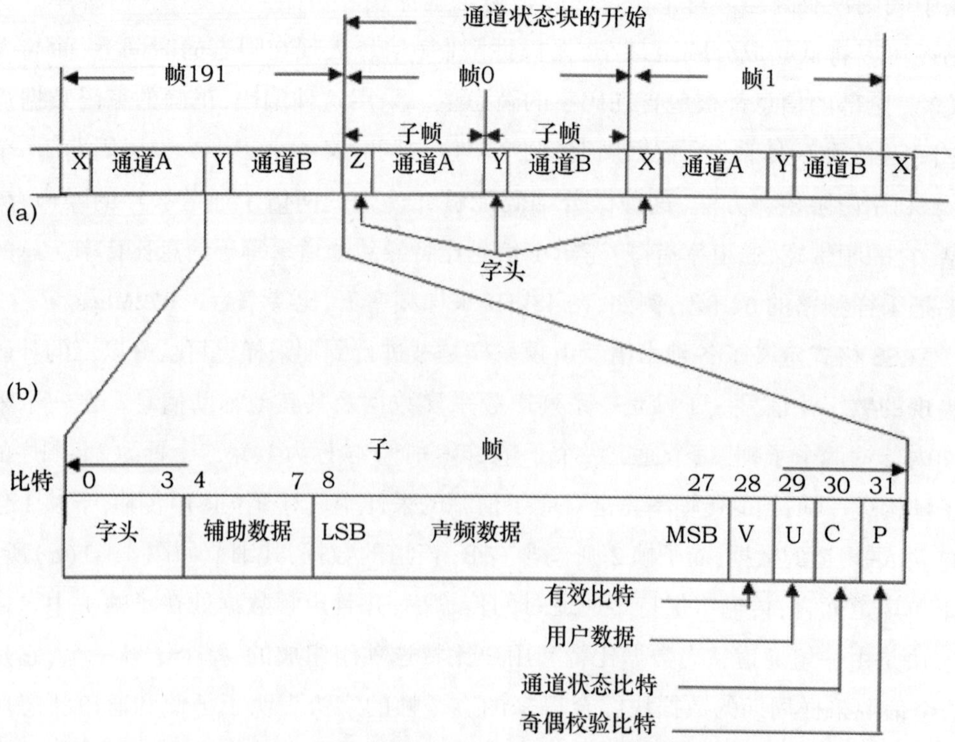

图 4-1-1 AES3 接口的帧和子帧结构,以及由 192 帧构成的通道状态块

注:(a)每帧有两个子帧,每个子帧由字头来表示。(b)接口采用 32 比特的子帧。

声频通道状态比特用来传输长度为 192 比特的数据块。接收到的状态数据块是由产生两个独立通道状态数据块的每个子帧累积来的。当采样频率为 48kHz 时,块每 4ms 重复一次。每个通道状态数据块由 24 字节的 192 个比特组成。在 48kHz 时的块速率为 250Hz。通过利用每 192 块交替变换的子帧字头将通道状态块同步起来。

通道状态数据有 24 个字节。通道状态块的字节 0 包含识别是否是专业使用的数据,以及有关采样率和使用预加重的信息。对于用 AES3 进行通信的情况,字节 0 的比特 0 必须设为 1 才能表明通道状态块是用于专业的。字节 1 标明了信号的状态,比如立体声或单声道。字节 2 指明了最大声频字长和在字中的比特数,辅助配置信号也被指定。字节 3 是为多声道功能保留的。字节 4 指出了声频基准信号的类型(1 级或 2 级)。字节 5 是保留的。字节 6 至 9 包含了字母数字通道原码,而字节 10 至 13 包含字母数字目标码。这些可以用来将数据流分配到目标源上,然后在接收机上显示其信源。字节 14 至 17 指定了一个 32-比特的采样地址。字节 18 至 21 在 48kHz 的采样频率时以 4ms 为间隔给出了一个 32 比特的时间码,该时间码可以进一步划分以获得视频帧。字节 22 包含针对通道状态块的数据可靠性标志,并且在传输不兼容块时加以指示。

后一个字节——字节 23 包含一个再生多项式为 $X^8+X^4+X^3+X^2+1$ 的 CRCC 码字，它对整个通道状态块进行误码检测。

在 AES3 标准文件中定义了三级通道状态应用:最低、标准和增强;这些工具建立了直接到接收单元的数据属性。对于最低级应用,通道状态块的第一比特设为 1,以表明是专业状态,并且其他的通道状态比特被设为 0。对于标准级应用,在字节 0、1 和 2(用于采样频率、预加重、单声道/立体声、声频分辨率等)中的所有通道状态比特,以及在字节 23 中的 CRCC 数据必须传输;这一级是最常用的。对于增强级应用,所有通道状态比特都要被使用。

正如所述的那样,每个采样的声频数据占用 24 个比特。因为大多数声频数据只占用 20 比特或更少比特,所以剩下的 4 个比特可以选作辅助语言质量的配置通道,提供一个通路,以便于能伴随声频数据信号进行语言通讯。这样一个通道可以采用主数据率的采样频率三分之一的采样频率,并用 12 比特编码,在每个子帧传送一个 4 比特的字节。完整的字将综合三帧得到,提供两个独立的语言通道。主声频数据的分辨率必须由通道状态块的字节 2 的信息加以指明。

在许多方面,实际使用的 AES3 信号几乎可以被当成视频信号来对待。格式的电气参数遵守由国际电讯联盟(ITU)的国际电报和电话咨询委员会(CCITT)在 V. 1. 1 建议书中定义的有关平衡电压数字电路的规定。用于 RS-422 通讯的驱动器和接收器芯片符合电子工业委员会(EIA)的定义,并成为典型应用;EBU 技术要求规定使用变压器。线路驱动器输出为平衡方式,其从 0. 1 至 6. 0MHz 的内阻为 110Ω。类似的是,互联电缆的特性阻抗从 0. 1 至 6. 0MHz 也为 110Ω。传输电路采用对称差动信号源和双纽线电缆,电缆一般有屏蔽层且工作长度为 100m。当使用相应的均衡时,工作的长度可达 500m。波形的振幅(用 110Ω 电阻跨接到断开的线路间测得)的峰峰值应在 2~7V。信号符合 RS-422 规定。AES3 的抖动容限可以相对于单位间隔(UI)来确定,UI 是编码方法中的最短标称时间间隔;一个采样帧有 128 个 UI。一台 AES3 发送设备被测得的抖动峰峰值在经抖动高通加权滤波器处理后应小于 0. 04UI。AES3 接收机所要求的抖动容限在 8kHz 以上的高频时为 0. 25UI(峰—峰),而当频率低于 200Hz 时增加到 10UI。有些制造厂家采用不平衡的 75Ω 同轴电缆和 BNC 插接件形式的接口(如 5C2V 型),其信号的峰峰值为 1V。该形式的接口更适合于用切换器来切换和分配数字声频信号,或者需要长电缆(长达 1km)传输数字声频信号的以视频为主体的工作环境。

接收机应具备良好的共模干扰和直流抑制能力,这可以利用变压器或电容来实现。接收机在0.1~6.0MHz的频率范围对电缆所呈的标称阻抗为110Ω。如果在线路上不止使用一台接收设备,则可能会引起传输误差,这时接收设备必须设计有锁相环路来减小抖动。另外接收设备还必须与低抖动的精确参考时钟信号同步,其容限在AES11标准中会进一步加以定义。输入(插座)和输出(插头)采用的是XLR型插接件,其中1针为信号地,针2和3传送的是非极化信号。

AES(音频工程协会)是专门从事音频技术研究的专业协会。自20世纪80年代以来出台了一系列关于数字音频的技术协议,很多被国际电工组织IEC及国际广播咨询委员会CCIR所采纳,成为国际公认的技术标准。其中最有影响的就是AES3-1992和AES-3id-2001。

AES3-1992(r1997)格式是用两个通道线性表示数字音频信息的串行传输格式。这一格式提供了在一根屏蔽双绞线上传输两个通道的经过周期性采样和统一量化的数字音频串行信号,即所谓平衡方式。

为适应长距离(超过1000m)传输AES3格式音频数据的需要,AES协会在1995年出台了一份文件AES-3id-1995,并在2001年进行了更新。id是information document的缩写,这表明它并不是AES3-1992的替代,而是一种补充。AES-3id的数据传输格式与AES3相同,该文件没有介绍,而是重点列举了接口和电气特性。AES3-1992与AES-3id-2001格式比较如表4-1-1所示。

表4-1-1　AES格式比较

	AES3-1992(r1997)	AES-3id-2001
输出电平*	2-7 Vp-p	1V±0.2 V
接收端终结	110Ω±10%	75Ω±10%
最小电平 V_{min}**	200mV	320mV
上升下降时间 Tr Tf***	5-30nsec	30-44nsec
传输格式	串行,平衡	串行,非平衡
传输距离	短距离100m	长距离1000m
常用接口	3针XLR	BNC

注:* 输出电平定义:采用各自的输出终结,不经任何电缆测量后的信号幅度。

** 最小电平定义:接收端能正确分辨的信号最小电平,即在 T_{min} 时刻信号电平不能小于 V_{min}。

*** 上升下降时间定义:采用各自的输出终结,测量点取波形10%和90%处。

在实际的工程连接实践中,由于两者之间的接口类型及标称阻抗不同,因此需要进行相应的转换来实现设备互联。

一、阻抗转换

在实际运用中,会遇到平衡与非平衡格式转换。有一种做法是将平衡信号的

"正"端接非平衡信号端,"负"端接非平衡地端。这样做虽然简单,但有不少弊端,如引起信号失真、引入噪声干扰等。比较专业的做法是在线路上加阻抗转换器。对此在AES-3id格式上也有相关叙述,给出了由阻抗网络和变压器构成的适配器电路图,如图4-1-2所示。它的一头为BNC,另一头为XLR,结构如图4-1-3所示。

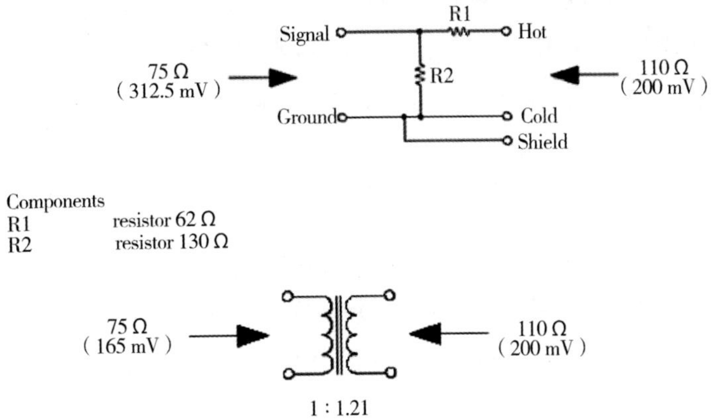

图 4-1-2 适配器电路图

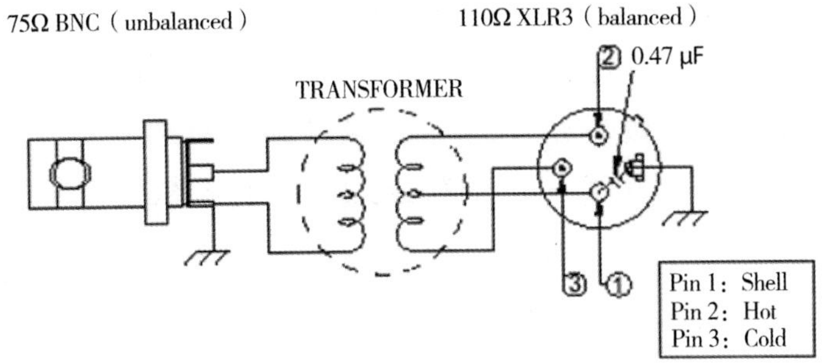

图 4-1-3 阻抗转换器结构

二、运用网线传输AES数字音频信号

双绞线(Twisted-Pair)是现在最普通的计算机网络传输介质,它由两条相互绝缘的铜线组成,典型直径为1毫米。两根线绞接在一起是为了防止其电磁感应在邻近线对中产生干扰信号。现行双绞线电缆中一般包含4个双绞线对,双绞线分为屏蔽(shielded)双绞线STP和非屏蔽(unshielded)双绞线UTP,非屏蔽双绞线有线缆外皮作为屏蔽层,适用于数据流量不大的场合中。屏蔽式双绞线具有一个金属甲套(sheath),对电磁干扰EMI(Electromagnetic Interference)具有较强的抵抗能力,适用于数据流量较大的高速网络应用。双绞线根据性能又可分为5类、6类和7类,常用的为5类非屏蔽双绞线,其频率带宽为100MHz。

由于AES音频的带宽和比特率均在5类非屏蔽双绞线的指标范围内,采用网线传输 AES 数字音频信号是可行的。实践中可以制作两种网线,一种传输平衡信号,采用其中一对双绞线用于正负信号,另一对双绞线中的一根用于接地信号;另一种传输非平衡信号,只需用到一对双绞线即可,网线长度均为 100m。

三、模拟视频系统传输数字音频信号

采用 AES-3id 格式除了能增加传输距离以外,另一个优势就是能使数字音频信号像视频信号一样传输。用 75Ω 同轴电缆传输电平为 1V 带宽为 6M 的信号,与模拟视频系统的标准匹配。这样的话,在数字化改造后淘汰下来的模拟视频分配放大器和矩阵开关可以被用于数字音频系统中。

4.1.6 AES10(MADI)多通道接口格式

多通道数字声频接口(Multichannel Audio Digital Interface,MADI)将 AES3 协议进行了延伸,提出了多通道数字声频设备间的互联标准方法,即 MADI,也称 AES10 标准,它可以在 50m 的距离内通过一根带 BNC 端口的电缆串行传输 56 个通道的线性量化声频数据。声频采样的量化比特数可以为 24 比特。另外,AES3 的有效标志比特、用户比特、通道状态比特和奇偶校验比特也全部传送。采用这种互联方法,可以对原始的声频信号只进行一次模数变换,然后就可以在数字域内依次通过录音调音台、多通道录音机和缩混录音机进行所有处理了。虽然利用 AES3 标准也可以在调音台和多通道录音机间进行互联,但每两个声频通道需要两根电缆(用于信号送出和返回),而用 MADI 进行互联只要求用两根声频电缆(再加一个主同步信号)就可以传送 56 个声频通道。MADI 协议在文件 AES10-1991 和 ANSI S4.43-1991 标准中进行了说明。

为了减小带宽,MADI 的设计者并没有采用双相位标志编码,而是采用了具有 4/5 编码格式的 NRZI 编码(这是基于 FDDI 协议)。不论采样率和启动的通道数目如何,链路的传输率固定为 125Mbps。由于编码方案的限制,所以数据的传输率为 100Mbps。虽然 AES3 是带有自时钟的,但 MADI 确是设计成异步工作方式。要想以异步方式工作,MADI 接收机必须从传输来的数据中抽取出时基信息,以便接收机的时钟可以被同步。要想保证这一点,MADI 协议规定每帧至少传送一次 10 比特的同步标志。进一步还要将专门的主同步信号(符合 AES11 定义的)应用到所有互联的 MADI 发射机和接收机上。

MADI 通道格式是基于 AES3 的子帧格式的,只是头 4 个比特不同于子帧,如图 4-1-4所示。每个通道由 32 个比特构成,其中包括 4 个模式识别比特,24 个声频比特,以及 V、U、C 和 P 比特。模式识别比特提供了帧同步、通道启动/关闭状态标志、A 和 B 子帧标志,以及块起始标志信息。56 个 MADI 通道以串行方式传输,先是通道 0,最后是通道 55,所有的通道均在一个采样周期内传输完成,帧从通道 0 的比特 0 开始。由于 MADI 格式并不采用双相位编码,所以页头不能用于识别每通道的起始。所以在 MADI 中通道 0 的比特 0 设定为 1,以便用来作为识别通道 0 的帧同步比特,它在一帧中首先被传送。比特 1 表明通道的启动状态。如果通道启动了,则它被设为 1;如果是关闭的,则为 0。进一步说,所有关闭通道的通道号必须高于启动通道中的最高编号。比特 2 表明通道是立体声信号的 A 还是 B,它取代了 AES3 页头的功能。当通道内传输用户数据和状态数据时在每个 192-帧的起始处比特 3 设定。MADI 通道的余下部分则与 AES3 子帧一样。这样对于实现 MADI 和 AES3 的兼容是很有用的,可以实现数据的互换。

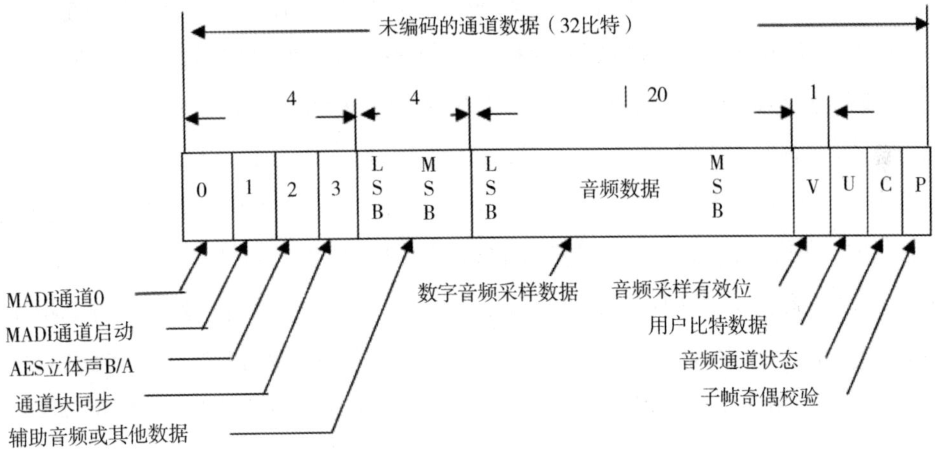

图 4-1-4 AES10(MADI)通道格式

虽然 AES3 可以用双扭线来传输 3Mbps 的数据,但是 MADI 必须采用同轴电缆来传输 100Mbps 的数据传输。发射机至接收机的连接设计为单点到单点的互联;对于调音台与录音机的互联需要用于送出和返回信号两条电缆。指定采用 75Ω 视频同轴电缆和 BNC 接口连接件,发射机的输出电压峰峰值应为 0.3~0.6V。另外也可以使用光纤缆,例如,FDDI 接口可以用于长达 2 公里的连接,也可以采用同步光纤网络(SO-NET)。需要指出的是,所有互联的发射机和接收机必须使用分配的主同步信号。由于 MADI 是异步工作的,所以发射机和接收机要采用缓存器,以便数据从缓存器输出时能重新锁定于主同步信号。

声频数据采样频率的范围可为 32~48kHz,并容许有±12%的偏差。利用较低的传输率可以支持较高的采样频率,并且利用两个相联的 MADI 的通道来取得想要的采样率。

4.1.7 S/PDIF 民用接口

民用应用一般采用 S/PDIF(Song/Philips Digital Interface)格式。IEC-958 民用格式(称为 II 型)实际上是与之一样的标准,在有些应用中采用 EIAJ CP-340 type II 格式。这些民用标准与 AES3 标准非常类似,而在有些情况下专业与民用设备可以直接连接。但是并不推荐这样使用,因为两种标准在电气指标和通道状态比特上存在重大的差异,如果直接连接可能会导致一些无法预知的事情发生。

民用接口的通道状态块的总体结构与专业的通道状态块存在着差异。串行的比特被安排成 24 个 8 比特字节,但只有头 4 个字节被定义了。它们不同于专业 AES3 通道状态块。字节 0 中,比特 0 设为 1,表示是民用应用。比特 1 指出数据是声频数据(0)还是非声频数据(1);比特 2 为版权或 C 比特,它表明版权受保护(0)还是不受保护(1);比特 3 表明采用预加重的情况(如果比特 1 表明是声频数据,则比特 4 和 5 表明是双通道声频);比特 6 和 7 规定了定义字节 1 到 3 的方式。目前只有方式 00 被指定了。字节 1 中的比特 0 至 6 定义了种类码,它确定了设备传送的数据流的种类;字节 1 的比特 7(块中的第 15 个比特)是代次或 L 比特,并且指明数据是原始的还是复制的。如果录音机从 S/PDIF 接口接收了 AES3 信号,它可能将专业预加重指示信息读为复制禁止指令,从而拒绝记录数据流。同样,专业录音机通过检查比特 0(设为 0)可以正确识别民用数据流,但是会错误地将民用的复制禁止比特译为不进行预加重的标记。在方式 00 中,字节 1 的种类码定义了传送格式的种类,其中包括 CD、MD、DCC、合成器、采样率变换器和广播接收机。字节 2 指定了信号源号码和通道号码,而字节 3 指明了采样频率和时钟精度。

正如所述的那样,种类码定义了数字设备的不同种类,换言之,它定义了子帧结构。例如,CD 放音机的种类码(100 0000)规定了每个采样 16 比特的子帧结构、44.1kHz 的采样频率、源自 CD 的 Q 子码的控制比特,以及处在用户比特的 CD 子码。当读取 CD 盘时传送出子码,每次传送一个子码通道比特,共 98 个 CD 帧,但是用于标明盘中不同数据区域的 P 子码不被传送。子码数据的起始被设计成最少有 16 个 0,然后才是一个高电平的起始比特。7 个子码比特(Q-W)紧随其后。处于时基的目的可以接多达 8 个 0,也可以直接跟下一个起始比特和子码区。该处理重复 98 次直至传送完子码为止。来自 CD 的子码块的数据率为 75Hz。每个声频采样有一个用户比特,但是由于子码的比特数要比声频采样($12\times98=1176$)数少,所以余下的比特用 0 来填补。

DAT 录音机定义的种类码(110 0000)能够传送出常规的信息,以及声轨号码。同样是以 LSB 在前的方式传送 24-比特声频数据；比特 12-27 是声频数据，而子码处在比特 4-11。另外，用于编辑目的的同步信息也可以传送。当 DAT 交织块的第一个采样出现时，每个磁鼓周期都传送一个高电平的用户比特。当录音机处在记录码位置上时，传送出起始 ID 比特；当录音机处在跳跃起始码位置时，传送出跳跃 ID 比特，而当录音机检测到跳跃结束码时，则传送出跳跃结束 ID。采用这种方法，DAT 可以被用于编辑目的的同步。

民用接口并不需要像专业标准那样的低阻平衡线。取而代之的是采用单端 75Ω 同轴电缆，其信号的峰峰值为 0.5V，最大的连接距离为 10m。要想保证传输带宽，推荐采用视频电缆。另外一种方法是，有些民用设备采用光学 Toslink 接口和塑封光纤电缆，其传输距离不低于 15m。对于 1km 以上的距离传送可以采用玻璃纤维缆和相应的编/解码电路。

4.1.8 串行复制管理系统

串行复制管理系统（SCMS）电路在许多民用录音上都有应用，它用于限制对某一录音的复制次数。用户可以对预录的、有版权的作品进行数字的复制，但是复制后的内容不能再进行数字的复制了，即第一代复制是允许的，但第二代复制是禁止的。例如，用户可以将 CD 在数字域复制成 DAT，但是在 DAT 磁带的子码内设置了禁录标志，这样便不能以复制的 DAT 磁带作为母带以数字形式复制另一盘 DAT 磁带。然而，装配了 SCMS 的 DAT 录音机可以从原始声源进行任意次数字复制。SCMS 并不影响任何形式的模拟复制。SCMS 是一种合理的解决方案，因为它允许用户对购置的软件进行数字复制，比如将喜爱的歌曲编辑到一起，但是它又有助于避免第二方进行盗版。换言之，SCMS 可以禁止对原始录音进行再复制，只能合法地使用。

在有 S/PDIF（IEC-958 TYPE II）接口的民用级录音机中可以见到 SCMS 电路，而在专业 AES3（IEC-958 TYPE I）接口上不含有 SCMS 电路。特别指出的是，按照 IEC 958 TYPE II—修订稿 No.1 标准的定义，SCMS 处在通道状态比特中；该数据决定数据是否有版权，是原始版还是复制版。SCMS 电路首先检查输入数字数据中的通道状态块，以决定数据是专业比特流还是民用比特流。特别指出的是，如果字节 0 的比特 0 为 1，比特流被假定为符合 AES3 标准，SCMS 不起作用。SCMS 信号并不出现在 AES3 接口中，并且 AES3 标准并不识别数据流是否携带 SCMS 信息，所以声频数据的复制是不受保护的，并且可以无限次复制。当比特 0 设为 0 时，SCMS 确定数据为民用数据。然后再检查字节 0 的比特 2，即版权或 C 比特。当数据为有版权时，C 比特为 0；当无版权时，C 比特为 1。字节 1 的比特 7（在块中的第 15 比特）是代次或 L 比特；它被用来表示该录音是第几代。对于大多数种类码而言,L 比特若为 0,则表示传输的信号是复制的;如果 L 比特为 1,则表示信号是原始信号。但是该含义对于激光制品有所保留,广播则是例外:0 表明的是原始信号,1 表明的是复制信号。所以 L 比特是由字节 1 的比特 1 至 6 的种类码来翻译的,以便判定传输设备的类型。当传输设备是 CD 时,由于 CD 标准(IEC908)没有对 L 比特进行定义,所以用复制比特来指定版权和代次。如果 C 比特为 0,则唱盘是没有版权的;如果 C 比特为 1,则唱盘是有版权的,且为原版;如果 C 比特是以 4~10Hz 的速率进行 0 和 1 的交替变化,则说明唱盘是有版权的,并且是第一代或更高代的版本。另外,因为无版权限制的通用种类码和 A/D 种类码不带 L 或信息 C,所以这些比特被忽略了,并且接收机将 C 设定为有版权,L 设为原始数据的情况。

一般情况下,当比特 0 设为 0 时,存在着伴随的记录摘要,它表明数据为民用比特流。当 C 比特为 1 时,则不论种类码或 L 比特是怎样的,输入的声频数据均被记录,并且新的复制版可以接着被复制无数次。当 C 比特为 0 时,则要检查 L 比特。如果输入的数据是复制的,则不允许进行记录。如果输入的信号是原始的,那么就可以记录,但是记录时记录的子码被进行设定,标明它为复制版,不能再被复制。如果出现了未定义的种类码,允许进行一代的复制。然而不同类型的设备对 SCMS 的响应是不同的。例如,那些不进行存储、解码或转换传输数据的设备被认为是透明的,且忽略 SCMS 标志。数字调音台、滤波器、光盘录音设备和磁带录音机要求对 SCMS 有不同的译码,用于 SCMS 译码的通用算法是比较复杂的。

根据法律规定,在可以进行 S/PDIF 或 IEC-958 TYPE II 互联的民用录音机上必须安装 SCMS 电路,然而有些专业录音机基本上是民用型的升级版,它也包含 SCMS 电路。如果录制者采用了 S/PDIF 接口进行复制,则有时版权保护标志会无意中被设置,这在需要进一步复制时会带来问题。

4.1.9 AES11 数字声频基准信号

AES11-1990 标准确定了用于演播室数字声频设备进行同步的标准。对于互联的设备而言,重要的一点就是共用同一个时基信号,以便能同时处理某一个采样;时基不准确会导致噪声提高,甚至在声频信号中产生“咔嗒”或“噗噗”声。利用正确的基准,发射机、接收机和 D/A 变换器可以完全同步工作。设备必须在频率和相位上取得同步,并且同样要取得 SMPTE 的同步。在两个信源间取得频率同步是相对简单的——它们必须跟随同一时钟,并且信号的比特周期必须相等。但是要取得相位上的同步,不同信号的比特沿必须同时开始。

当一台数字声频设备与另一台数字声频设备相连接时,设备必须以同样的采样频率工作,并且发送和接收信号中的比特必须同时开始。这些同步要求是相对容易实现的。大多数数字声频数据流具有自时钟,接收电路读取输入的调制码,并且将其与内部时钟做比较,以便产生稳定的数据。在有些情况下,要求传送独立的同步信号。不论是哪种情况,在简单应用时,接收机均可以锁定到比特流的采样频率上。

然而,在多设备结合应用时,要想获得频率和相位上的同步是困难的。不同类型的设备使用不同的时基,它们之间存在着非整数的关系。例如,在44.1kHz时,数字声频比特流将时钟定为每NTSC视频帧1471.47个采样。采样沿仅每10帧校正一次。像192采样通道状态块这样的,其他数据还要建立另外的同步问题。在这种情况下,声频采样时钟,通道状态和视频帧每20分钟才校准一次。要取得同步,应该将频率稳定度优良的共用时钟分配到整个演播室。另外,外接同步器必须读取SMPTE时间码,并提供设备间的同步。图4-1-5显示了一个声频/视频演播室内同步的实例。时间码通常提供一般的时间锁定,主振荡器(用于AES11或视频同步)提供稳定的时钟,以便取得主要设备的频率锁定(模拟多轨录音机通过外同步器加以锁定,而同步器并不被锁定)。重要的是时间码基准不同于频率锁定基准。另外,大多数时间码源并没有足够的精度,以提供整个演播室的频率和相位锁定基准。

尽管AES3线路可以被用来分配产生极其稳定的时钟基准,但是最好采用专门的字时钟。特别的是,AES11数字声频基准信号已经被定义,它可提供用于控制抖动的高频率稳定度的时钟信号。利用这个基准信号,任何的采样都能够与其他采样取得时间校准,或者利用其他的时间码基准也可以实现校准,校准到特定的视频帧的沿上。数字声频基准信号采用了与AES3一样的格式、电气配置和接口,只是其字头被用作参考时钟。AES11信号有时被称为AES3黑信号,因为从显示上看,它像没有声频信息的AES3信号。

AES11标准定义了1级长期频率精度(精确度为±1ppm)和2级长期频率精度(精确度为±10ppm),其中ppm指百万分之一。使用1级还是2级是通过字节4的通道状态块的比特0和1来指示的:1级(01),2级(10)。例如,对于1级而言,44.1kHz的基准采样频率所要求的精度为±0.0441Hz。1级系统允许工作于16-或18-比特声频数据下,而20-比特的分辨率可能要求更高精度的参考时钟,诸如源自视频同步脉冲发生器(SPG)的时钟信号。时间码基准缺少足够的稳定度。当使用同步声频和视频设备时,DAR必须锁定到视频同步基准上。

单独的字时钟电缆以星形结构连接于基准源至每台数字声频设备间(当与视频同步脉冲发生器一同使用时要使用分配放大器),它接到所有数字声频设备的基准

(或同步)输入端。在接收器上只需要一个小的缓冲器,以便对数据重新定时钟。例如,一个5ms的缓冲器可以适应相对于主基准信号有±10ppm变化量的8分钟节目。当A/D或D/A没有内部时钟,并且要从DAR取时钟时,DAR的时基的精度必须提高,存在的任何时基误差都会直接影响声频信号的重建。对于16比特分辨率的转换器,AES11标准推荐:采样到采样间的峰值采样时钟调制,对于40Hz以上的所有调制频率都应小于±1ns,并且采样到采样的随机时钟抖动小于±0.1ns/采样时钟周期。

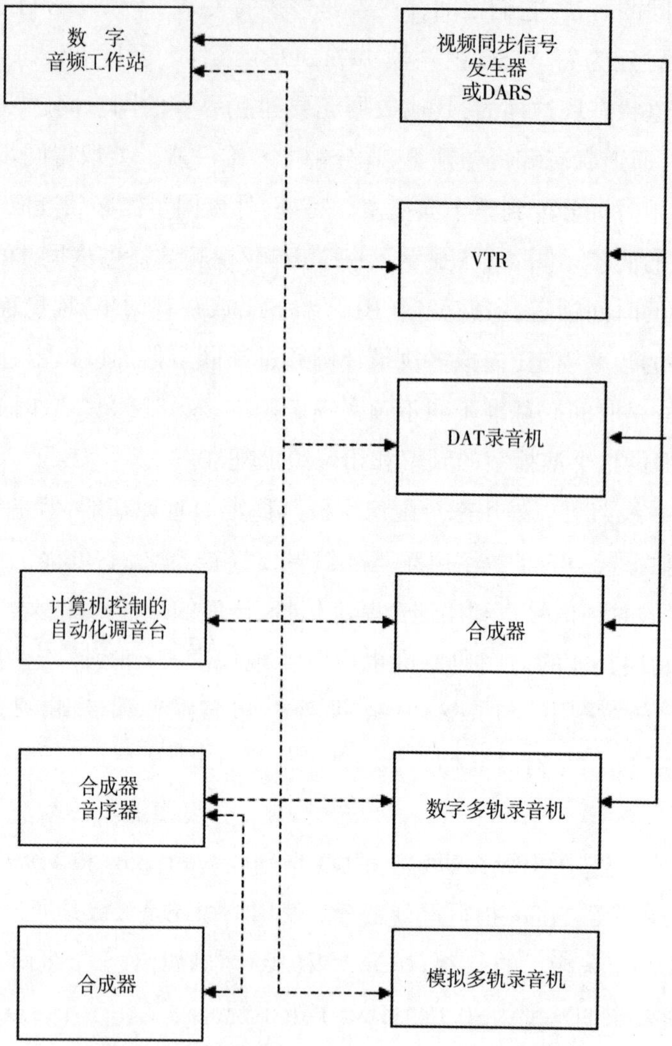

图4-1-5 演播室基准同步信号、时间码和MIDI连接示意图

4.1.10 采样率转换器

完美的数字世界里,应该只有一个采样频率。不幸的是,在数字域中发展出了许

多不同的采样频率。尽管 44.1kHz 和 48kHz 是最常用的,但在许多广播应用中也采用 32kHz, AES5－1984 标准定义了这些采样频率的使用。声卡采用 44.1kHz、22.05kHz 和 11.025kHz(在有些声卡中),而视频设备有时经常采用 44.056kHz。另外,在许多应用中,常用变速进行变调,由此产生了许多采样率。

许多人奇怪为什么将 44.1kHz 选为标准采样频率。因为在初期磁带记录设备中只有录像机能够满足数字声频信号的高带宽的要求。因为 16 比特的数字声频信号(和误码校正)被编码为视频信号,所以采样频率必须考虑电视标准的行和场比,以便在每个扫描行中存储几个采样。NTSC 格式采用 525 行,30 帧/秒的标准,只有 490 行用于存储。假如每行有两个采样,则为 490×30×2＝29.4kHz,显然这个采样频率太低了。如果每行有四个采样,则采样频率为 490×30×4＝58.8kHz,这个采样频率又太高了。因此选择每行有三个采样,这时的采样频率为 490×30×3＝44.1kHz,正好合适。另外,PAL/SECAM 格式采用 625 行(588 个有效行),25 帧/秒的标准,而585×25×3 也恰好为 44.1kHz。在 CD 应用时,因为专业录像机用来作为预刻 CD 的主版磁带,因此 44.1kHz 这个采样频率就成为主版磁带和成品 CD 的采样频率了。

正如所述的那样,有许多不同的采样频率在实际中被使用,当采样频率不同时设备间不能够互联。即使信源以同一采样频率记录,但是其数据流也可能产生异步,并且相差几个赫兹,它们必须进行同步,以便准确为同一频率。另外,信号可能由于抖动产生恶化,它会导致信号采样率的准确度发生变化。在有些情况下,不需复杂的处理就可以改变采样率。例如,通过大约每 23ms 将采样舍去一个,或大约每 1000 个采样舍去一个,可以将 44.1kHz 信号转化为 44.056kHz。典型情况下需要专门的电路。

利用整数比,同步采样率转换器可以将一个采样率转换成另一个采样率,但输出采样率要与输入采样率有固定的关系——这限制了应用。异步采样率转换器(ASRC)可以接受动态变化的采样频率,并以相同或不同的频率形式输出恒定而连续的采样频率。输入和输出采样率可以有无理数比的关系,换言之,输入和输出采样率可以是完全无关系的。另外,转换器将跟踪任何缓慢的变化。这解决了许多接口上的问题。

从概念上讲,采样率变换的工作原理也如此:数字信号通过 D/A 变换器,模拟信号经低通滤波然后通过一个工作在不同采样率的 A/D 变换器。在实用中,这些功能可以在数字域上通过内插和抽取来实现。通过在比特流中插入 0 可以将输入采样率提高到非常高的过采样频率上,然后再进行数字滤波。这种具有非常高数据率的内插信号通过对输出采样的舍去处理进行抽取,并经数字低通滤波来将输出采样频率降低到较过采样频率低的采样率上。转换的分辨率由抽取滤波器采用的采样数目来决定;

例如，对于16比特的精度，相邻内插采样间的差异必须小于16比特量化时的1LSB。这同时也决定了内插比，对于16比特的精度要求有65,536的过采样比。

这个比值可以利用非0数据为64长度的时变FIR滤波器来实现，但是要求的主时钟信号为3.27GHz是不可实现的。另一种方案是采用多相滤波器。乘系数N的高过采样低通滤波器可以分解成N个不同的滤波器，每个滤波器采用原始系数集中的一个不同的子集。如果子滤波器系数相对与时间是固定的，那么其输出可以相加产生原始滤波器的效果。其作用相当于在线形相位群延时方面不同的并行滤波器组。它可以用来进行采样率转换。如果输入采样经过多相位滤波器组处理，那么通过选择特定多相位滤波器的输出可以在输入采样间的任意点上产生采样。在输入周期内输出采样存在滞后，这要求短的滤波器延时（在系数集中的大偏置），但先期的输出采样要求长的延时（短偏置）。

这就是说，系数集的偏置与输入/输出选择的时基成比例。如前所述，准确的变换要求2^{16}个多相位滤波器，在实用中压缩法减少了系数的数目。总之，通过调整内插和抽取的处理，可以适应任何比率的变换，这些功能可以通过多相位滤波有效地实现。输入数据被加到高过采样的数字低通滤波器上，滤波器的通带为0~20kHz，并且需要许多倍的滤波器系数来产生该响应（相当于数千个滤波器组）。根据输入/输出频率比之间的瞬时关系，所选择的这些系数集被用来处理输入采样，并且计算出正确输出频率的输出采样幅度。

4.1.11 光纤互联

在过去一百年左右的时间里，电子设备之间的连接全部使用铜导线。

光缆的巨大容量是铜导线所无法比拟的。光纤系统比铜导线系统的性能优越。

光纤在信号传输中具有很大的优势。它具有完全不受电磁干扰影响、低损耗、高带宽（通常的传输速率为1Gb/s，在长距离光纤传输中可以达到30Gb/s）、传输低延时、低比特错误率、结构紧凑、重量轻而且耐用等优点。由于光纤是非金属隔离的，所以可以防止产生地回路。

像电缆传输一样，光纤也存在传输衰减，需要转发器来增强信号。当然，采用光缆传输的距离要长得多，可达160km或更长。氟化光缆可以在不需要转发器的情况下传输数千公里。因为光纤的衰减在任何情况下都与调制带宽无关，所以光纤不需要均衡化处理。光纤的物理尺寸很小，其直径以μm来计，典型的光纤直径在10~200μm之间。而且，许多独立的光纤可以置于一条细光缆中，例如，一根光缆可以有144根管子，每根管子内有6根独立的光纤。

使用电线时，信号利用电子传输。而使用光纤时，光子则成为载流子，通过沿着光纤发送光脉冲的方法来传输信号。虽然信号可以是数字的或是模拟的，但是数字信号更可取，因为在调制、多路传输、路径选择、信号质量和其他方面都可以得到改进。光纤可以是玻璃或塑料的，其中塑料光纤用于短距离（46m 左右）传输，它的直径比玻璃光纤大。玻璃光纤的纯度很高，在光强衰减一半之前，光信号可以传输 24km。光纤通信不受电磁场和射频干扰、闪电或其他高电压以及一些对电子信号有害因素的影响。光缆可以和高功率电缆在一个导管中进行传输。由于光纤不会产生磁信号，所以它自身也不会产生干扰信号。

任何光纤系统都包括三个部分：用来把电子信号转换为光脉冲的光学调制器光源、传送光及脉冲的传输介质，以及用以监测和解调信号的光学接收器。其中光源可以是发光二极管、激光二极管等，光纤用作传输介质，光电二极管等元件作为接收器。其他必备的单元有编码和解码电路等，如图 4-1-6 所示。

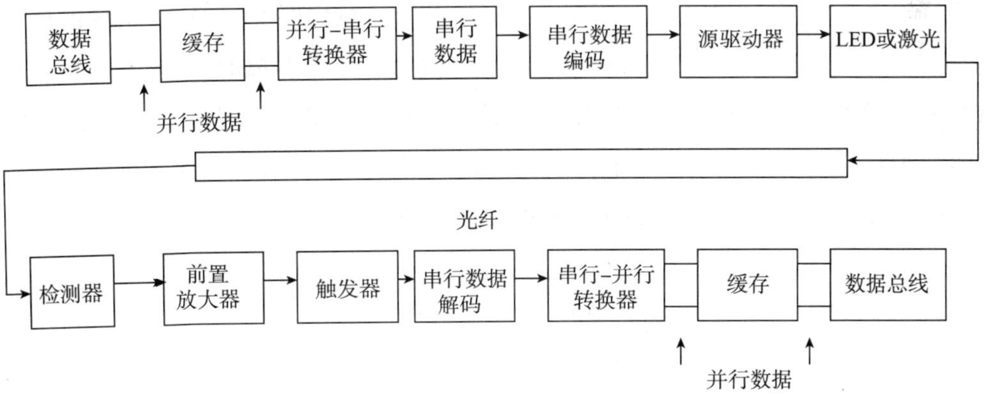

图 4-1-6 光纤传输模块示意图

光纤本身只是一根简单的玻璃管，它能够限制内部的光线。光纤的芯是玻璃或塑料的圆柱，由用作反射性覆盖物的包层裹着。包层将光线朝向光纤中心反射，并以此将光线传到目的地。信号在光纤传输时类似于传统的时分多路复用技术，多个独立的信号可以同时在其中传输。在波分多路复用时，多个信号能以不同的波长在同一条光纤中传输。

光纤分为多模光纤和单模光纤两种，如图 4-1-7 所示。在一个传输网络中，需要用到两根光纤，一根用于传输，一根用于接收。

多模光纤（Multi Mode Fiber）：它有一个很大的电缆心线束，纤芯直径为 50～62.5μm，包层外直径 125μm，能够让数百条光线同时通过光纤进行传播。但其模间色散（由于内反射角的光程不同，一些光线要早于其他光线到达目的地）和模内色散（光缆芯和包层的折射率的不规则形）较大，这就限制了传输数字信号的频率，而且随距离的增加会更加严重。例如，600MB/km 的光纤在 2km 时则只有 300MB 的带宽了。因此，多模光纤传输的距离比较近，一般只有几公里。因此多模光纤主要被用于短距离的系统中（低于 2km），如房屋通信系统、个人专用数据网络及并行光学应用系统。同时，在多模光纤中相对比较大的核心部分也能够更好地与那些造价便宜的 LED 型光源进行耦合。

单模光纤（Single Mode Fiber）：它有一个小得多的电缆心线束，它的纤芯直径为 8.3μm，包层外直径 125μm，同时只能供一条光束通过电缆心线束进行传播。因此，其模间色散很小，适用于远程通信，但还存在着材料色散和波导色散，这样单模光纤对光源的谱宽和稳定性有较高的要求，即谱宽要窄，稳定性要好。后来又发现在 1.31μm 波长处，单模光纤的材料色散和波导色散一为正、一为负，大小也正好相等。这就是说在 1.31μm 波长处，单模光纤的总色散为零。从光纤的损耗特性来看，1.31μm 处正好是光纤的一个低损耗窗口（光纤工作在特定的波长区域内时衰减最小，这样的区间成为窗口）。这样，1.31μm 波长区就成了光纤通信的一个很理想的工作窗口，也是现在实用光纤通信系统的主要工作波段。1.31μm 常规单模光纤的主要参数是由国际电信联盟 ITU-T 在 G652 建议中确定的，因此这种光纤又称 G652 光纤。单模光纤中只有一条光线传输通路，很少被用于以太网的连接中。

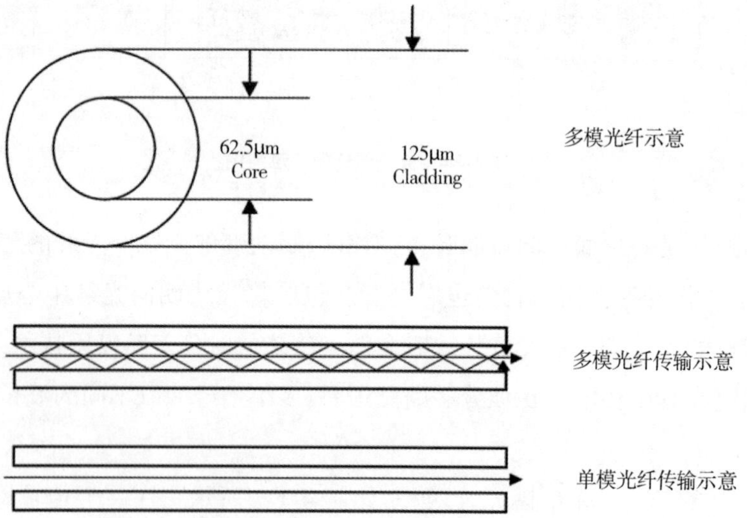

图 4-1-7　多模光纤和单模光纤示意图

光纤接头主要有两种形式：SC 和 ST，如图 4-1-8 所示。其中 ST 代表直通“straight tip”，是较常用的一种接头形式，但不常用于以太网连接中。它的形状呈桶形，和 BNC

接头相类似,由 AT&T 开发。SC 接头有一个方形的外壳,这样更容易进行连接,这种接头已被广泛地应用于百兆和千兆以太网交换机等设备的光传输模块上。另外还有一种 SC 复合接头,这样可以避免传输和接收端的连接错误。

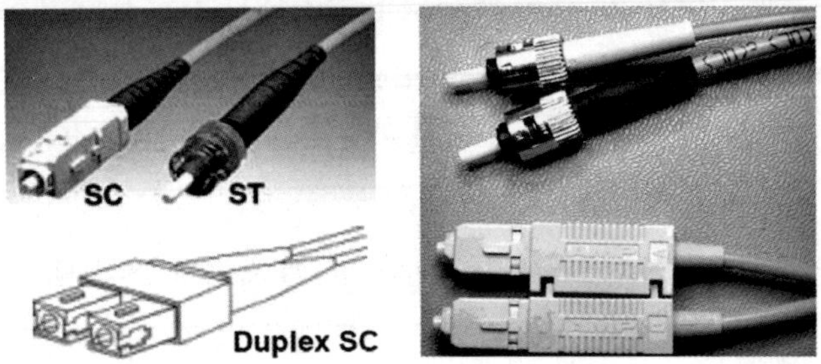

图 4-1-8 SC 和 ST 光纤接头

由于在任何涉及数据协议的技术中,都需要有标准,FDDI(光纤分布数据接口)和 FDDI II 是关于光纤数据通信网络的两个标准。它们适用于处理器互联,也是形成高速网络的基础。FDDI 使用 LED 器件,在芯缆为 62.5μm、包层为 125μm、数值孔径为 0.275 的多模光纤上,以 1310μm 的标称波长发送信息。利用双光纤光缆(独立的发送和接收)形成的连接,使用极化双工接头。FDDI 提供了 100MHz 的数据带宽。FDDI II 标准在光纤网络中增加了更大的灵活性,如可以采用时分复用的夺路方式,在高数据速率下提供独立的路程。

思考题

1. 常用的数字音频接口有哪些?
2. AES3 的两种接口如何进行互联?
3. AES3 和 SPDIF 接口之间的异同点有哪些?
4. 数字音频接口类型主要有哪些?

4.2 数字音频网络互联协议

4.2.1 数字传声器通用接口和 AES42 标准

数字传声器的接口是指数字传声器输出到下一级设备输入连接的硬件和软件。它包括电源、音频格式、同步、遥控等。早期数字传声器的接口是各个生产商自己定义的,通常是使用多芯电缆和控制盒相连,无法互换,这给数字传声器的普及推广带来了很大的麻烦。1997 年 3 月的欧洲 AES 大会大概定义了标准数字传声器接口标准 AES42:所有工作电源都是经过 110 Ω 的平衡电缆获得的,模/数变换和选择信号处理可以遥控,接收同步信号功能是选项;幻象电源电压通过平衡线传输,传声器通过中心抽头变压器提取电源,同时输出 AES3 信号,调制这个幻象电源电压作为控制信号等。

2001 年第一版的 AES42-2001 标准定稿时,建议加强外部数字同步,继续使用 XLR-3 接头(卡侬头),以便现有的设备能使用得更久。2006 年修改了 AES42 标准,形成了现在比较通行的标准(AES42-2006)。

简单地说,数字传声器输出数字音频信号的协议为 AES42 格式。它是由 AES3 格式的音频数据流和反向传输的 10V 的数字幻象电压以及一系列控制信号组成的。使用一根 3 芯的音频电缆可以平衡传输 2 路数字音频信号。与模拟音频信号相比,数字信号在传输过程中没有噪声累积,不受外界多变的电磁环境干扰,随着传输距离的加长,导线的电阻也会使信号衰减,造成数字"抖动"。因此,传输距离不能无限延长,但是数字音频信号仍然能比模拟音频信号传输更远的距离。数字音频信号对传输的电缆有一些特殊的要求,即需要使用数字音频电缆(AES Cable),这种电缆在屏蔽上做得更为严格,一般使用双屏蔽技术,传输长度在 300m 以上。即使是使用传统的模拟音频电缆来传输数字音频信号,在 100m 之内也是没有问题的。

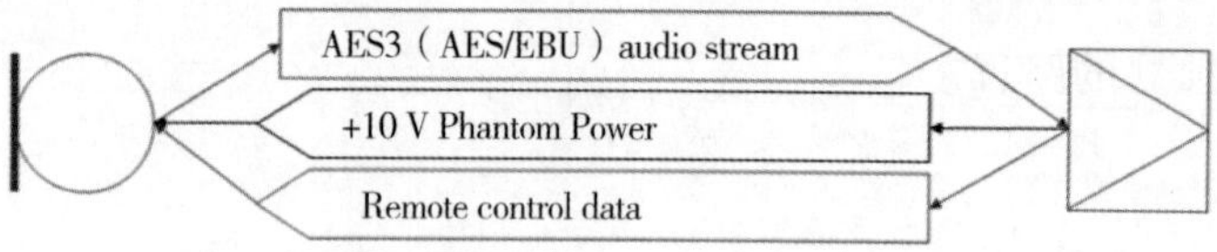

图 4-2-1 AES42 信号的组成

一、电源

数字传声器的运行需要电源。电容传声器也必须有电源,通常是通过模拟信号电缆利用幻象供电实现的,每个通道可以提供约 170 mW。而数字传声器所需要的能量要大得多,主要是因为模/数转换器。AES42 标准规定传声器使用 10 V 数字幻象供电(DPP):就是将电压施加于屏蔽层和两根芯线上。这个数字幻象供电上可以施加遥控脉冲,遥控脉冲偏差 2V,像共模调制一样重叠在数字幻象供电上。AES42 标准允许消耗电流最多 250 mA,和 USB 口提供的电力一致。尽管数字幻象供电的最大电流是 250 mA,模拟传声器不小心连接到数字幻象供电是不会损坏的,f 动圈式传声器没有直流电流,与电容传声器工作机制相似,但是电压更高。

二、音频格式

数字传声器输出 AES3 标准的音频信号，采样率是 44.1kHz/48kHz 和它们的倍数，量化比特数为 24hit。目前市场上已经可以提供 192kHz 采样率的传声器。因此，数字传声器输出音频格式和普通的 AES3 信号完全相同。AES3 标准中定义的“用户比特”(AES3 中用户自己定义几个比特)可以传送关于传声器和它的设置信息。

三、同步

AES42 标准同步分为两种模式：模式 1 和模式 2。

同步模式 1：

数字传声器不支持外同步。它工作在固定采样频率的内部时钟下。如果控制器或者调音台的输入端不能按那个采样频率工作，输入端就必须提供采样频率变换，特别是在多个运行模式 1 的传声器连接到单个系统的输入端的时候。模式 1 的数字传声器很简单，非常易于设计和实现。

同步模式 2：

允许同时使用多个数字传声器，而每个传声器的采样频率设置在和接收单元相同采样频率的主时钟上。每个传声器内部的时钟利用锁相回路(PLL)使频率和相位主时钟保持完全一致。在这个模式中，压控晶体振荡器(VCXOs)代替了 PLL 电路的普通晶体振荡器。在接收端检测传声器的采样频率和相位是否与系统的主时钟完全同步，如果不同步则通过电源部件向传声器传送控制信号，来控制压控晶体振荡器改变采样频率达到和主时钟同步。这个形式的同步并不是无级变频的，用户必须确定将传声器设置成同主时钟一样的采样频率，以便电压控制晶体振荡器 VCXO 能够工作在足够的同步范围。

四、遥控

AES42 标准的附录中规定了一系列控制扩展功能的控制代码。这些控制代码通过数字幻象供电 DPP 的脉冲宽度调制(+2V，0.2Ⅵ)传送到传声器。它们的传输是比较缓慢的(689b/s 或者 750b/s 对应在 44.1kHz 或者 48kHz 的采样频率)。为了很好地传输传声器的同步控制信号，AES42 标准规定至少每 4 个命令必须有一个同步字。

这些控制代码使用了 2-byte 协议：地址字节标识特别命令，数据字节包含设置的意义，紧接着一个长度等于至少一个字节传输暂停。在传声器里用很简单逻辑元件就可以实现协议(简单命令设置)的实施。遥控命令的控制代码规定了遥控传声器参数和模式 2 采样频率的同步。用户不用知道这个控制如何实现，但是这个控制代码的实施使生产商进入数字传声器市场会更加困难。因此，AES42 有一套简单的命令和一套扩展的命令,但是两套命令的默认设置不完全一样。

简单命令设置支持模拟大振膜传声器的参数设置,设置包括:信号预衰减、15 级指向性图形(无方向性)、低频截除滤波器(0、40Hz、80Hz、120Hz)、静音功能、信号压限器禁用的/起动、信号增益、模式 2 同步、内置放大器增益、峰值限制器。

扩展命令设置是没有调音台的情况下传声器自己设置功能,设置包括:灯的控制、测试信号、重启 DSP 软件、传声器标识和状态标志指示符、消除高频颤动 Dither 和量化误差的噪声整形、取样频率、立体声传声器 M/S 和 X/Y 制式、UR 或者 M/S 平衡参数、均衡器、输出信号的极性、立体声/单声道选择、压缩器/限幅器起动时间/释放时间、压缩器/限制器比例/频率响应/阈值、亮度设定、传声器标识和状态标志信息等。

五、数字信号处理(DSP)

AES42 标准允许生产商专用命令控制数字信号处理(DSP)的功能。这个部分的命令是不会公布的,它们的功能只是将生产商的 AES42 标准的控制器提供给用户。

4.2.2 AoIP

4.2.2.1 AoIP 的概念

IP 是网络之间互联的协议,是 Internet Protocol 的缩写,它是互联网中最重要的协议之一。音频领域对其的探索与使用,对音频系统构建产生了巨大的影响。音频系统与 IP 网络的结合,汲取了 IP 网络的许多,例如对音频信号的监控,对音频传输方面有着很大的提升。AoIP 是 Audio over IP 的简称,它颠覆了传统的音频系统的搭建,与原来的调音台、音分、矩阵等架构有了本质区别。在基于 IP 的音频网络系统架构中,整个系统的核心是交换机或路由器,所有的系统设备都通过网线与交换机或路由器相连,通过这个核心完成音频信号的发送和分配,还有控制信号的交互。而且每个设备都分配了 IP 地址,通过这个 IP 地址可以直接定位跟踪监测到该设备的运行情况,系统配置更为简便与灵活。

AoIP 不等同于音频网络传输技术,它是音频网络传输技术中的一种。

实际上,网络传输是 7 层协议结构,一般用 OSI 模型来表述,分别为物理层、数据链路层、网络层、传输层、会话层、表示层及应用层,如表 4-2-2 所示。目前音频网络传输达到了传输层。

物理层(Physical):它包括大部分物理硬件设备,典型设备如双绞线、同轴电缆、光

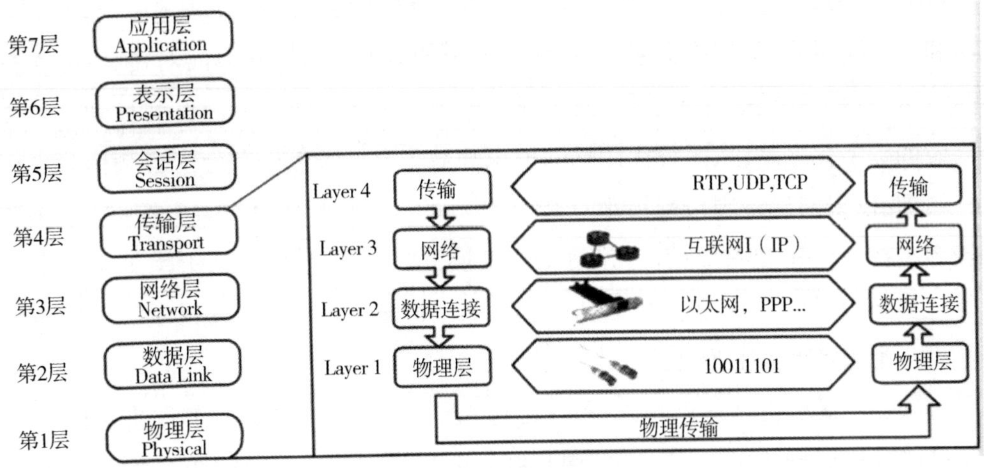

图 4-2-2　开放系统互联模型(OSI)示意图

纤,是模拟域中利用物理介质(铜缆)进行传输的协议层次,传输比特(bit)流。因为物理结构可以随意变换,所以其安全系数较低。

数据层(Data Link):它包含网络终端设备的地址,通过地址可以将数据进行传输,将音频数据封装为标准的以太网数据包,具体来说是将比特信息封装成数据帧(Frame),利用标准以太网交换机进行音频的传输和分配。

网络层(Network):它基于网络地址(IP 地址)进行不同网络系统间的路径选择,将数据分割和重新组合成数据包(Packet)。

传输层(Transport):它包括了用户应用和网络设施之间的通信路径。它将数据组织成数据段(Segment),目前音频网络传输技术还没有完全达到这一层,因为音频数据的实时特性要求极高,第四层以上的协议(如断点续传等)对音频数据传输来说意义不大。

AoIP(Audio over IP)不同于 VoIP(Voice over IP),虽然 VoIP 也用 IP 来传输音频,但其码率低,音质仅限于话音级水平,通常只能用于网络电话通信。另外,AoIP 也不同于互联网音频,点播或直播方式下的互联网音频使用高压缩比算法,存在缓冲时间长、音质损耗大、容易丢帧等缺点,不适合对音质和时延有着较高要求的专业场合使用。

AoIP 的高保真含义是指 44. 1kHz 以上的采样率、16 bit 以上的线性量化(通常是 48kHz 采样,24 bit 量化),以及低的延时(百微秒至毫秒级),且不采用任何有损或无损的压缩处理。这样的传输指标已接近于 AES3 和 MADI 标准,即便是毫秒级的延时也完全能满足会议、演艺、体育比赛等现场扩声的需求。

以太网是最常见的高速数据传送和交换的网络,是现代 IT 的基础。当前已进入百兆和千兆网时代,从理论上来讲,理想状况下的百兆以太网能双向对传各 56 个通道的 24 bit/48kHz 的线性音频信号,而千兆网则超过了 500 路。人们也许找到了一个廉价高效的数字化之路,从而替代传统的模拟和数字电缆来传送和分配音频信号。

然而,以太网建立之初是用来连接计算机的,它遵循 IEEE802.3 标准,使用逻辑总线型拓扑结构和 CSMA/CD 来进行信息交换,这一点证明以太网天生就不是为传送实时音视频信号而设计的。IP 更是伴随互联网而来,IP 包传送过程中的不确定性更为提供这类服务增添了难度。

必须提供某些机制来克服这些障碍:首先是同步,从网内各个节点进出的数字音频信号必须保证严格同步,否则,即便是细微的采样率偏差也会因缓存的枯竭或溢出导致数据错误;其次是流量的管控,这是实时音频流能够连贯不中断地从起点到达终点的主要保证,特别是当网络内同时存在其他类型的不可测流量时,这一点尤为重要;最后,在以太网和 IP 环境下必须对接入设备和链路进行有效的监测和管控,从而确保可靠性和可操作性。

这些都是 AoIP 需要面对和解决的问题,好在 IP 技术已经发展到了包罗万象、几乎无所不能的时代,其实不需要发明任何新的技术和协议,就能巧妙解决这些所谓的难题。

(1)IEEE1588 的全称是《网络测量和控制系统的精确时钟同步协议》,已被广泛应用于电力系统和通信系统的同步,IEEE1588 能通过主从节点间时间报文的发送和误差测量,来实现两者频率和相位同步,精度优于 100 ns。如果将此技术应用在 AoIP 的媒体时钟传递,同步已经不是问题。

(2)目前企业级的交换设备基本都具备了服务质量(QoS)功能,能通过对以太网帧 DSCP 字段进行标识来区分时间敏感流量和普通流量,从而让 AoIP 流优先通行,以保证它的实时性。

(3)利用 IP 通信技术对分布式的设备进行网络管理已非常成熟。

4.2.2.2 当前网络音频技术分析

利用以太网传输高品质的音频流其实并不是这几年才有的事,最早可追溯到 20 世纪 90 年代末出现的 CobraNet,以及 Digigram 的 EtherSound 等,直到最近几年又陆续推出了 AVB、Dante、Ravenna 等新一代的网络音频技术。

一、CobraNet

1996 年,美国 PeakAudio 公司推出了代号为眼镜蛇网络的以太网音频传输方案——CobraNet,该公司于 2001 年被芯片生产商 Cirrus Logic 收购,其以提供配套板卡和专用 DSP 芯片的方法将 CobraNet 迅速推广。

QSC 是最早与 PeakAudio 合作并实现 CobraNet 商用的公司,首个固定安装的应用场合是迪士尼动物王国,Cirrus Logic 的介入大大降低了 CobraNet 的门槛,一些音频厂商开始使用 CobraNet,其中包括 Peavey、BIAMP、Symetrix、dbx 等,媒体矩阵是 CobraNet 最主要的应用领域,Yamaha、Soundcraft 等也在其数字调音台上添加了 CobraNet 接口,除此之外的应用还包括功率放大器和有源扬声器系统等。

CobraNet 能够在普通五类网线上传输多达 64 路 20 bit/48kHz 音频信号,并利用通用的以太网设备进行组网。其不同于传统系统的显著优点是:在不改变布线的情况下,能够通过软件对音频通道的路由进行任意配置,既支持点对点,也支持点对多点,这种简洁灵活的特性使得 CobraNet 在各类中大型音频系统如机场、主题公园、商业中心、广播电台等获得了广泛的应用。

与现有 AoIP 体系普遍支持标准 IP 不同,CobraNet 使用了一套自有的专用方案:CobraNet 以网络中某一设备(Conductor)不断发送节拍包(Beat Packet)的方式获得网络采样时钟的同步。虽然 CobraNet 也是一个同步网络,但它并没有使用主流的 IEEE1588。CobraNet 的音频传送是通过 Bundle 来实现的,Bundle 是 CobraNet 特有的封装形式,Bundle 不通过 IP 承载直接打包成以太网帧。虽然部分网管经由 IP 完成,但从核心技术上来讲,CobraNet 只能算是一个二层(数据层)技术,并不能被划在 AoIP 之列。鉴于上述原因,CobraNet 存在以下缺陷或弱势。

(1)由于 Bundle 与 IP 的潜在冲突,为了获得稳定可靠的应用必须为 CobraNet 建立独立的专用网络,并交给 CobraNet 去管理,这一点限制了它的推广价值。其实目前三层(网络层)QoS 技术完全能保障 AoIP 与其他业务共网同传,从而可利用现成的网络来传输音频,这将节约大量的基础投入,并使系统变得简单高效。

(2)CobraNet 是一个不公开的企业内部标准,近十年来,其核心技术并没有实质性的发展,技术与容量尚停留在百兆网年代,在带宽、时延、接入通道数量等方面已经没有了优势,与当今突飞猛进的 IT 相脱节,技术的差异性也导致它不可能与当前其他体系的 AoIP 系统实现互联互通,只能建立孤立的系统,即便是不同厂商间的 CobraNet 产品,也呈现出较差的兼容性。

二、AVB

AVB 的全称是以太网音视频桥(Ethernet Audio/Video Bridging),是一项新的 IEEE802 标准,其在传统以太网络的基础上,通过保障带宽(Bandwidth)、限制延迟(Latency)和精确时钟同步(Time Synchronization),以支持各种基于音频、视频的网络多媒体应用。

AVB 跨越了数据链路层和网络层等多个层级，涉及 TCP/IP 协议组的大部分层次，但其结构还是基本保持并兼容现有以太网体系，只是对其部分功能进行了扩展，增加和修订的协议主要包括：

(1)精准时间同步协议——IEEE 802.1AS；

(2)流预留协议——IEEE 802.1Qat；

(3)队列及转发协议——IEEE 802.1Qav；

(4)音视频桥接系统——IEEE 802.1BA。

AVB 为视频而生，因为视频的传输速率需求比音频大得多(24 bit/48kHz 音频码率约为 1.2 Mb/s，1080 p 的 HD 视频达 3 Gb/s，4K 视频更高)，因而对网络基础架构提出了非常苛刻的要求(如时钟抖动)，AVB 就是试图改造以太网的第二层来实现这一目标的，完全意义上的 AVB 必须升级以太网交换机为 AVB 交换机才能实现。但如果只是单纯传输音频的话，为使用 AVB 而升级交换机显得有些浪费和得不偿失，因为除 AVB 外的其他 AoIP 方案都可以直接使用普通交换机。

AVB 的研究始于 2005 年 11 月，几年前还比较热门，但随着专业电视领域 SMPTE2022-6 取代 AVB 成为发展主流，AVB 的推广受到了一定的影响，AVB 在网络音频领域的应用也呈现停滞态势，相关的产品和系统仅限于较小的范围内。

三、Dante

Dante 来自澳大利亚 Audinate 公司，是目前使用范围最广、拥有产品数量最多的 AoIP 技术(有超过 300 家授权厂商和 800 余种相关产品，其中也包括 Hamann、Yamaha 等)。Dante 使用 IEEE1588 来进行音频时钟的同步，使用 UDP 进行音频数据流的传输并同时支持单播和组播。Dante 拥有一整套完整的管理机制和流程，包括设备发现和配置、音频流的路由和切换、系统故障诊断和主备冗余等。虚拟声卡(Dante-virtual-soundcard)能将 PC 或 MAC 通过本机网口转换为 Dante 设备，省去转接环节而直接进行多音轨的录放，Dante 在千兆网实测通道数(48kHz/24bit)超过 400 个，单跳时延最短为 168.8μs。

Audinate 自身并不研发和制造音频设备，只出售核心板卡(BrooklynII)和芯片(Ultimo)给授权客户并提供开发支持，成熟的解决方案和便捷的开发流程使众多的音频厂商很快将他们的产品升级成支持 Dante 的新设备，大大加速了 Dante 推广的进程，这正是 Audinate 成功的秘诀。同时，用户还得到了额外的福利：由于使用相同的接口板卡和芯片以及同一套管理软件 DanteController，不同厂商设备间的互联变得非常方便，兼容性也比较好。

四、其他 AoIP 体系

目前专业市场能见到的 AoIP 体系主要还包括以下几种：

RAVENNA：RAVENNA 由著名调音台制造商 LAWO 旗下的 AlC NetworkX 于 2010 年 9 月正式对外发布。与 CobraNet 和 Dante 不同的是，RAVENNA 一开始就是一个完全公开的 AoIP 协议，RAVENNA 几乎具备了现代 AoIP 的全部技术特征，并成为 AES67 的制订基础。可惜的是，RAVENNA 的使用者只局限于广播电视专业领域，并不被演艺行业的扩声技术人员所了解。

Livewire+：Livewire 首次亮相于 2003 年的 NAB 展，被视为最早的 AoIP 系统，归属于 Telos 联盟的 Axial Audio，之后与 RAVENNA 合作并升级为 Livewire+。Livewire+目前主要被 Telos 联盟内各子公司使用，并在广播电视市场占有一席之地。

Q-LAN：Q-LAN 是美国 QSC 音频产品有限公司为 Q-Sys 音频网络处理平台开发的第三代 AoIP 专有技术，相关产品包括 Q-SysCore 核心处理单元、I/O 接口单元以及管理软件等，主要应用场合是包括迪士尼在内的园区扩声系统。

Wheatnet-IP：Wheatnet-IP 是美国惠斯登（Wheatstone）公司自用的 AoIP 协议。惠斯登公司的核心业务是研发和制造各类数字调音台及相关传输处理设备。

五、小结

上述讨论了一系列的 AoIP 技术，这些技术是由不同厂商和机构在世界各地独自研发制定的，尽管都使用了类似的核心协议，如 IEEE1588、RTP/UDP 等，但由于技术路线与细节的差异，它们彼此之间相互独立，并不能互相通联，只能单独构建系统，这大大限制了 AoIP 的发展。同时，如果 AoIP 技术只是个别企业的自主技术，在安全性、适用性、经济性、可发展性等方面并不利于整个行业的发展。

4.3.2 AES67

2010 年 12 月，AES67 开发项目启动（代号：AES—X192）；2012 年 8 月，AES 与 EBU 就实现网络音频的互通性，宣布进行合作开发；2010 年 12 月—2013 年 4 月，AES 在经过多次的草案拟定之后，为草案指派了标准号，即“AES 67”；2013 年 7 月，AES 发表了《AES 音频应用网络的标准——高性能音频流在网络协议上的互通性》文章，公开征求意见；2013 年 9 月 11 日，AES 正式发表 AES 67 标准，取名为 AES67-2013（AES standard for audio applications of networks-High-performance streamingaudio-over-IP interoperability），此后又经过了一次修订，现在的版本是 AES67-2015。

协议规定如表 4-2-1 所示。

表 4-2-1 AES67 协议标准规定

项目	描述
编号	16/24bit,48kHz(44.1/96kHz)线性 PCM 无损音频,每个数据流至多支持 8 个通道
数据包设置	每个数据包最多 48 个音频采样,最大荷载 1440Bytes
带宽	立体声码流 3Mbit/s;通道码流 10Mbit/s(包发送频率 1000Hz)
网络	IPv4 第三层协议
传输	RTP/UDP
质量服务(QoS)	具备 3 个建议流量级别,即分优先级进行数据传输
同步信号	PTP(精确时钟协议),使用 IEEE1588-2008 进行同步(兼容 SMPTE 标准)
时钟	本地同步时钟发生器(精确时钟遍布整个网络,且时钟精确度可以低至 25ns 左右)

一、编码与数据包

AES 67 的编码支持 16bit/24bit 线性非压缩音频,48kHz 采样率,每个数据流最多支持 8 个通道。由于 AES67 是基于 IP 架构下的音频传输协议,故音频数据在传输过程中被分解成多个数据包。而每个数据包的最大载荷量为 1440 Byte,可包含 48 个音频采样。

按照 48kHz 的采样率,可装下 1ms 的音频数据,不论这个数据流里是 1 个或 8 个通道。这意味着要在网络中每秒发送 1000 个数据包,这是任何一个网络控制器都可以处理的。下一个部分是 RTP 标头,长 12Byte,RTP 的意思是实时传输协议(Real Time Transport Protocol),该标头规定了荷载的类型以及序列号。每个数据包都有一个独一无二的识别码,使丢失的数据包可以在传输中被识别,同时发送设备的时间戳也在 RTP 标头中被记录。接下来是 UDP 标头,UDP 指的是用户数据协议(User Datagram Protocol),其中包含源设备和目标(接收设备)端口、数据长度以及校验码。最后是 IP 标头,其中涵盖了数据包的服务类型,即数据包是如何在网络传输过程中被分类的(如优先级、通过率、成本等)、数据包的寿命(数据包在网络中被删除前的储存时间)及发送源和目标(接受设备)的 IP 地址。

二、带宽

AES67 码流所需要的带宽,一个立体声的 AES67 码流需要大约 3Mbit/s,而 8 通道码流需要 10Mbit/s。这两种情形的数据包发送频率基本相同,每秒发送 1000 个数据包,只是立体声码流数据包要短一些。虽然 10Mbit/s 的数据率听起来不大,但 AES67 要保证在低端网络设备上也能实现最大兼容性。同时,一根网线上可能会发送多个 AES67 码流,这也是 IP 技术优势之一。

三、网络传输

根据网络层规定,AES67 使用的是 IPv4,第三层协议。这意味着 AES67 协议可以使用 IP 协议层在互联网中建立音频数据流。第二层协议只能在局域网进行通信。

根据传输层规定,AES67 支持的传输协议是 RTP 和 UDP。RTP 是实时传输协议,一个为多媒体数据进行单播或组播实时传输设计的协议。UDP 是用户数据协议,是一个非连接协议,不是握手协议,不提供错误控制或流量控制机制,一旦某一数据包在传输过程中丢失,则无法进行数据复原(如错位重发、丢包重传)。跟 UDP 相对的概念是 TCP,即传输控制协议,TCP 是一个握手协议,具备错误和流量控制机制,但它不用于 AES67 当中。通过 UDP 协议的工作原理可以看到,例如:有一个发送器和一个接收器,发送器通过网络中的 UDP 发送一串数据包,若一个数据包丢失,对于 UDP 来说,它不会进行重新传输,即保持丢失状态。基于 TCP 的通信则不同,如若某一数据包丢失了,接收端会立即发现丢失信息,并重新发送信号进行"召回",随后发送端会将该丢失数据包重新发送一次。TCP 协议看似稳定、可靠,然而由于延时和冗余问题,对其加入 AES67 的传输协议造成了妨碍。基于通用的 IT 网络技术所带来的稳定安全与冗余备份,使得冗余问题迎刃而解。而通常在广电领域的工作环境中,需要所有数据包都要实时、准确到达,如果要等待丢失的数据包重新发送,在纠错(请求重发)过程中多多少少会有一定的延时,对于广电领域而言,如此高延时显然并不适用。在广电领域需要的是 UDP 且没有数据包丢失现象,这便引入了质量服务(QoS)的重要性,即分优先级进行差序服务,将丢失包利用 QoS 优先分级传输机制来解决数据传输延时等问题。

四、质量服务(QoS)与同步时钟

QoS(Quality of Service,服务质量)在第二章介绍 Ravenna 协议时介绍过。针对质量服务(QoS),AES67 采用三个不同层级的差序服务,即分优先级进行数据传输。首先定义数据包的优先级。针对 AES67,PTP 时间和音频码流传输要比其他数据拥有优先级。由于历史原因,48 层级拥有最高优先级,46 层级其次,其他项则都会被归为 0,即最低优先级。路由器是按照 3 个队列进行配置的(典型的是 4 或者 8 个队列),用于控制的是低优先级队列,音频码流队列优先级要高一些,最高优先级队列留给 PTP 时间信息。当网络包到达输入端时,首先被贴标签,分类到定义好的队列里。网络包在输出端汇聚到一起,按照它们的队列优先级编排时间表。要确保在一个管理妥当的网络中,重要的实时数据包不丢失。另外,在同步和时钟方面,AES 67 采用的是 PTP,被称为精准时钟协议。主时钟发生器(即本地同步时钟发生器)通过网络发送最高优先级的时间信息表,所有本地的设备时钟进行同步。精确时钟遍布整个网络,且 PTP 协议精确度可低至 25ns 左右。

五、小结

AES67 从同步、媒体时钟、传输、编码成流、会话描述、发现服务、连接管理等方面阐明并规范了 AoIP 的机制和具体细则,特别是对基于 IEEE1588v2 的同步机制和 RTP 流的单组播传输方案作了明确的定义,这使得不同厂商 AoIP 设备和系统间的时钟对接和音频数据流对接成为可能。

2014 年 10 月,媒体网络联盟(Media Networking Alliance)成立,由 LAWO、QSC、Yamaha 等 8 家公司联合发起,目的是致力于 AES67 的推广,在短短不到三年的时间内,已有 RAVENNA、Livewire+、Dante、Q-Sys、Wheatnet-IP 等几乎全部主要的 AoIP 体系正式宣布支持 AES67,音频工程协会也于 2014 年 10 月和 2015 年 11 月在慕尼黑和华盛顿分别组织了两次 AES67 兼容性测试,测试结果表明不同厂商 AoIP 产品间的互通性还是令人满意的。

在国内,由中央人民广播电台牵头的 GY/T 304-2016《高性能流化音频在 IP 网络上的互操作性规范》行业标准已完成审核,该标准采自 AES67-2015,并于 2017 年 1 月 4 日正式由原国家新闻出版广电总局批准发布。

最后特别需要指出的是,AES67 仅定义了涉及 AoIP 互联互通的最基本部分,解决的也只是最简单的单播和组播流的对接,并不是 AoIP 的全部。与 AES/EBU、MADI 等传统数字音频接口技术相比,AoIP 复杂得多,涉及设备发现与配置、信号调度、监听监测、诊断分析、冗余备份等诸多方面,需要一整套完善的网络管理机制,对于这些 AES67 并没有给出明确的说明,目前仍需要各个 AoIP 体系自己去定义和实施,比如 Dante 只是开放了部分 BrooklynII 节点去发送和接收第三方的 AES67 音频流,除此之外,保存了原有的完整架构不变。从这种意义上来说,AES67 更倾向于被用在不同 AoIP 系统之间作桥接,而不是只用 AES67 就能独立构造完整的 AoIP 应用系统。

4.3.3 AES70

AES 于 2016 年 1 月又发布了一个与 AoIP 有关的标准——AES70-2015,它的全称是《面向网络音频应用的开放式控制架构》(AES Standard for Audio Applications of Networks-Open Control Architecture)。从字面上看,这应该是一个利用网络对音频设备进行控制的标准。

其实,AES70 来源于 OCA 联盟,它由 Bosch、TC、Yamaha 等 9 家公司发起,OCA 于 2014 年底正式成型,随后成立了 AES X210 工作组,负责将 OCA1.3 转化成AES70-2015。

一般来说,音频技术人员对 MIDI 都不陌生。MIDI 是一种乐器数字接口,它并不传递任何音频信号,传输的是音符、音量等 MIDI 控制信息。而 AES70 就好像是 AoIP 域的 MIDI,它以 IP 方式在入网的数字音频设备及非音频设备之间传递各类控制信号,以达到监测、控制和管理的目的。AES70 提供了一个非常完备的基于 IP 网络的音频监管框架,具备良好的安全性、可用性、鲁棒性(robustness)、兼容性以及可扩容性和可分析性。

前文提到AES67解决了AoIP流的对接问题,在控制层面上却存在较大的空白,因此AES67可被称为"Audio Streamover IP",而相反,AES70是个控制协议,即"Audio Control over IP",两者的结合AES67+AES70才可能成就一个完美的AoIP。通过AES70,AoIP系统能完成网络中的设备发现、媒体流的监测和拆除、设备的配置和操控、系统的监测和管理等AoIP的控制功能。另外,AES70除了支持AoIP外,还能广泛应用于基于以太网的音频设备的监测和管理,包括信号处理(增益、动态、均衡、混音等)、电平监测、频谱分析、快照管理等,甚至还能对设备进行远程复位和升级。

4.3.4 应用展望

当今科技发展的趋势,IP化已经是不可抗拒的潮流,经由物物相联,IT思维已开始渗透到每一个行业,这种跨界发展的结果,对一大批行业将产生颠覆性的影响,甚至推倒重建。IP之所以具备这么大的威力,是因为在其背后隐藏着人类的智慧和无尽的可能,因为通过IP可将万物聚为一体,并连接云计算和大数据,才能发挥出不可想象的功效,IP是开启人工智能时代的一把钥匙。

AoIP的出现为专业音频走向IT扫清了最后的障碍,是融入IT大家庭的入场券,专业音频因此也能共享到IT发展带来的种种福利和变革,下面就AoIP未来在专业音频领域的应用,作一个简要的分析和展望。

(1)随着越来越多的数字音频设备具备AoIP接口和功能,专业音频系统的物理架构和构造方法将发生重大变化。目前已经出现一大批带有Dante接口的数字调音台、功率放大器、有源扬声器系统,甚至是无线传声器,而且发展呈上升趋势,主流媒体矩阵也大多具备了类似的接口;一根超五类或六类电缆可容纳数以百计的原汁原味的低延迟音频通道,如果将这些AoIP设备通过网络交换机连接到一起,便组成了一个海量信号池,每个通道信号均能做到按需调度和分配。由于这种分配是通过IP流在网络中的软路由实现的,并不会占用具体的物理线路,这就省去了以往搭建系统过程中需要架设的大量的模拟和数字电缆(只需要将每个设备用一根网线就近接入交换机即可)。线路复杂度和成本大幅下降;系统规模可以做得更大;拆除、添加或更换设备变得异常容易;能够根据具体的环境特征建立相应的传输拓扑结构,比如舞台和控制室星形接入,再将两者集中互联。另外,现有的AoIP系统都已具备了主备冗余的功能,通过成熟的网络备份技术,就能应对安全性要求苛刻的场合。

(2)系统的整体性和协调性得到强化。随着AoIP标准化时代的来临,每个专业音频系统都将有条件设立统一的网管，经由网络集中完成在线配置、路由、监测、诊断等管理任务；能够通过软件来定义各类应用，以前只能对单一设备进行场景的预设和加载，现在则可以对整个系统进行个性化参数的统一定义和切换，比如一个剧场能通过软件快速在会议、音乐会、演唱会等模式间切换；通过网管，还能调度所有设备协同完成整个系统音频参数的优化，如啸叫抑制等；通过网管，能集中监测监听系统内各设备的实时工作状态，并开启自动报警，实施灾备切换。

(3)迈向更高的智能化。专业音频将遵循从模拟到数字，进而通过网络化最后迈向云化和智能化的发展历程。未来也许真的可以用云来构建音频系统，而传统的音频处理都将是云计算空间内的虚拟物件，只留下 AoIP 来联接传声器和扬声器。

? 思考题

1. 简述 AES42 协议的主要内容。
2. AoIP 技术中包括哪些主要的音频联接协议？
3. AES67 中是否存在设备控制部分？
4. AES70 协议解决的主要问题是什么？

5 数字音频存储技术

5.1 磁带技术

声音的记录主要有三种方式:机械式记录、磁记录和光学记录。广播、电视和音像制作行业对声音信号的记录之前基本都采用磁记录方式,这主要是因为磁记录设备使用非常方便,信号记录之后立即可以重放,对记录信号的编辑比较方便,磁带在消磁后可以反复使用,磁记录的重放质量相对也比较高。随着数字声频技术的发展,相应的声频信号记录媒体也被开发出来,比如CD、CD-R、CD-RW,以及硬磁盘等。本章仅就声音的磁记录中的磁带技术、光盘技术和半导体及磁盘的记录原理和记录设备进行阐述,以了解和掌握数字音频存储技术的发展。由于磁带记录形式已经逐步被光学记录和半导体及磁盘技术所取代,因此在介绍磁带技术时只介绍基本技术原理,以最常用的DAT为例进行说明。

5.1.1 磁记录基础

一、铁磁性物质的磁化特性

作为磁记录的磁性材料是铁磁性物质,而铁磁性材料的磁化特性通常用初始磁化曲线和磁滞回线来表征。

所谓初始磁化曲线,是指未被磁化的磁性材料在磁场强度H的磁场中,磁性物质中的磁感应强度B的对应变化曲线,图5-1-1所示的是磁性材料的初始磁化曲线。

对于通电线圈所产生的磁场强度 H 为：

$$H=\frac{NI}{l}$$

其中 N 为线圈匝数，I 为电流强度，l 为磁路长度。磁场强度的单位在 MKS 单位中为 A/m，录音技术中大多采用奥斯特(Oe)，1Oe = 1000/4π(A/m)。

磁感应强度是指单位面积磁路中的磁通量，即 B = Φ/S，其中 Φ 为磁通量，单位为韦伯(Wb)，磁路的截面积为 S，磁感应强度的单位在 MKS 单位制中为 Wb/m^2，即 T(特斯拉)，在录音技术中也使用单位高斯(G)，$1G=10^{-4}Wb/m^2$。从初始磁化曲线可以看出，初始磁化曲线在原点附近和曲线上，下部呈弯曲形状，而中间的部分近似线性。曲线上，下部呈现的弯曲是由于磁性材料的磁饱和造成的。

磁性材料的磁滞回线是指在对称的交变磁场的作用下，磁场强度 H 与磁感应强度 B 所形成的闭合曲线。图 5-1-2 所示的是磁性材料的磁滞回线。

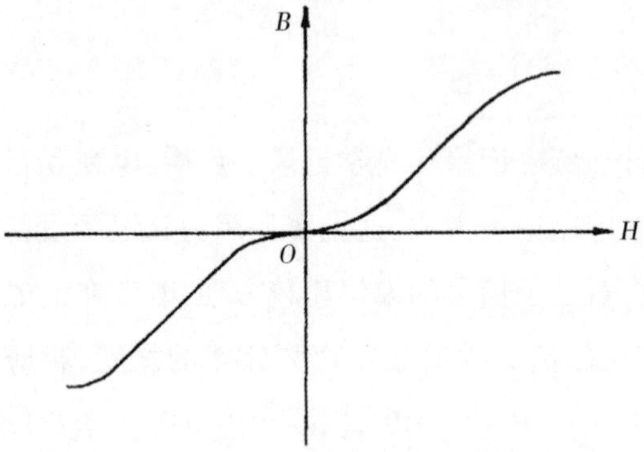

图 5-1-1　初始磁化曲线

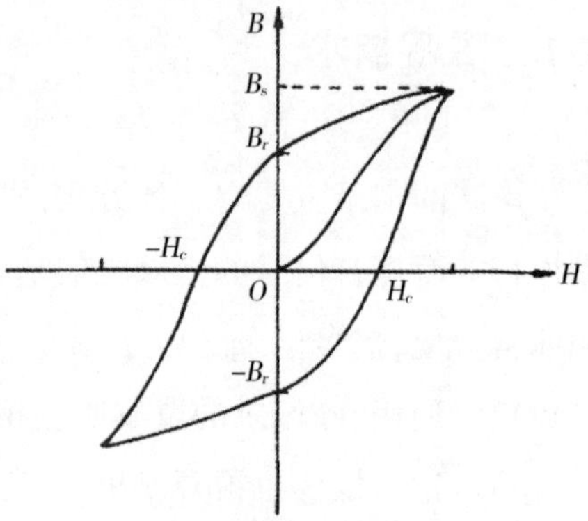

图 5-1-2　磁滞回线

由图可以看出，当 H = 0 时，B = ±|Br|，其中 Br 被称为剩磁感应强度或剩磁。而当 H = ±|Hc|时，B = 0，其中 Hc 被称为矫顽力。剩磁 Br 的大小表征的是磁性材料被磁化后，当外加磁场消除时保持磁能的能力。而矫顽力 Hc 是使被磁化的磁性材料完全消磁所需外加磁场强度的大小，Hc 越大，说明消磁越困难。另外，磁滞回线的形状可用矩形比来表示，矩形比 K = Br/Bs，K 值越大，磁滞回线越接近矩形。一般将 $Hc \geq 10^4Oe$ 的磁性材料称为硬磁性材料，它适合于作磁带等存储媒质的磁性材料，将 Hc ≤ 1Oe 的磁性材料称为软磁性材料，它适合作磁头的磁性材料。

硬磁性材料受到某一强度的磁场作用时，能产生一定大小的磁感应强度，当磁场移去时，会留下对应的剩磁感应强度。磁场强度与剩磁的关系曲线被称为剩磁特性曲线。图 5-1-3 所示的是由初始磁化曲线得到的剩磁特性曲线。

二、超声频消磁与超声频偏磁录音

在磁记录的初期曾采用过无偏磁的直接记录方法。由于信号是工作在剩磁特性曲线的非线性区域,所以失真很大。后来,由于采用了直流偏磁,所以信号的记录质量有了很大改进,但是录音的动态范围很窄,磁带的本底噪声很大。现在的模拟磁带录音机几乎都采用交流超声频偏磁记录方式进行录音。一般在进行模拟录音前,首先要对磁带进行消磁处理。

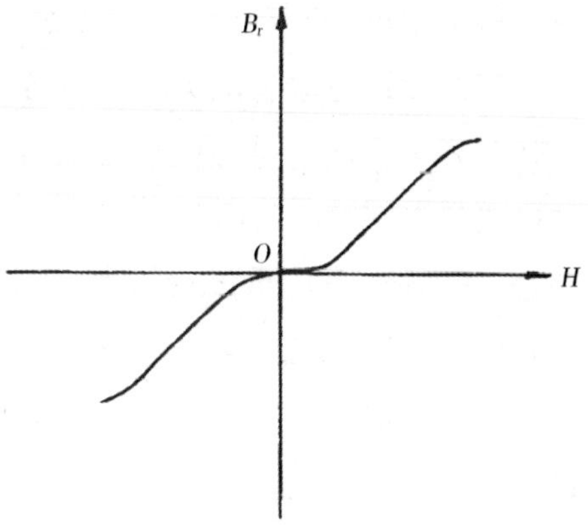

图 5-1-3 由初始磁化曲线得到的剩磁特性曲线

模拟录音机都采用超声频交流信号对磁带进行消磁。该超声频交流信号的频率至少应取为录音信号最高频率的五倍以上。当超声频交流消磁信号加入消磁磁头的线圈上时,会在消磁磁头的磁缝处产生交变的磁场。该磁场的水平分量(沿磁带运动方向)是关于磁缝的中线对称的,并且在中线处最强,两边则逐渐减弱。垂直分量则是在磁头隙缝的几何宽度处最大,隙缝中心和隙缝有效宽度的边缘处强度减为零,并且磁头隙缝两边的垂直磁场强度的方向是相反的。

由于消磁磁头隙缝的缝宽较宽,所以超声频消磁信号产生的交变磁场的水平分量在磁带通过消磁磁头隙缝期间要变化多次,磁带便受到空间分布的水平分量磁场的作用。

当磁带微段到达隙缝中线前,磁场的水平分量是沿走带方向逐渐增强的。由于超声频电流的幅度足够大,所以不论磁带原来有多大的剩磁,都会在水平分量的作用下,被磁化到磁饱和状态,而当磁带微段通过消磁磁头隙缝中线以后,磁场的水平分量逐渐减少,磁带微段便会在这一交变磁场的作用下,由饱和状态变成剩磁为零的情况,完成超声频消磁的全过程。

为了达到良好的消磁效果,对超声频消磁电流有如下要求:首先,消磁电流的幅度要足够大,使得带有任何剩磁的磁带均能被磁化到饱和状态;其次,该信号的频率应足够高,使磁带微段在经过消磁磁头隙缝期间,超声频信号产生的消磁磁场变化次数要足够多;最后,超声频电流的波形要严格对称,使磁滞回线对原点近似对称,最后回到原点,使剩磁变为零。

匀速运动的磁带在经过消磁后,便进入录音磁头磁缝隙产生的外溢磁场,由于录音磁头线圈通过的录音电流为超声频信号电流与记录的声频信号电流之和,所以录音信号是非对称信号,其不对称程度是由声频信号大小决定的。另外,录音磁头的超声频信号的幅度并不是很大，应该使录音最大磁场强度小于磁带的饱和磁场强度。这样当磁带微段通过录音磁头时，便受到由录音电流所产生的不对称外溢磁场的作用，当磁带离开录音磁头时，便会在磁带上留下对应声频信号的剩磁。录音后的磁带离开录音磁头后，便匀速地通过放音磁头，磁带上剩磁场产生的大部分磁力线经放音磁头而闭合，并在放音磁头的线圈上感应出对于剩磁磁通变化量的声频信号，由于放音的微分效应，理想放音输出特性曲线是随频率的增加，每倍频程上升 6dB 的直线。

由于模拟磁带录音机在录音和放音过程中存在各种损耗，而且这些损耗主要产生在高频，所以放音曲线是随频率的提高而逐渐下降的。造成放音曲线高频下降的损耗主要有以下几种：

- 录音过程中的损耗有：录音去磁损失、带厚损失、磁带自去磁损失、磁头的磁滞损失和涡流损失。
- 放音过程中的损耗有：放音磁头的隙缝损失、间隔损失、磁头的磁芯损失和磁头方位角损失。
- 在放音过程中，对于低频信号，其记录波长（声频信号变化一周在磁带上留下的剩磁变化所对应的磁带长度）与磁带和放音磁头的接触长度相当，这样便导致放音曲线的低频段出现起伏，一般被称为低频轮廓效应。

为了保证各个频率的声频记录信号能够以相同的灵敏度被重放出来，就必须采用与实际的放音曲线呈镜像对称的反曲线进行信号处理，即均衡。在实际的应用中，均衡是分成两个阶段进行的，即录音均衡和放音均衡。

录音均衡是在信号记录之前进行的信号处理。该均衡是由标准的磁头重放的记录带磁通来规定的。放音均衡可以保证磁带录音机的输出频响是平直的。另外，许多磁带录音机都可以对高频和低频补偿进行调整，这样便能够针对不同的工作条件、偏磁电流的大小和磁带种类将录音机的频率响应调至最佳。

5.1.2 时间码在磁带录音机中的应用

时间码已被广泛地用在声频节目的后期制作中，以取得各机器间的同步，对磁带进行准确的定位。时间码已被应用到数字录音机的编辑处理、硬磁盘系统和 MIDI 制作等领域。利用时间码可实现各种信号记录设备间的准确同步，方便地进行信号的切换、混合以及配音工作。

一、SMPTE/EBU 时间码

SMPTE 时间码是 1967 年由电影电视工程师协会（Society of Motion Picture Television Engineers）提出的用于对录像机进行电子编辑的一种绝对地址码。记录在录像带上的时间码与视频同步信号具有严格的对应关系。它是以小时、分钟、秒和帧来表示时间的。此外,它还可以表示磁带的运行方向及其他一些用户信息等。

目前,在声频中采用的时间码是纵向时间码(LTC),即时间码磁迹平行于磁带运行的方向。纵向时间码有 SMPTE 和 EBU(欧洲广播联盟)两种,其中 SMPTE 是 NTSC 彩色电视制式中采用的时间码,其帧频为 525Hz,场频为 60Hz,而 EBU 是 PAL 彩色电视制式中采用的时间码,其帧频/场频为 625/50Hz。在声频中大多采用 SMPTE 时间码。还有一种时间码是场逆程时间码(VITC),它不能用于录音机,一般只用在录像机中,以便录像机在作慢动作或暂停时仍然能读出时间码。一般在声、视频和后期制作时,需要录像机和录音机同步联锁,纵向时间码和场逆程时间码同时存在。在此只介绍纵向时间码。

一个完整的 SMPTE/EBU 时间码是由 80 比特构成的,其中时间地址占用 26 比特(帧、秒、分、时的个位各 4 比特,秒和分的十位各 3 比特,帧和时的十位各 2 比特,用户比特 32 个,同步比特 16 个,未分配比特 6 个)。

时间码地址是 8 个信息块组成的,它们依次是帧个位、十位;秒个位、十位;分个位、十位;时个位、十位。在时间码的每个信息块之间插入了由 4 比特构成的 8 组“用户比特”,它们并没有被指定特别的含义,但可以存储用户认为重要的信息,如记录数据、实际时间(年、月、日等)、制作人姓名或其他数据。这些数据可以按照字符编码的 ASC II 或 ISO-7 标准译成文字或数字,每帧时间码可出 4 个字符和 8 个十六进制数字。时间码数据中的第 10 和 11 比特为两个控制比特,其中第 10 比特是由于北美电视制式的差异而设的。在 NTSC 视频标准中,准确的电视帧频为 29. 97Hz,而 SMPTE 时间码的帧频为严格的 30Hz,这样便导致时间码帧的发生器与电视/视频帧以相同速度发生时,最终会产生严重的累积时差,一般运行 1 小时,码地址会缩短 108 帧,即 3. 6s。为此,规定在每分钟时间码失落 2 帧,而每第十分钟不失落。这种补偿方法的时间码被称为失落帧时间码(drop-frame TC)。在 SMPTE 的 LTC 时间码的第 10bit 分配给失落帧指示,向用户表明失落帧补偿正在进行。第 11 比特为彩色帧标志比特,用来表明时间码与视频信号的彩色信号间的相互关系。在时间码的第 64~79bit 为同步字信息组,它以“00”开始,“01”结束,其间为连续 12 个“1”,它可以使时间码读出器判断出时间码字的结尾、磁带的运行方向和精确比较两个时间码的速度和相位。在余下的各比特位未指定含义,称未分配比特,一般为逻辑“0”。

时间码信息不是直接记录到磁带上的,因为这样会产生在不同带速下读出的时间码信息的混乱。实际使用中,SMPTE/EBU 时间码是采用双相调制的方式来记录的,即时间码信息中的逻辑“1”是逻辑“0”的二倍频率,每个比特周期开始点有一个跳变

(表示时钟信号),逻辑"1"时在比特周期正中间增加一次跳变,而逻辑"0"中间无跳变。时间码记录采用双相调制的优点是:第一,时钟信号可以从时间码中分离出来,无需单独的时钟信号。第二,与信号极性无关。第三,无直流分量。对于任意帧频下的时间信号,实际的时间码信号大致在 1~2kHz 变化,处于录音通道平均频率范围的中间。为了不使时间码的方波信号中的高次谐波成分产生串音、失真等副作用,SMPTE/EBU 标准限制了脉冲边缘的上升、下降时间。具体规定如表 5-1-1 所示。

表 5-1-1 SMPTE/E BU 对时间码脉冲的规定

周　期	EBU	SMPTE
周期长度	500±2. 5μs	416. 7±4. 2μs
上升和下降时间	50+15, -10μs	25±5μs
最大过冲、下冲、顶降	峰对峰幅度的 5%	峰对峰幅度的 2%

经过这样限制之后,时间码记录所需要的声频带宽大约为 10kHz。

对于多声道录音机,时间码信息记录在其中的一个声道上,但对于双声道录音机,时间码是记录在专门的时间码声道上的。

通常时间码是采用单独的记录磁头记录,以避免串音。不同厂家生产的可记录时间码的双声道录音机的各磁头排列顺序不同,这样就需要进行一定的误差时间补偿。

另外,时间码的录音电平比标准电平低大约 10dB,以避免出现串音问题。时间码的记录通道不能使用降噪系统,因为这样会使时间码信号产生不同程度的失真。

二、时间码在录音中的应用

时间码在录音中的作用是实现各个记录设备之间的同步运行,以方便编辑、缩混的进行。这一作用的实现是通过同步器来完成的。同步器是一种可以从两台或多台记录设备上读出时间码信息,并且控制从机,使其能够以主机相同的速度运行的设备。同步器是由微处理器来控制的,可由用户进行编程,同步器工作时对来自主、从机的时间码信息进行比较,然后输出控制信息对从机的运行速度进行控制,当主、从机的时间码读出速率完全一样时,表明主、从机间处在锁定状态,完全同步。

利用时间码同步器,可以实现各种记录设备间的步同,如录像机与录音机,录音机与硬磁盘记录设备,录音机与 MIDI 音序器间的同步。特别是在广播剧、电视剧的声音合成时,利用时间码同步器可以对对白、声音效果、背景音乐和画面进行方便的合成处理。

此外,利用时间码的同步功能,还可以扩充记录设备的记录能力。在资金不允许的情况下,可以使用现有的两台 16 声道录音机(每台录音机各有一个声道用来记录时间码)。

5.1.3 PCM磁带录音机

数字磁带录音机可分为旋转磁头方式和固定磁头方式。

旋转磁头方式数字磁带录音机又可分为以录像机作记录器的PCM录音机和用小型盒式磁带的R-DAT。固定磁头方式数字磁带录音机,现在只有开盘式的PCM录音机,小型盒式磁带的S-DAT尚无产品出售。

旋转磁头方式与固定磁头方式PCM录音机的比较如表5-1-2所示。

从表中可见,似乎固定磁头方式较为有利,但对于制作唱片母版则大多用VTR。这是因为广播节目制作和唱片制作的过程不同。

表5-1-2 旋转磁头方式与固定磁头方式PCM磁带录音机的比较

项 目	旋转磁头方式		固定磁头方式	
1. 磁带装带、取出和运输	O	用盒式磁带,因而容易	Δ	几乎与模拟开盘机相同。磁带薄,需特别注意
2. 节目找头	Δ	难找到准确位置(用编辑机则可能)	O	有辅助模拟轨,因而容易
3. 声音开始所需时间(由启动到声音发出)	Δ	由VTR的启动时间决定(通常为几秒)	O	约0.5s
4. 同时监听	Δ	需带有监听放音磁头的VTR(一般VTR不能)	O	可以与模拟机相同
5. 手动编辑	X	不能,需用专用编辑机	O	手动及电子编辑均可
6. 取样频率	Δ	受电视同步频率制约44.056,44.1kHz容易实现,48kHz电路复杂	O	无限制
7. 录音机的组成	O	PCM处理器和VTR两部分(也可和二为一)	O	与模拟机相同
8. 连续录音时间	Δ	U-matic最长为90分钟	O	双声道14英寸带盘可达3小时
9. 多声道的可能性	X	最多为4声道	O	32声道已实用化,48声道也已实用化
10. 机器噪声	Δ	较大	O	两声道与模拟机相同,多声道稍大
11. 在多装磁带自动放音装置上的应用	O	用盒式带,比较容易实现	X	开盘带,并且磁带薄,实现起来非常困难
12. 价格	O	使用现成的VTR,比较便宜	Δ	都是新产品,价格较高

注:其中,O代表优;Δ代表可以;X代表不可。

对于广播电台所用的录音机必须能够：

(1)迅速进行编辑，没有供复制编辑所需的时间不能太长（电子编辑必然要复制）；

(2)对有缺陷的录音（如实况）需修改录制时，应同时能听到重放的声音；

(3)重放节目进行广播时，必须在很短时间内达到稳定状态，从启动到发出声音不能超过几秒钟；

(4)取样频率应按演播室标准取 48kHz，并应在台内统一；

(5)一盘磁带的录音时间应尽可能地长一些。

一、旋转磁头 PCM 磁带录音机

声频信号经数字化后，带宽要在 1MHz 以上，已接近视频信号带宽，仍然使用模拟信号记录方式来记录数字化的声频信号，困难很大。于是，将声频信号转变为伪视频信号，利用磁带录像机（VTR）来进行记录的办法最先被采用了，这就是利用 PCM 处理器和磁带录像机构成的旋转磁头 PCM 录音机。

专业用 PCM 处理器规格如表 5-1-3 所示。

表 5-1-3　一种专业用 PCM 处理器规格

声道数	2
所配 VTR	U-matic 型
取样频率(kHz)	44.1/44.056
量化比特数	16
调制方式	FSK（移频键控）
纠错码方式	交叉字符、交织，CRCC
冗余度(%)	50
最大录音时间(分钟)	75
数码组成	一行(H)内 6 个字
传送速率(Mb/s)	3.5831/3.5795
预加重	50μs、15μs 通/断
非编辑机的编辑	一帧单位
同步功能	需用同步机
外部时钟接口	合成同步 44.1/44.056kHz

二、固定磁头 PCM 磁带录音机

固定磁头 PCM 磁带录音机有 2 声道、16 声道、24 声道、32 声道、48 声道等几种。

所用磁带宽度有 0.635cm(1/4 inch)、1.27cm(1/2 inch)和 2.54cm(1 inch)等几种。由于存在两种格式:PD(Professional Digital)格式(即 A 格式)和 DASH(Digital Audio Stationary Head)格式(即 B 格式),它们各有特点,彼此不能兼容。两种格式的比较如表 5-1-4 所示。

表 5-1-4 PD 及 DASH 格式的比较

<table>
<tr><td colspan="2">项 目</td><td colspan="5">PD</td><td colspan="8">DASH</td></tr>
<tr><td colspan="2">声道数</td><td colspan="2">2</td><td>8</td><td>16</td><td>32</td><td>2</td><td>8</td><td>4</td><td>8</td><td>16</td><td>24</td><td>24</td><td>48</td></tr>
<tr><td colspan="2">带速(cm/s)</td><td>19</td><td>38</td><td colspan="3">76</td><td>19</td><td>76</td><td>19</td><td>38</td><td>76</td><td>76</td><td>38</td><td>76</td></tr>
<tr><td colspan="2">磁迹密度
(轨/英寸)</td><td colspan="2">41</td><td>49</td><td>100</td><td>45</td><td colspan="2">普通 53</td><td colspan="3">双磁迹 106</td><td>普通
58</td><td colspan="2">双磁迹
116</td></tr>
<tr><td rowspan="2">磁迹构成</td><td>声轨数</td><td colspan="2">8</td><td>20</td><td>40</td><td>8</td><td colspan="2">16</td><td colspan="3">24</td><td>48</td><td colspan="2"></td></tr>
<tr><td>辅助声轨</td><td colspan="5">辅助模拟 2,时间码 1,辅助数字 1</td><td colspan="8">辅助模拟 2,时间码 1,辅助数字 1</td></tr>
<tr><td colspan="2">磁带宽度(英寸)</td><td colspan="2">1/4</td><td colspan="2">1/2</td><td>1</td><td colspan="5">1/4</td><td colspan="3">1/2</td></tr>
<tr><td colspan="2">调制方式</td><td>2-4
调制</td><td>MFM</td><td colspan="3">4-6 调制</td><td colspan="8">HDM-1</td></tr>
<tr><td colspan="2">线记录密度
(kbit/英寸)</td><td>40</td><td>20</td><td colspan="3">30</td><td colspan="8">38.4</td></tr>
<tr><td colspan="2">冗余度(包括同步)%</td><td colspan="2">33.3</td><td colspan="3">31.4</td><td colspan="8">33.3</td></tr>
<tr><td colspan="2">取样频率(kHz)</td><td colspan="5">48(44.1)</td><td colspan="8">48(44.1)</td></tr>
<tr><td colspan="2">量化比特数</td><td colspan="5">16</td><td colspan="8">16</td></tr>
<tr><td colspan="2">压扩方式</td><td colspan="5">无(线性)</td><td colspan="8">无(线性)</td></tr>
<tr><td colspan="2">纠错方式</td><td colspan="5">RSC</td><td colspan="8">CIC</td></tr>
</table>

5.1.4 小型盒式数字磁带录音机(DAT)

小型盒式磁带录音机是 1982 年秋被研制出来的;1983 年 6 月 DAT 标准国际座谈会确定了它的功能规格;1984 年发表了 DAT 测试规格;对技术规格,1985 年 7 月国际上也取得了一致的意见;1987 年开始出售旋转磁头方式的 DAT(R-DAT)产品。

DAT 可分为固定磁头方式(S-DAT)和旋转磁头(R-DAT)方式。在此将着重介绍 R-DAT。

5.1.4.1 R-DAT 的规格

R-DAT 的主要参数如表 5-1-5 所示。

表 5-1-5 R-DAT 的主要参数

项目 \ 模式	记录重放模式					重放模式
	标准（48k）	任选 1（32k）	任选 2（32kLP）	任选 3（32k4CH）	正常磁迹（44.1k）	宽磁迹（44.1k）
声道数	2	2	2	4	2	2
量化比特	16(线性)	16(线性)	12(线性)	12(线性)	16(线性)	16(线性)
取样频率	48	32	32	32	44.1	44.1
线记录密度（kbit/英寸）	61.1	61.1	61.1	61.1	61.1	61.1
面记录密度（Mbit/英寸^2）	114	114	114	114	114	76
传送速率（Mbit/s）	2.46	2.46	1.23	2.46	2.46	2.46
子码容量（Mbit/s）	273.1	273.1	136.5	273.1	273.1	273.1
调制方式	8/10 变换					
纠错方式	双重里德-所罗门码					
循迹方式	区域分割 ATF					
带盒尺寸	73×54×10.5mm					
记录时间（min）	120	120	240	120	120	80
磁带种类	金属带					钡铁氧体带
磁带宽度	3.81mm					
磁带厚度	13±1μm					
走带速度	8.15	8.15	4.075	8.15	8.15	12.225
磁迹节距	13.591μm					20.41μm
磁迹倾角	6°22′59.5″					6°23′29.4″
标准磁规格	φ30 包绕角 90°					
磁鼓转速（r/min）	2000	2000	1000	2000	2000	2000
相对速度（m/2）	3.133	3.133	1.587	3.133	3.133	3.133
磁头方位角	±20°					

由表可知，当取样频率为 48kHz 时，取样周期 T＝20.833μs。另外，因为信号是左右两个声道，所以净码传输速率为 4800×2×16＝1.536Mbit/s。如果冗余度为 37.5%（即纠

错码等为信号的 37.5%),再加上同步信号、识别码、字组地址等信息,就要求信号的传输速率提高到 2.46Mbit/s,还要加上子码(sub-codes)传输速率 0.307Mbit/s,所以总的信号传输速率应为 2.77Mbit/s。

5.1.4.2 R-DAT 的磁迹格式

一、R-DAT 磁带上的磁迹排列方式

R-DAT(以下简称 DAT)磁带上的磁迹排列方式如图 5-1-4 所示。整个磁带宽度为 3.81mm,沿磁带长度上下两边各有一条 0.4mm 宽的备用磁迹。磁带中心部分是录音有效宽度,为 2.613mm,上下各有一约 0.2mm 宽的隔离带与备用磁迹相邻。

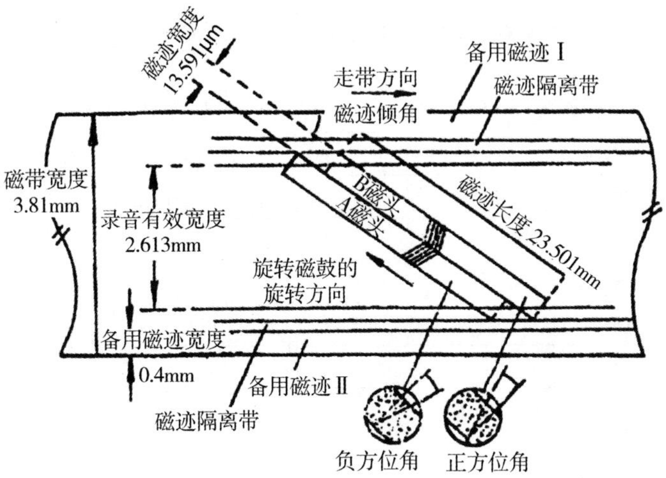

图 5-1-4 R-DAT 磁带上的磁迹排列方式

采用螺旋扫描记录方式,使磁迹与走带方向形成一倾斜角。在标准带速时,磁迹倾角为 6°23′59.5″(宽磁迹方式为 6°23′29.4″)。磁头鼓上有相隔 180°的两个磁头,A 磁头有一个-20°方位角;B 磁头有一个+20°方位角。两磁头形成的磁迹间有 40°方位角偏离,因此,重放时,A 磁头对 B 磁头所录磁迹拾取的信号很微弱,同样,B 磁头对 A 磁头所录磁迹拾取的信号也很微弱。于是省去了两磁迹间的隔离带,提高了磁带的记录密度,并且磁头隙缝宽度约比磁带上的实有磁迹宽度宽 50%。DAT 磁带上的每一条磁迹的排列格式如图 5-1-5 所示,即分为 16 个区段。表 5-1-6 为其说明。

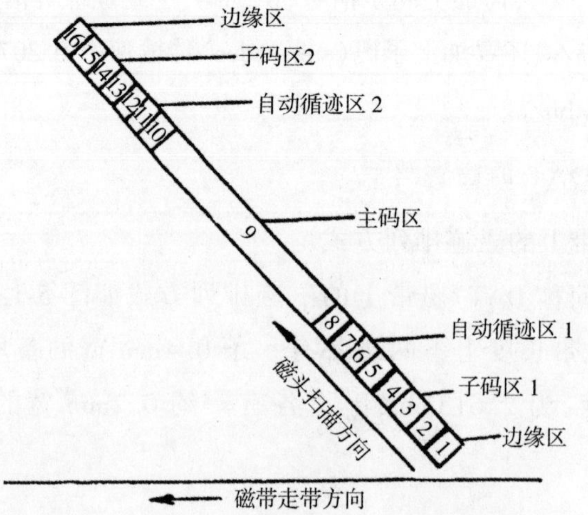

图 5-1-5　DAT 磁带上每一条磁迹的记录排列格式

表 5-1-6　DAT 磁带上每一条磁迹的记录排列格式说明

区段号	区段内容	区域名称	信号	角度	字块数	时间(μs)
1	边缘 1	边缘区	$1/2f_{ch}$	5.051	11	420.9
2	前缓冲 1		$1/2f_{ch}$	0.918	2	76.5
3	子码数据 1	子码区 1		3.673	8	306.1
4	后缓冲 1		$1/2f_{ch}$	0.459	1	38.3
5	间隔 1		$1/6f_{ch}$	1.378	3	114.8
6	自动循迹 1	ATF1		2.296	5	191.3
7	间隔 2		$1/6f_{ch}$	1.378	3	114.8
8	前缓冲 2		$1/2f_{ch}$	0.918	2	76.5
9	主数据			58.776	128	4898.0
10	间隔 3		$1/6f_{ch}$	1.378	3	114.8
11	自动循迹 2	ATF2		2.296	5	191.3
12	间隔 4		$1/6f_{ch}$	1.378	3	114.8
13	前缓冲 3		$1/2f_{ch}$	0.918	2	76.5
14	子码数据 2	子码区 2		3.673	8	306.1
15	后缓冲 2		$1/2f_{ch}$	0.495	1	38.3
16	边缘 2		$1/2f_{ch}$	5.051	11	420.9
总　计				90	196	7500

注:各数值为 φ30,90°包角,2000r/s 时;f_{ch} = 9.408MHz。

二、几个主要区段

(1)主码区段(即 PCM 区段)。记录录制的声频信号编码数据。为了保证数据的可靠性,将它记录在磁带中间部位。它由 128 个字块组成,占整个字块数的 65%。一个字块的数据容量为288比特，所以整个PCM区段有288×128=36,864比特，字组的结构如图5-1-6(a)所示。

(2)自动循迹区段(即ATF区段)。ATF(Automatic Track Finding)区段也是在一条磁迹上下两侧重复记录的，以保证信号的质量。

(3)字码区段(即sub codes区段)。它被用来记录节目的编号、地址、起始识别、跳越识别等信息，可以随时记录和取消，对记录的声频信号无影响。子码重复记录在磁迹两个位置上，以防数据失落。两个子码区段共有16个字块，一个字块的数据容量也是288比特，所以一条磁迹中子码区段的总数据容量为288×16=4608比特。其中子码数据加奇偶校验的数据容量为256×16=4096比特。它的结构如图5-1-6(b)所示。

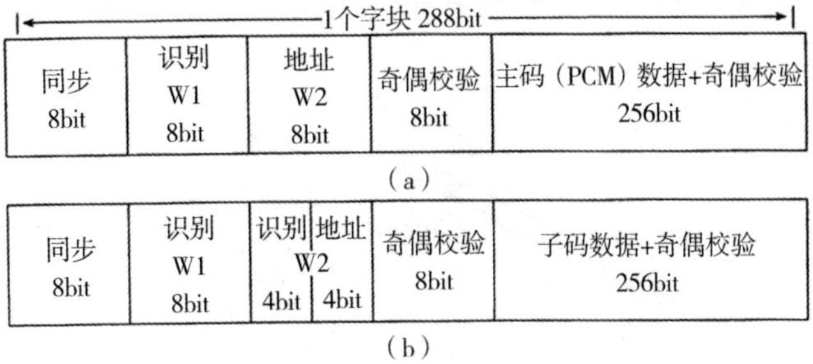

图5-1-6　一个字块的结构

注：(a)PCM区段；(b)子码区段。

(4)间隔区段(即IBG区段)IBG(字组间隔)。它是为了防止主码区段数据与其他区段数据产生干扰而设的间隔。

(5)边缘区段(即Margin区段)。它是为了使磁带与磁头稳定接触而设的区段。

(6)前缓步及后缓步区段(即Pre Amble和Post Amble区段)。在引入锁相环(PLL)由用户进行子码的后期记录时，前缓步可进入原IBG区段，后缓步则使原来数据消得干净。

5.1.4.3　DAT的磁带盒和走带机构

一、DAT磁带盒

DAT磁带盒的外形如图5-1-7所示。带盒的尺寸为73mm×54mm×10.5mm，普通盒式磁带的磁带盒尺寸为102mm×63.8mm×12mm，即前者的面积为后者的61%，前者的体积为后者的53%。

为了防止灰尘和人的手指污染磁带，DAT磁带盒采取了如下结构：在带盒下部有一块滑板，滑板由两个滑板锁锁定，平时它将供带轮轴孔和收带轮轴孔遮住，防止灰尘进入。磁带盒上与滑板相垂直的长边是一个可翻转的护盖,滑板与护盖将磁带封在磁带盒内,不使磁带与外界接触。为了防止磁带松散,在供带轮和收带轮上各有一个制动装置。滑板没有被打开时,滑板也锁住了护盖,只有当护盖被打开后,两个带轮的制动才能被解除。当将磁带放入 DAT 的磁带仓中以后,便会自动将滑板锁打开,使滑板滑动,护盖翻转,使磁带能被穿带机构拉出,并同时解除带轮的制动。

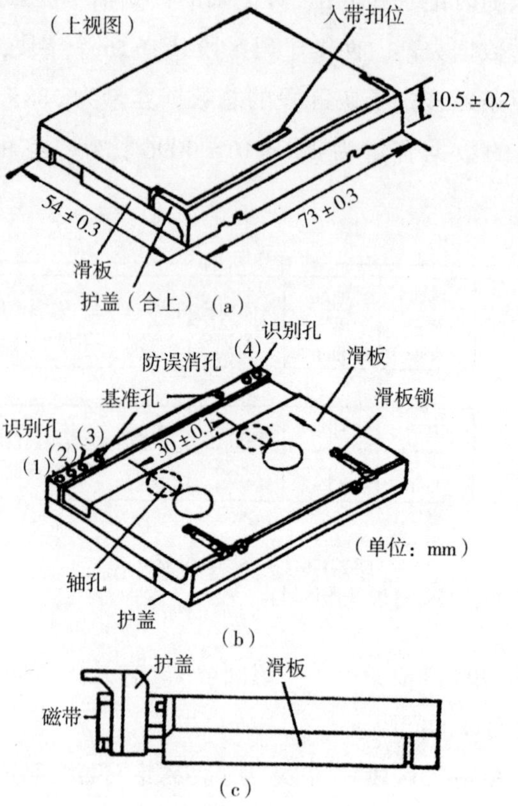

图 5-1-7　DAT 磁带盒的外形

注:(a)顶视图;(b)底视图;(c)侧视图(护盖打开时)。

在与护盖相对的另一个长边,有一排小孔,其中有四个识别孔、一个可开闭的防误消孔和两个基准孔,如图 5-1-7(b)所示。识别孔中有与磁带盒只有两点相连的塑料片。将捅掉塑料片的状态作为"1",未捅掉塑料片的状态作为"0",则识别孔的意义如表 5-1-7 所示。

与防误消孔同一位置的磁带盒另一厚度边上有一防误消片(与普通盒式录音带防误消片的位置相似),它是一个可推拉的活动片。当这一活动片被推开时,防误消孔也呈现被打开的状态,反之亦然。防误消片可用手指推拉。

表 5-1-7 识别孔的意义

识别孔				意义
1	2	3	4	
0	0	0		13μm 厚的金属磁带
0	1	0		10μm 厚的金属磁带
0	0	1		宽磁迹 13μm 厚的钡-铁氧体磁带
0	1	1		宽磁迹 10μm 厚的钡-铁氧体磁带
1	x	x		备用
			1	有声磁带
			0	空白磁带

基准孔是用来使磁带在磁带仓中准确定位的。图 5-1-8 所示为磁带走带情况。另外,在 DAT 磁带仓内位于供带和收带部分的磁带外侧,分别有一红外线光源和一接受传感器,用来检测磁带的首尾两端。磁带盒两侧各有一棱镜,当磁带首尾两端的透明引带通过光路时,射入棱镜的红外线就被反射回来。而当磁带通过光路时,由于磁带透光性能很弱,红外线反射也很弱,所以可以根据被反射光的强弱来控制带尾处磁带张力的变化。

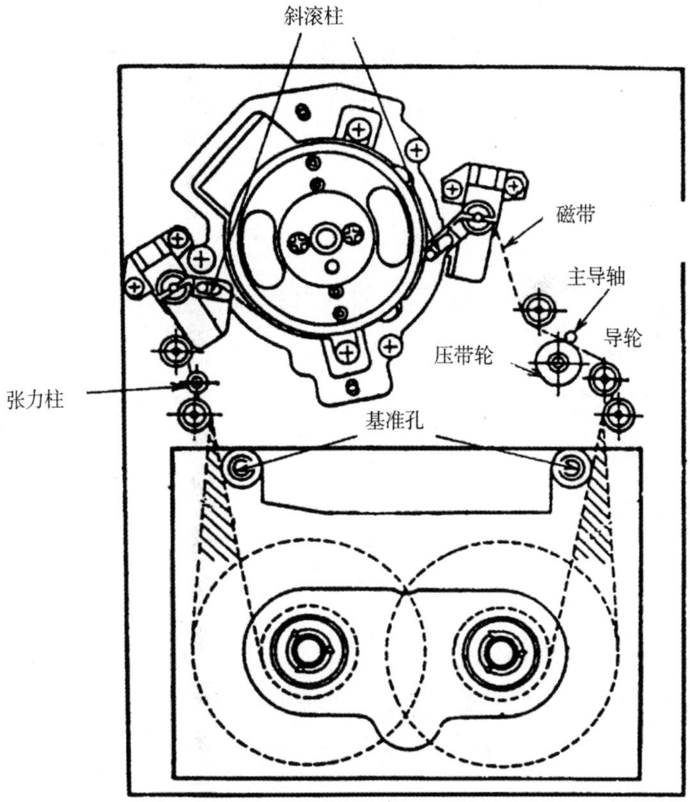

图 5-1-8 DAT 磁带走带情况

二、预录带

DAT 的预录带是指录好节目的商品有声磁带。它有两种形式：一种是用金属带按标准模式录制的；另一种是用钡-铁氧体按宽磁迹录制的。后一种是用高速复制系统采用接触复制技术生产的。它是将母带与复制带磁粉相接触，同时通过一个复制磁场和偏磁磁场。为了在复制时不会使母带磁化而使原有信号退磁，要求母带的矫顽力应为复制带的三倍以上。所以 Hc = 1500Oe 的 DAT 磁带不能被用作复制带，并且母带的 Hc 要达到 2000Oe。因此，人们研制出了一种在高声频段具有高输出特性的 He = 620Oe 的低矫顽力钡-铁氧体磁带作为复制带（1Oe = 79.5775A/m）。

由于钡-铁氧体磁带在 0.665μm 的最小记录波长时的输出要比 DAT 金属带低 3.5dB，需将磁迹加宽 1.5 倍，即为 13.591μm×1.5≈20.4μm。宽磁迹方式所增加的 50%磁迹宽度恰好提高了 3.5dB 的输出，使彼此补偿。

但在加宽 50%磁迹后，为了使磁鼓的扫描能和它吻合，带速也要相应提高 50%，即成为 8.15mm/s×1.5 = 12.225mm/s，磁迹长度为 23.471mm。录音的时间被缩短了 1/3 左右，磁迹宽度的识别、带速的转换，都由识别孔判断后完成。

三、DAT 磁带

DAT 磁带为金属带，Hc = 1500Oe，它的频率特性高频响应到 70kHz 以上。并且记录密度也很高，线记录密度为每英寸 61.1kb，面记录密度为每平方英寸 114Mb。每 1 比特占 0.665μm 的长度。磁性层的厚度约为 3μm，磁带厚度现在还没有正式产品。目前出售的 46、60、90 和 120minDAT 磁带都是厚度为 13μm 的，只是长度不同而已。

四、DAT 的走带机构

1.磁鼓转速

DAT 的磁鼓转速规定为 2000r/min，即每秒转速为 2000/60 = 33.333r/s。磁鼓每转一周扫描出两条磁迹，因此每秒扫描 2×33.333 = 66.667 条磁迹。磁头隙缝宽度比磁带上实有的磁迹要宽 50%，即 A 磁头记录的磁迹要被随后的 B 磁头所记录的磁迹取代 1/3。这对自动循迹（ATF）也是有利的，如图 5-1-9 所示。每条磁迹的 PCM 上主码区数据为 3686bit，子码区数据为 4608bit，传输速率为（36,864+4608）×66.667 = 2.77Mb/s。

2.磁带走带速度

在标准模式下，每条磁迹与磁带走带方向成 6°22′59.5″的倾角。已知磁鼓每秒钟扫描 66.667 条磁迹，所以可求得每秒钟内磁带走过的长度为：

$$122.24\times66.667 = 8.15\text{mm}$$

即，DAT 在标准磁迹方式下的带速为 8.15mm/s。

DAT 磁鼓旋转一周时，首先 A 磁头与磁带接触 90°，空下 90°不接触，然后 B 磁头与磁带接触 90°，再空下 90°不接触，所以信号是每隔 90°被记录（或重放）一次的。即磁鼓旋转一周将有半周时间信号是中断的。

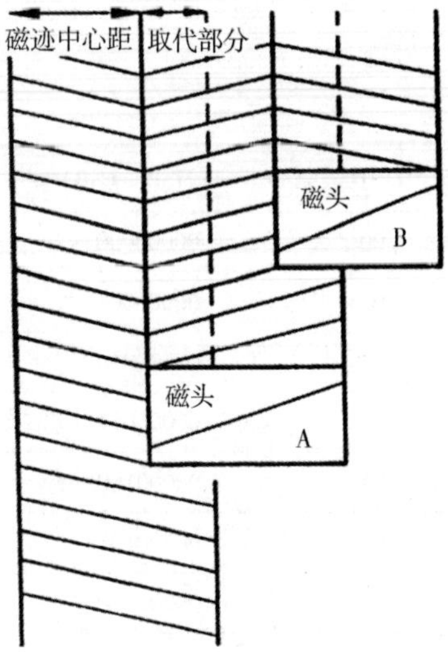

图 5-1-9 两磁头形成磁迹的情况

磁鼓转速为 2000r/min，所以磁鼓旋转一周所需时间为 60/2000＝30ms。任何一个磁头扫描一条磁迹所需时间为 30/4＝7.5ms。对于 PCM 区段的记录时间则只有 7.5×58.776°/90°＝4.9ms。A、B 两个磁头记录 PCM 的时间则为 2×4.9＝9.8ms。这说明，记录时应将 30ms 内的数据在时间上压缩到 9.8ms，即压缩到约 1/3。这就需要在 DAT 中使用缓冲存储器对数字信号进行处理。在磁带上所记录的信号的传输速率也要增快约三倍，即约为 2.46Mb/s×3＝7.5Mb/s。

当然，重放时应进行与记录时相反的变换，即由磁带上读出数据时为 7.5Mb/s，送入缓冲存储器中，然后取出经时间扩张还原为 30ms 内的连续数据，传输速率也变为原来的 2.46Mb/s。

5.1.4.4 8/10 变换

为了减小记录信号的波长，并消除直流分量等原因，应将 8bit 的信号转换为 10bit 的信号。要求转换后的 10bit 信号最多只能有 3 个连续的“0”，即最大波长与最小波长之比最高为 4∶1。8 bit 信号共有 256 种，而 10bit 信号共有 1024 种，1024 种信号中满足最多只有 3 个“0”的条件的信号要多于 256 个。这种变换是由微处理器自动完成的，变换的参数如表 5-1-8 所示。

表 5-1-8 8/10 变换的参数

Tmin	Tmax	Tmax/Tmin	Tw	λmin	λmax	直流成分
0.8T	3.2T	4	0.8T	0.63	2.54	无

8/10 变换表的一部分如表 5-1-9 所示。

表 5-1-9　8/10 变换表的一部分

		Q′=-1			Q′=1		
	8bit	16bit			16bit		
16 进制	(MSB—LSB)	(MSB—LSB)	DC	Q	(MSB—LSB)	DC	Q
00	00000000	0101010101	0	1	0101010101	0	-1
01	00000001	0101010111	0	-1	0101010100	0	1
02	00000010	0101011101	0	-1	0101011101	0	1
03	00000011	0101011111	0	1	0101011111	0	-1
04	00000100	0101001001	0	-1	0101001001	0	1
05	00000101	0101001011	0	1	0101001011	0	-1
06	00000110	0101001110	0	1	0101001110	0	-1
07	00000111	0101011010	0	1	0101011010	0	-1
08	00001000	0101110101	0	-1	0101110101	0	1
09	00001001	0101110111	0	1	0101110111	0	-1
0A	00001010	0101111101	0	1	0101111101	0	-1
0B	00001011	0101111111	0	-1	0101111111	0	1
0C	00001100	0101101001	0	1	0101101001	0	-1
0D	00001101	0101101011	0	-1	0101101011	0	1
0E	00001110	0101101110	0	-1	0101101110	0	1
0F	00001111	0101111010	0	-1	0101111010	0	1

注：Q′为前一码的 DC 信息；Q 为编码后的 DC 信息。

5.1.4.5　无消磁头的直接重写

在模拟录音时，记录的声频信号频率范围是 20Hz~20kHz，即最大波长与最小波长之比为 1000:1。在磁性记录时，波长较长的信号（频率低的信号）在磁带的磁性涂层中记录的深度要深于波长较短的信号（频率高的信号），因此记录深度也要相差 1000 倍。所以在已录磁带上记录新的信号时，高频信号掩盖不了低频信号，因此必须先消磁后再录上新的信号。而数字信号经过 8/10 变换后，最长波长与最短波长只相差四倍，可以近似看成在同一磁性层深度上的浅层记录。因此，新的信号完全可以掩盖原记录的信号，实现无消磁头的重写。

5.1.4.6　DAT 的子码

DAT 的子码有两种。一种是在 PCM 区段内，记录有一些基本参数；另一种是在子码区段内，记录有使用中的控制码。下面分别进行介绍。

PCM 区段已在之前介绍过，位于一行磁迹中间部位，共有 128 个字块，每一字块共有 288bit。图中的识别码（简称 ID 码）W1 为 8bit。为了与子码区段中可由用户改写的识别码“子 ID”相区别，可称它为“主 ID”。

主 ID 如图 5-1-10 所示，是由 8 个字块形成一个子帧，由 ID 码、帧地址、工作码组成。一条磁迹中共有 16 个子帧，重复记录。

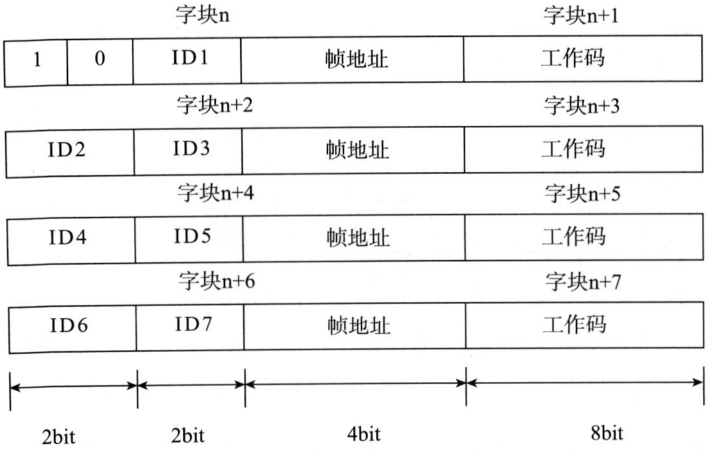

图 5-1-10　PCM 区段识别码 W1（主 ID）的组成

注：n = 8、6、24、32、40、48、56、64、72、80、88、96、104、112、120

主 ID 共有 7 种，各有 2bit，内容为：

ID1：有无预加重；　ID2：取样频率；

ID3：声道数；　ID4：量化比特数；

ID5：磁迹节距；　ID6：复制禁止码；

ID7：数据包。

DAT 子码区段的子码信号包括：节目编号、每段节目的时间长度、已重放时间、剩余时间，以及起始识别和跳越识别等综合信息。这些信息大多可以在 DAT 的显示屏上显示。

DAT 的子码信号容量为 273kb/s，这一数值约为激光唱片（CD）上子码容量的 4.6 倍。子码区段重复位于磁迹的两端，以防止信号的失落。子码区段的信号可以由用户自行改写而不影响 PCM 信号。子码字组结构中，在 256bit 的数据区可以记录需要大容量的图形数据信号，对于曲目号和时间码等仅需有限数据容量的信号，就可记录在 12bit 子码识别码（子码 ID）区内。另外，还记录有控制识别码（即控制 ID）。控制 ID 的名称和功能如表 5-1-10 所示。

表 5-1-10 子码 ID 中的控制 ID 的名称和功能

名称	功能
TOC—ID	表示 TOC(节目目录)的有无
跳越 ID	为了快进至下一个起始 ID 处
起始 ID	乐曲的起始或乐曲划分点
优先 ID	乐曲号有无后期录音

5.1.5 串行复制管理系统

一、什么是 SCMS?

SCMS 是英文 Serial Copy Management System 的缩写,是串行复制管理系统。这是非专业 DAT 等数字录音设备必须具有的一种功能。

由于数字录音设备所记录和重放的声音质量非常高,因此,将已录好节目的商品数字录音制品经数字设备进行数字复制后,所复制的录音质量几乎与原录音丝毫不差,这就使商品录音制品的版权受到了侵犯。因此,日本索尼等公司在 1986 年 7 月召开了 DAT 座谈会,决定非专业 DAT 所设的采样频率只有 48kHz 和 32kHz,而不设 44.1kHz 这一频率,使不能用 DAT 以数字方式直接复制激光唱片(CD)上的节目,以保护激光唱片的版权。这种限制复制的方式,可被称为座谈会方式或旧方式。

但是,旧方式使 R-DAT 投放市场后,销路很少。因此,日本索尼等公司在 1989 年 7 月又召开了会议,共同制定了新的复制限制方式,即 SCMS 方式,也称新方式。

利用具有 SCMS 功能的 DAT,可对 CD 以及按照 SCMS 生产的、加有禁止复制码的数字节目磁带,或者用户用模拟方式自行录制的数字磁带等进行一代的数字复制。

所谓串行复制,是指对一个数字信号源(CD 或数字磁带)进行第一代复制后,再用第一代复制带复制出第二代,然后一代一代相继复制,即由母带→子带→“孙带”……

与串行复制相对应的是并行复制。它有两种方法:一种方法是由一个 DAT 母机(信号源)同时对许多并联的 DAT 子机进行复制,并得到许多子带;另一种方法是先由 DAT 母机复制出一盒子带,再由 DAT 母机复制出另一盒子带,这样反复进行,可复制出许多子带。

二、R-DAT 磁迹中主 ID 的 ID6

在 R-DAT 磁带上所记录的一行磁迹中,PCM 数据区的每个字块 288bit 内有 8bit 识别码 W1,也称主 ID,在前面已讲述过,其中禁止码 ID6 的意义如表 5-1-11 所示。

表 5-1-11　ID6 的意义

ID6	旧方式	新方式
0	可复制	可复制
10	禁止复制	禁止复制
11	未定	只可复制一次
1	未定	未定

从表中可以看出，对于旧方式，只需判断第一位码就可知道是否允许复制，而对于新方式，即具有 SCMS 功能的 DAT，则需判断两位码才可知道是否允许复制及允许复制的次数。

三、数字输出接口

CD 唱机、卫星广播调谐器、PCM 处理器、DAT 等数字声频设备，大多装有数字输出接口。根据 IEC958 号文件，接口的信号格式如图 5-1-11 所示。

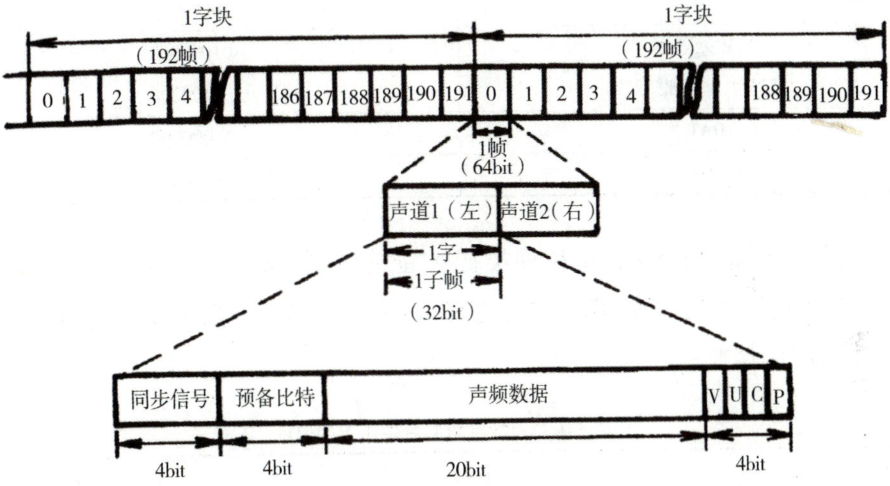

图 5-1-11　数字输出接口信号格式

数字输出 1 个字块共有 192 个帧，有 12,288bit。一个子帧由 4 个 bit 同步信号、4 个 bit 预备比特、20bit 声频数据和 V、U、C、P 等 4 个控制信号组成。

V：Validity（正确性）数据——正常为 0，否则为 1；

U：User's bit（用户比特）——图像信息等；

C：Channel Status（声道状态）——有无预加重、复制禁止比特等；

P：Parity（奇偶位）。

其中声道状态信息 C 的格式如图 5-1-12 所示。

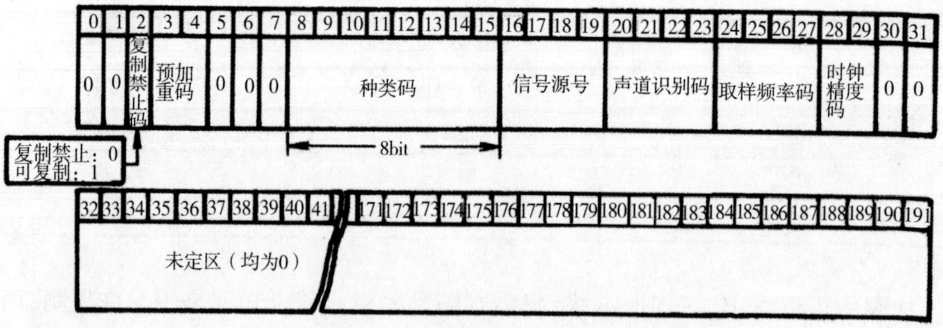

图 5-1-12　声道状态信息 C 的格式

C 信号中的种类码(Category Code)如表 5-1-12 所示。

表 5-1-12　C 信号中的种类码

种类名称	种类码
通　　用	00000000
CD	10000000
PCM 处理器	01000000
卫星广播调谐器	00100000
DAT	11000000
DAT—P	11000001

新方式需判断禁止码 ID6 和种类码才能定出能否复制一次。表 5-1-12 中的 DAT—P 为无论有无禁止码，都能进行复制，表 5-1-13 显示了数字复制后，磁带上的复制禁止码 ID6 的情况。

表 5-1-13　数字复制后磁带上的 ID6

信号源 DAT 磁带上的复制禁止码 ID6	DAT 数字输出		数字复制后的磁带上的禁止码 ID6
	种类码	复制禁止码	
0	DAT(11000000)	1(可复制)	0
10	DAT(11000000)	0(禁止复制)	禁止复制
11	DAT—P(11000001)	0(禁止复制)	10

四、SCMS 的处理过程

首先，信号源的 ID6 为“00”时(即重放复制禁止码为准许复制的磁带时)，根据数字输出的种类码为 DAT(11000000)，复制禁止码为“1”(准许复制)。于是，由于这是“由 DAT 输出的准许复制码”，所以无论是旧方式 DAT，或新方式 DAT，都能进行数字复制，在复制的磁带主 ID 的复制禁止码 ID6 的位置上就记录上准许复制的码“00”。

因此，可反复进行数字复制。

其次，信号源的ID6为“10”时（即重放复制禁止为禁止复制的磁带时），数字输出的种类码为DAT(11000000)，复制禁止码为“0”（禁止复制）。于是，无论是旧方式DAT或新方式DAT都不能进行数字复制。

最后，信号源的ID6为“11”时（即重放复制禁止码为只可复制一次的磁带时），数字输出的种类码为DAT—P(11000001)，复制禁止码为“0”（禁止复制）。于是旧方式DAT就不能进行数字复制，但新方式DAT，因为种类码为DAT—P，所以可无视复制禁止码而进行数字复制，在复制的磁带主ID的复制禁止码ID6的位置上就记录上禁止复制的码“10”。因此，就不能再进行数字复制了。这就是SCMS只能复制一代的原理。

对输入的数字信号，首先要检验它的种类码是“种类不明”，还是“通用”。由于今后还可能设定新的种类码，所以，应有种类不明的种类码。如果是“种类不明”，就许可进行一次数字复制，在复制后的磁带ID6的位置上记录上“10”（禁止复制），以禁止第二代以后的条件下进行数字复制。在重放第一代复制带时，数字输出的种类码就变为DAT—P(11000001)，复制禁止码变为“0”（禁止复制），但种类码为DAT—P时，可以无视复制禁止码，因此可以进行第二代数字复制。但第二代复制的磁带，在ID6的位置上记录上“10”（禁止复制），因此，在进行第三代复制时，数字输出的种类码就要变为DAT(11000000)，复制禁止码变为“0”，无法再进行第三代以后的复制。

当输入的数字信号既不是“种类不明”，也不是“通用”时，如果复制禁止码为1（准许复制），则可进行复制，在复制带的ID6位置记录上“00”，可以进行许多代复制。

如果复制禁止码为“0”（禁止复制），则需判断种类码是否是准许复制的种类码。如果是禁止复制的，则不能进行复制。如果是准许复制的种类码，例如“BS”或“DAT—P”等，则可进行数字复制，在复制后的磁带ID6位置记录上“10”（禁止复制）。如果将这个第一代复制磁带再进行数字复制，种类码就成为DAT(11000000)，磁带上就有了复制禁止码。这种种类码由DAT—P变为DAT磁带后，就不能再进行第二代数字复制了。

5.1.6 ADAT

ADAT是美国的Alesis公司出品的8声道的数字录音机。它使用S-VHS盒式录像带作为记录媒体，采用16比特量化，48kHz取样频率；它可利用面板上的音调控制钮使取样频率在40.4~50.8kHz间变化，这相当于音调有-3至+1半音的变化，其A/D变换是以64倍过取样进行的。

ADAT 的前面板上有走带控制、磁迹选择按钮、自动定位开关,以及 8 条 LED 柱式电平表。此外,还有监听、格式化、音调和数字录音开关等。

ADAT 的后面板上有 1/4 英寸的不平衡输入输出插孔各 8 个,另有两个 1/4 英寸插孔供接入走带遥控和(或)定位(放音)踏板、插录入(出)脚踏开关之用,一个+4dBu 平衡输入/输出的 56 针 ELCO 接口,三个 9 针 D 形接口用于外接同步入(出)和仪表板,两个光缆输入/输出端口是用来同步传送全部 8 个声道的数字声频信号的,利用这种连接方式可以将 ADAT 与一个数字设备连接在一起(如 A1-S/PDIF、A2-AES/EBU 数字接口、DIGIDESIGN Pro Tools 接口、ALESIS QUADRASYNTH 合成器,或 QUADRAVERBII 型数字效果器),或者将一台 ADAT 直接连接至另一台 ADAT 上,进行数字域复制。

ADAT 的遥控功能可通过 LRC(小型遥控器)和 BRC(大型遥控器)来实现。LRC 装在每一台 ADAT 上,它把所有设备前面板上的走带功能集中在一个手掌大小的遥控器上。BRC 遥控可以控制多达 16 台 ADAT 同时工作,构成 128 个声道的多声道录音机,利用 BRC 可以进行所有功能的遥控,如数字编辑、扩展性能的自动定位等。同步在一起的 ADAT 可以在数字域内将数据从一个声道跳跃复制到另一声道上(也允许将声道的位置进行偏移),比如可以利用偏移功能将一首歌曲中的前奏部分复制到该歌曲的结尾处。

ADAT 采用 S-VHS 盒式录像带,该格式的走带速度为 3.75 英寸/秒,比标准 VHS 的放像速度快 3 倍。一盘在录像机中提供两个小时标准记录时间的 T-120 磁带,在 ADAT 机中将能记录 40 分钟的多声道声频数据。磁带可预先进行格式化,也可以在录音的同时进行格式化。在格式化过程中,ADAT 先记录 15 秒引带、2 分钟数据,然后记录时间码(从 00:05 开始),直至磁带走完。

磁带由磁鼓进行螺旋扫描,磁带包角为 180°。磁带绕带需要一定的时间,因而启动有一定的延时。为了消除延时,可使用磁头耦合状态,即当磁带停止走带时,磁带仍与磁头接触。这样可以较快地由停止状态进入录放状态,并可在提示和预演功能时进行监听。ADAT 在走带时,按一次“停止”键,磁头保持耦合状态;按两次“停止”键,磁带才与磁头脱离耦合,这时才可以进行倒带和快进操作。

各种螺旋扫描记录格式都要求有一种方法令带速与磁头的旋转协调,以使磁头始终依循磁带上的磁迹。此即谓“循迹”。除了 8mm 格式之外,大多数磁带录像机和盒式录像机采用一种纵向控制磁迹,这是一个脉冲式的模拟信号,用一个独立的静止控制磁头写在磁带的一条边缘磁迹上,该静止控制磁头在磁带路径上与旋转磁头有一段短距离。此控制磁迹信号用来保持旋转磁头与磁带的完全校准。

ADAT 的工作流程是:模拟信号以平衡+4dBu 或不平衡-10dBV 输入,经过 Σ-Δ16 比特,64 倍过取样 A/D 变换器(8 个声道,每个声道各有一个 A/D 变换器)后成为数字信号,然后送入一个存贮缓冲器。缓冲器具有数据交叉存取的功能,对相继的取样值进行交织。每一声道是独立存储的,对多轨数据流采用较新的编/解码技术,保证未被录音的声道数据不被改变。

ADAT 的磁鼓类似于专业的 DAT 的磁鼓。它有四个磁头,两个读磁头,两个写磁头。这些磁头以 90°的间隔安装在磁鼓上。ADAT 的读磁头先于写磁头,使输入信号先进入缓冲存储器内。数字叠变器可使已记录的数据淡出,新数据淡入。

放音时,磁头拾取的信号先通过解码器,进行反交织,再经过误码校正后送入另一缓冲器中,当同步后,送至一台 Burv Brown 1700 18 比特线性 D/A 变换器,进行各声道的数模变换后输出模拟信号。

思考题

1. 简述模拟磁性放音的工作原理。
2. 简述超声频消磁的工作原理。
3. DAT 中采用 8-10 调制的意义是什么?
4. 简述 ADAT 的工作流程。

5.2 光盘技术

光盘存储技术是 20 世纪 70 年代的重大科技发明,在 20 世纪 80 年代被用于科技产品,并在 20 世纪 90 年代得到了广泛的应用。现在,光盘已经发展成为一系列产品,包括通过对反射光的分析读写数据的 CD 系列、VCD、DVD 和蓝光盘等系列,以及其他类型的光盘。

CD 系列中 CD-ROM 是应用最为广泛的光盘存储器,相比于早期磁盘来说,以其存储容量大、工作稳定、密度高、寿命长、介质可靠、便于携带、价格低等优点,成为多媒体系统普遍使用的设备。CD-ROM 是 Compact Disk-Read Only Memory(只读压缩光盘存储器)的缩写,所以又称光盘只读存储器,它由光盘驱动器和光盘组成。通常情况下为了简化,人们在不同场合使用 CD-ROM 这个词有不同的含义,有时是指光盘驱动器和光盘,有时是指其中的一个,一般书上也不加区别。

VCD(Video CD)一般被称为视频光盘,它是一种采用 CD-ROM 来记录数字视频数据的光盘。

DVD(Digital Versatile Disc),顾名思义,是一类多功能通用型存储介质,是存储容量比 CD 更大的光盘。

上述光盘全部采用红色激光来进行读取,其中 CD 系列采用 780nm 激光读取,DVD 系列采用 650nm 激光读取。随着数据容量急剧增加的需求,在 21 世纪初出现了以 405nm 蓝色激光进行读取的光盘,由于激光波束直径更小,可以在相同 12cm 直径的片面上记录更多的数据容量,因此成为新一代光盘记录的主要载体,用于高清晰度视频记录和次世代游戏机的标配。其容量可达 25GB(单面单层)~100GB(双面双层),相比于 CD 数据容量 700MB、DVD 容量 4.7GB(单面单层)~17GB(双面双层)来说,存储容量产生了飞跃。

这一节主要通过对反射光的分析读写数据的 CD 系列,对光盘技术进行阐述,其他类型的光盘技术主要是在激光束以及存储介质上的更新,其基本原理是一致的,因此不再赘述。虽然光盘已经不再是当前存储介质的主流,但是对其原理和技术进行介绍仍然可以见证数字音频技术发展中存储技术的里程碑。

5.2.1 光盘的发展历史

光存储技术的研究从 20 世纪 70 年代开始。人们发现通过对激光聚焦后,可获得直径为 1 微米的激光束。根据这个事实,荷兰 Philips 公司的研究人员开始研究用激光束来记录信息。1972 年 9 月 5 日,该公司向新闻界展示了可以长时间播放电视节目的光盘系统,这个系统被正式命名为 LV(Laser Vision)光盘系统(又称激光视盘系统),并于 1978 年投放市场。这个产品对世界产生了深远的影响,从此拉开了利用激光来记录信息的革命。

大约从 1978 年开始,声音信号被变成用“1”和“0”表示的二进制数字,然后被记录到以塑料为基片的金属圆盘上,历时 4 年,Philips 公司和 Sony 公司终于在 1982 年成功地把这种记录有数字声音的盘推向了市场。由于这种塑料金属圆盘很小巧,所以用了英文 Compact Disc 来命名,而且人们还为这种盘制定了标准(1980 年),这就是世界闻名的“红皮书(Red Book)标准”,后来成为 ICE 908 标准。这种盘又被称为 CD-DA(Compact Disc-Digital Audio)盘,它的中文名字就是我们现在叫的“数字激光唱盘”,简称 CD 盘。当然,这种 CD 盘和现在所称的 CD 盘在记录格式和信息上还有所区别。

由于 CD-DA 能够记录数字信息,很自然就会想到把它用作计算机的存储设备。1985 年 Philips 公司和 SONY 公司开始将 CD-DA 技术用于计算机的外围存储设备,于是就出现了 CD-ROM，并推出了相应的物理格式标准，被称为黄皮书(Yellow Book)，并成为 ISO/IEC 10149 标准。

在用于计算机的存储器时，为了便于推广 CD-ROM 技术的应用，一些工业巨头聚会在美国加州 Lake Tahoe 的 High Sierra Hotel & Casino，联合制定了一套叫作 High Sierra 的统一标准。这个标准中定义了光盘上的文件存储结构标准等。Microsoft 公司还为此开发了 Microsoft Compact Disk Extension(即 MSCDEX)软件，通过这个驱动程序，可以在 DOS 环境下用 DOS 命令访问 CD-ROM。

High Sierra 标准很快被国际标准化组织(ISO)选定，ISO 在此基础上经过少量修改，1987 年将其作为 ISO 9660，成为 CD-ROM 的数据格式编码标准。ISO 9660 和 1993 年提出、并于 1995 年成为 ISO 13490 的"信息技术——信息交换用只读和可写一次光盘介质的盘卷和文件结构(Information technology-Volume and file structure of read-only and write-once compact disk media for information interchange)"是各种 CD 光盘的重要逻辑标准(见图 5-2-1)。

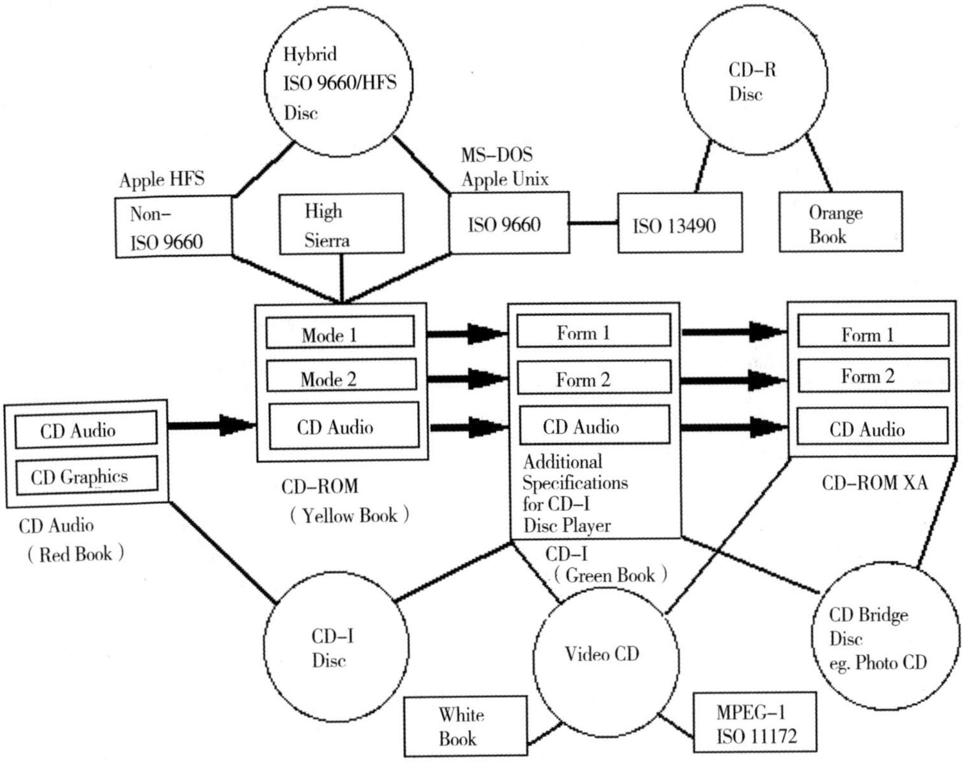

图 5-2-1　CD 标准

ISO 9660 在很多操作系统中都可用。标准 ISO 9660 格式只支持 MS-DOS 的 8.3 文件命名格式，即 8 个字符的文件名和 3 字符文件类型。对于其他的操作系统如

Macintosh 或 UNIX,则使用 ISO 9660 的 Apple 或 UNIX 扩展以支持长文件命名。HFS(Hierarchical File System,层次文件系统)是 Apple 公司 Macintosh 的文件系统格式。一台 Macintosh 能读 ISO 9660、HFS 和 Hybrid ISO 9660/HFS 格式的 CD-ROM 光盘。目前绝大部分 CD-ROM 和光盘的数据编码都遵循这个标准。从此 CD-ROM 工业走上了标准化发展之路。

在 CD-DA 基础上发展起来的 CD-I(CD-Interactive),更适于基于 CD 的展现。相应的物理格式标准被称为绿皮书(Green Book,1986 年)。

照片 CD(Photo CD)技术由 Kodak 和 Philips 联合开发,并由 Kodak 在 1990 年公布。利用这种技术,35mm 影片可以数字化在一张 CD-ROM 上,这种 CD-ROM 光盘被称为照片 CD 光盘,更一般的形式是 CD-bridge。在 CD-I 和 CD-bridge 等的基础上发展起来的 Video CD(VCD),致力于视频,相应的 VCD 标准被称为白皮书(White Book,1993 年)。

另一类 CD 是可记录(Recordable)CD,由橙色书(Orange Book,1992 年)定义,包括 CD-MO 和 CD-WO 等。橙色书和红皮书、黄皮书、绿皮书、白皮书等一道组成了 CD 的主要标准(见表 5-2-1)。

表 5-2-1 几个主要的 CD 标准及应用

标准	应用
Red Book	Audio
Yellow Book	CD-ROM
Green Book	CD-I
Orange Book	Recordable CDs
White Book	VCD

在 1994 年出现的 DVD 是 20 世纪最后一个被推向市场的世界级产品。DVD 也有若干系列,现在成熟的主要有 DVD-ROM、DVD-Video 和 DVD-Audio 等。

蓝光光碟,英文翻译为 Blu-ray Disc,简称为 BD,是 DVD 之后下一时代的高画质影音储存光盘媒体(可支持 Full HD 影像与高音质规格)。蓝光或称蓝光盘利用波长较短的蓝色激光读取和写入数据,并因此而得名。蓝光极大地提高了光盘的存储容量,对于光存储产品来说,蓝光提供了一个跳跃式发展的机会。

在这之前,以东芝为代表的 HD-DVD 与蓝光光碟相似,盘片均是和 CD 同样大小(直径为 120mm)的光学数字储存媒介,使用 405nm 波长的蓝光。但在 2008 年,随着原先支持 HD DVD 的华纳公司宣布脱离 HD DVD,以及美国数家连锁卖场决定支持蓝光产品,东芝公司终在 2 月 19 日正式宣布将终止 HD DVD 事业,这场持续了数年的次世代存储规格之争，最终以索尼为代表的蓝光阵营获得了胜利。

蓝光光碟采用波长 405nm 的蓝紫色激光进行读写，之所以能存储庞大容量，主要是因为这三种写入模式：第一，缩小激光点以缩短轨距（0. 32μm）增加容量，蓝光光盘构成 0 和 1 数字数据的讯坑（0. 15μm）相对于传统 DVD 和 CD 光盘小得多，原因是因为蓝紫色激光的波长更短，聚焦后焦点直径更小。第二，利用不同反射率达到多层写入效果。第三，沟轨并写方式，增加记录空间。蓝光的高存储量是从改进激光光源波长（405nm）与物镜数值孔镜（0. 85）而来的。

蓝光光碟联盟说明所有获得授权的蓝光光碟播放器均可以向下对应，包括 DVD-ROM、VCD 以及 CD，但部分 CD 在一些蓝光光碟播放器中无法播放。

蓝光光碟使用 CDFS 格式，可以用蓝光烧录机写入资料，分为 BD-R（单次烧录）及 BD-RE（多次烧录）格式。

从表面上看三种盘的材质差不多，只是厚度有些差异，但是它们的容量大大不同。DVD 盘的容量基本上是 CD 盘的 7 倍，蓝光盘则是 DVD 的 5 倍左右，对于一张光盘来讲容量已经很大了。

CD 的最小凹坑长度为 0. 834μm，道间距为 1. 6μm，采用波长为 780~790nm 的红外激光器读取数据。DVD 的最小凹坑长度仅为 0. 4μm，道间距为 0. 74μm，采用波长为 635~650nm 的红外激光器读取数据。

蓝光盘片的最小凹坑长度仅为 0. 14μm，道间距为 0. 32μm，采用波长为 405nm 的蓝色激光读取和写入数据。从以上的数字就不难看出光盘的记录点越来越小，采用的光波也越来越短，所以能记录的信息就更大了。

蓝光光盘的设计有助于节省制造成本。传统 DVD 的生产方法是：注塑成型两个 0. 6mm 的盘片，记录层位于两个盘片之间。为防止出现双折射，生产过程必须非常小心。

蓝光光盘则只需要在一个 1. 1mm 的盘片上执行注塑成型工艺，从而减少成本。节省的成本可与添加保护层的成本相抵，因此最终价格并不比普通 DVD 的价格高。

DVD 和 CD 最初只有只读格式，逐渐才推出可记录和可擦写的格式。蓝光光盘在一开始就设计了几种不同的格式：

（1）BD-ROM（只读）：适合预先录制的内容。

（2）BD-R（可录制）：适合 PC 数据存储。

（3）BD-RW（可擦写）：适合 PC 数据存储。

（4）BD-RE（可擦写）：适合高清电视录制。

因此可以看到整个光盘技术的发展与激光波束的发展以及精密伺服系统等相关技术密不可分。

5.2.2 光存储技术

光存储方式是一种通过光学的方法读写数据的技术。它的工作原理是改变存储单元的某种性质(如反射率、反射光极化方向等),利用这种性质的改变来存储二进制数据。在读取数据时,光检测器检测出光强和极化方向等的变化,从而读出存储在光盘上的数据。由于激光光束可以聚焦到很小的直径,因此它比其他存储技术有较高的存储容量,而这正是存储多媒体信息所必需的。

光存储技术之所以得到快速的发展和广泛的应用,是因为与传统的磁存储技术相比有不可比拟的优点,数据盘中的数据不易丢失,使用寿命长,存储容量大,价格便宜。

光盘系统和磁盘系统主要存在以下差别:

(1)存储原理不同。磁盘系统的存储通过改变存储单元的磁场方向来存储信息,光盘系统则是利用激光光束改变存储单元的物理性质来存储信息。

(2)存储容量和数据读写方式不同。磁盘系统通过磁头对存储单元的磁化方向的感应方式读写数据,光盘系统是用激光光束照射在盘片上,通过对反射光的分析读写数据,在这种情况下,激光光头和盘片是不接触的,从而提高了安全性和操作速度。由于存储方式的不同,磁盘系统中存储单元的精度有限,单元之间的距离不可能过分紧密,这一点就限制了磁盘系统的存储容量。而光存储容量由激光的波长而定,所以一般存储容量远远大于磁盘系统。

(3)传输速率不同。磁盘系统的传输速率一般不会有很大的变化,是恒定的。而光盘系统的传输速率和激光的输出功率有关。也就是说,激光输出功率越高,传输速率就越快。

一般通过以下几个性能指标衡量一个光盘系统的特性:

(1)存储容量。存储容量是指能存储在光盘中的信息容量。这是最常用、最重要的性能指标。一般来说,采用的格式化标准不同,存储容量也不尽相同,如常用的650MB 容量等。当用户向光盘中存入信息时,信息必须小于这个规定的容量。

(2)平均读取时间。平均读取时间是另一个重要的性能指标,它是指激光光头移到指定的数据存放位置并读取该点数据所花费的时间。在这里,首先是光头移到指定的数据轨道的时间,当光头已到达正确的数据轨道上时,要等待驱动器把单位数据转到光头上方,这段时间间隔叫旋转时间,当单位数据到位后还要等待一段时间才能把数据从 CD 盘片上载入驱动器的缓冲区。这三段时间间隔加在一起才是读取时间。快速的搜寻时间是关键,1995 年公布的 MPC3 标准规定 CD-ROM 的平均搜寻时间不得小于 0.25s。

(3)数据传输率。数据传输率是指每秒能读取的数据量。在 CD-ROM 中单速的数据传输率为每秒读取 150KB 的数据量,不同的标准规定了不同的数据传输率,在 MPC3 的标准中要求数据传输率不得小于 600KB/s,即最少要达到四倍速的传输率。

5.2.3 光盘的分类

可以从不同角度对光盘进行分类,其中最常用的有按照物理格式划分、按照应用格式划分、按照读写限制划分等。所谓物理格式,是指记录数据的格式,应用格式则是指数据内容(节目)如何储存在盘上以及如何重放。

一、按照物理格式分类

按照物理格式划分,光盘大致可分为以下三类:

(1) CD 系列。CD-ROM 是这种系列中最基本的保存数据的格式之一。CD-ROM 包括可记录的多种变种类型,如 CD-R、CD-MO 等。

(2) DVD 系列。DVD-ROM 也是这种系列中一种最基本的保存数据的格式。DVD-ROM 包括可记录的多种变种类型,如 DVD-R、DVD-RAM、DVD-RW 等。

(3) BD 系列。BD-ROM 同样是这一系列中一种最基本的保存数据的格式。BD-ROM 包括可记录的多种变种类型,如 BD-R、BD-RW、BD-RE 等。

二、按照应用格式分类

按照应用格式划分,光盘大致可分为以下几类:

(1)音频(Audio)。例如,CD-DA、DVD-Audio、SACD。

(2)视频(Video)。例如,CD+G、Photo CD、VCD、DVD-Video、BD 等。

(3)文档。文档可以是计算机数据(data)、文本(text)等。

(4)混合(Mixed)。音频、视频、文档等混合在一个盘上。要注意的是:第一,在混合模式光盘中,每一数据轨道只能是光盘标准允许的数据。例如,对于 CD 来说,只能是下述格式中的一种:CD-Audio、CD-ROM Mode 1、CD-ROM Mode 2、CD-ROM/XA、CD-I。第二,整个数据轨道也只能是一种格式的数据。例如,轨道 1 是 CD-ROM Mode 1 数据,轨道 2 及其上的是 CD-Audio 数据。

三、按照读写限制分类

按照读写限制,光盘大致可分为以下三种类型:

1.只读式

只读式光盘以 CD-ROM 为代表,当然,CD-DA、V-CD、DVD-ROM、BD-ROM 等也是只读式光盘。对于只读式光盘,用户只能读取光盘上已经记录的各种信息,但不能修改或写入新的信息。只读式光盘由专业化工厂规模生产。首先要精心制作好金属原模,也称母盘,然后根据母盘在塑料基片上制成复制盘。因此,只读式光盘特别适于廉价、大批量地发行信息。

2.一次性写入,多次读出式

目前这种光盘以CD-R(Recordable)为主。CD-R的结构与CD-ROM相似,上层是保护胶膜,中间是反射层,底层是聚碳酸脂塑料。CD-ROM的反射层为铝膜,故也被称为"银盘"。而CD-R的反射层为金膜,故又被称为"金盘"。CD-R信息的写入系统主要由写入器和写入控制软件构成。写入器也称光刻机,是写入系统的核心,其指标与CD-ROM驱动器基本相同。目前的CD-R大都支持整盘写入、轨道(track)写入和多段(multi-session)写入等,并且还支持增量包刻写(Incremental packet writing)。因此可随时往CD-R盘上追加数据,直到盘满为止,并且可以在CD-ROM驱动器上读出所有逐步累加录入的任何数据。

CD-R的出现对电子出版也是一个极大的推动,它使得小批量多媒体光盘的生产既方便又省钱。一般开发的软件如果要复制80盘以下则用CD-R写入更经济。对要大批量生产的多媒体光盘,可将写好的CD-R盘送到工厂去做压模并大批量复制,既方便又省时省钱,可大大缩短开发周期。另外,CD-R对于其他需少量CD盘的场合,如教育部门、图书馆、档案管理、会议、培训、广告等都很适用,它可免除高成本母盘录制和大批量CD-ROM复制过程,具有良好的经济性。

3.可读写式

目前市场上出现的可读写光盘主要有磁光盘(Magneto-Optical Disk,MOD)和相变盘(Phase Change Disc,PCD)两种。MOD采用磁光技术来记录数据,容量为200~600MB。PCD是用激光技术来记录和读出信息,PCD的容量为128MB~1GB。与磁光盘相比,由于相变盘仅利用光学原理来读写数据,所以其光学头可以做得相对简单,存取时间也就可以提高,又由于相变盘的读出方式与CD-ROM相同,所以容易实现多功能的光盘驱动器。总之,可读写式光盘具有硬盘的大容量、软盘的抽取方便的特点。

四、按照工作原理分类

光盘存储器按其工作原理的不同,大致可分为以下两种类型:

(1)光技术。在这种类型中,又可分为两个子类,一种是介质的凹凸形状,另一种是介质的相位状态。CD-ROM、DVD-ROM、BD-ROM等就属于前者,相变光盘则属于后者。

(2)磁、光技术结合。例如,磁光盘、光软盘。

除上述划分外,还可按照其他原则分类。例如,按照可存储的介质面是单面或双面划分,CD是单面单层光盘,DVD、BD则可以是双面的,每面还可以双层。

5.2.4 光盘系统

光盘系统是由光盘驱动器和光盘盘片组成的。光学存储是用激光引导测距系统的精密光学结构取代硬盘驱动器的精密机械结构。光盘驱动器的读写头是由半导体激光器和光路系统组成的光学头,记录介质采用的是磁光材料。驱动器采用一系列透镜和反射镜,将微细的激光束引导至一个旋转光盘的微小区域。由于激光的对准精度高,所以写入数据的密度要比硬盘高得多。

5.2.5 CD光盘

一、CD光盘的物理构造

CD(Compact Disc)意为高密盘,被称为CD光盘,因为它是通过光学方式来记录和读取二进制信息的。20世纪70年代初,人们发现激光经聚焦后可获得直径小于1μm(1μm=10^{-6} m)的光束。利用这一特性,Philips公司开始了激光记录和重放信息的研究。到20世纪80年代初,Philips公司开发成功数字光盘音响系统。从此,光盘工业迅速地发展起来。

1.光盘的材料

CD光盘采用聚碳酸脂(Polycarbonate)制成,这种材料寿命很长而且不易损坏,摩托车头盔和防弹玻璃也是采用这种材料制成的。

2.物理构造

CD光盘上记录的信息最小单元是比特(bit)。在聚碳酸脂材料上用凹痕和凸痕的形式记录二进制"0"和"1",然后覆上一层薄反射层,最后再覆上一层透明胶膜保护层,并在保护层的一面印上标记。我们通常称光盘的两面分别为数据面和标记面。CD-ROM盘片数据面呈银白色,使用的是铝反射层。CD-R盘片的感光层都使用有机染料(Organic Dye Material,ODM)制成,目前主要有金、绿、蓝三种颜色,分别被称为金盘、绿盘和蓝盘。目前通常用的光盘直径为12cm,厚度约为1mm,中心孔直径为15mm,重14~18g,如图5-2-2所示。

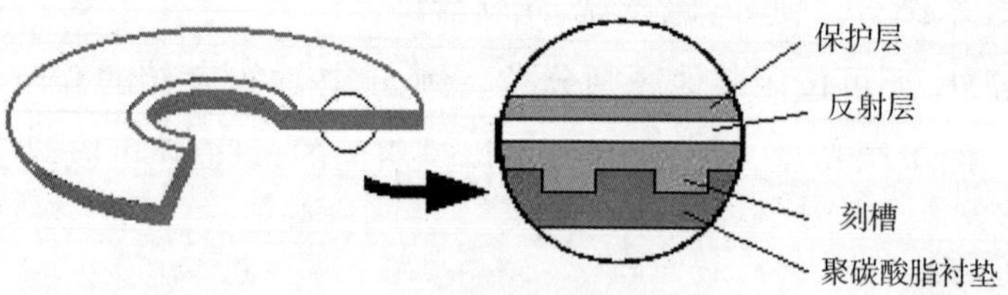

（a）CD剖面

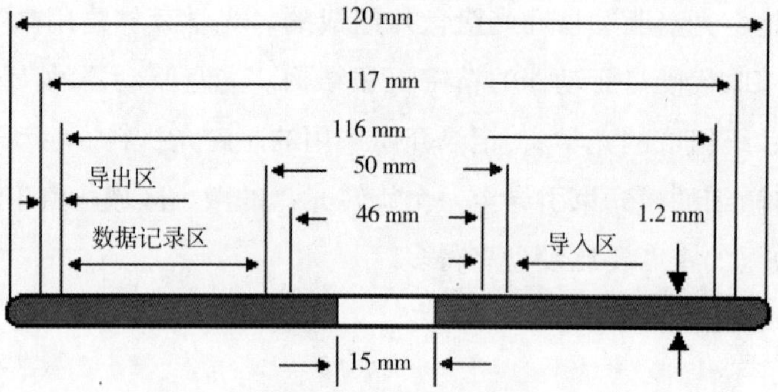

（b）CD尺寸

图 5-2-2　CD 盘片的结构

3.数据记录和读取方式

二进制数据以微观的凹痕形式记录在螺旋轨道（track，也称光道）上，光道从盘的中心开始直到盘的边缘结束［见图 5-2-3（a）］，这与磁盘的同心环型磁道［见图 5-2-3（b）］不一样。

（a）　　　　（b）

图 5-2-3　CD 光盘的螺旋型光道

光道上凹凸交界的跳变沿均代表数字“1”，两个边缘之间代表数字“0”。“0”的个数是由边缘之间的长度决定的。信息读取时，CD 机的激光头发出一束激光照到 CD 盘的数据面并拾取由凹痕反射回来的光信号，由此判别记录的是“1”或“0”（见图 5-2-4）。

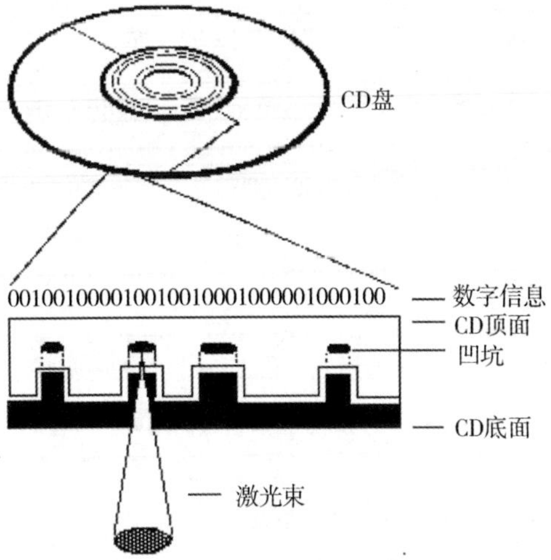

图 5-2-4 CD 盘的读出原理

4.数据容量

普通光盘凹痕宽约 0.5μm,凹痕最小长度约 0.83μm,光道间距约 1.6μm。每张光盘大约包含 8 亿个凹痕,可容纳高达 680 MByte 的数据量。

二、基本技术

1. EFM 编码

EFM(Eight to Fourteen Modulation,8 到 14 比特调制)编码的含义就是把一个 8 比特(即 1 个字节)的数据用 14 比特来表示。理论分析和实验表明,根据 20 世纪 70 年代的技术水平,把"0"的游程长度最短限制在 2 个,而最长限制在 10 个,光盘上的信号就能够可靠读出。也就是说,两个"1"之间至少要有两个"0",最多不超过 10 个"0"。我们知道,8 位数据有 256 种代码,14 位通道位有 16,384 种代码。通过计算机的计算,在这 16,384 种代码中有 267 种代码能够满足"0"游程长度的要求。在这 267 种代码中,有 10 种代码在合并通道代码时限制游程长度仍有困难,再去掉一个代码,这样就得到了与 8 位数据相对应的 256 种通道码。

此外,当通道码合并时,为了满足游程长度的要求,在通道码之间再增加 3 位以确保读出信号的可靠性,于是在激光唱盘中 8 位的数据就转换成了 17 位的通道代码。在 DVD 光盘技术中,把 3 位合并位改成 2 位,并把它们直接插入重新设计的码表中,这样一个字节的数据就转换成 16 位的通道位,也就提高了 DVD 的存储容量。

激光唱盘上的声音数据编码过程如图 5-2-5 所示。

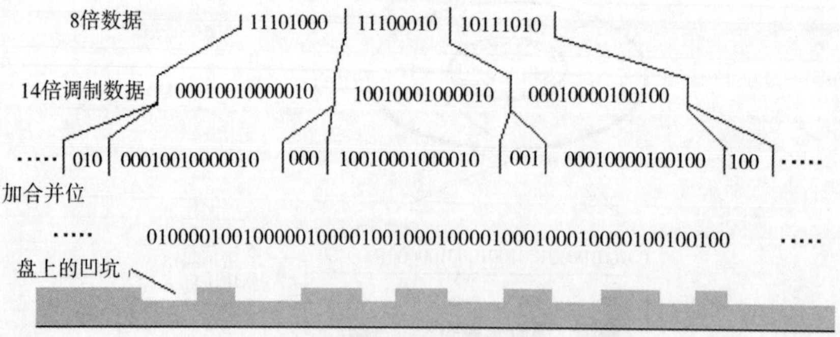

图 5-2-5 激光唱盘上声音数据编码的过程

2. CRC(Cyclic Redundancy Code,循环冗余码)

在纠错编码代数中,把以二进制数字表示的一个数据系列看成一个多项式。例如二进制数字序列 10101111,可以表示成:

$$M(x)=a_7x^7+a_6x^6+a_5x^5+a_4x^4+a_3x^3+a_2x^2+a_1x^1+a_0x^0$$
$$=x^7+x^5+x^3+x^2+x^1+1$$

式中的 x^i 表示代码的位置,或某个二进制数位的位置,x^i 前面的系数 a_i 表示码的值。若 a_i 是一位二进制代码,则取值是 0 或 1。$M(x)$ 被称为信息代码多项式。

在模 2 多项式代数运算中定义的运算规则有:

$$1x^i+1x^i=0$$
$$-1x^i=1x^i$$

如果一个 k 位的二进制信息代码多项式为 $M(x)$,再增加 $(n-k)$ 位的校验码后,信息代码多项式在新的数据块中就表示成 $x^{n-k}M(x)$,如图 5-2-6 所示。

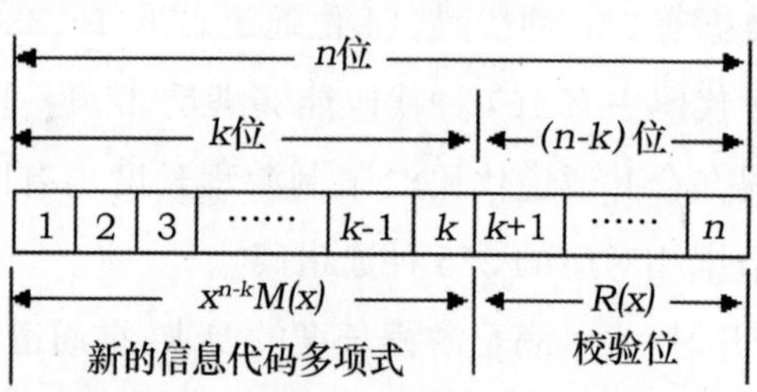

图 5-2-6 增加校验码后的信息代码结构

如果用一个校验码生成多项式 $G(x)$ 去除代码多项式 $x^{n-k}M(x)$,得到的商假定为 $Q(x)$,余式为 $R(x)$,则可写成:

$$x^{n-k}\frac{M(x)}{G(x)}=Q(x)+\frac{R(x)}{G(x)}$$

$$x^{n-k}M(x)=Q(x)G(x)+R(x)$$

因为模 2 多项式的加法和减法运算结果相同,所以又可把上式写成:

$$x^{n-k}M(x)+R(x)=Q(x)G(x)$$

$G(x)$被称为校验码生成多项式,余式$R(x)$被称为$M(x)$的 CRC。从该式中可以看到,代表新的代码多项式$x^{n-k}M(x)+R(x)$是能够被校验码生成多项式$G(x)$除尽的。利用这一特性,可以检验$x^{n-k}M(x)+R(x)$是否有错。

CD-ROM 中采用 CRC 检错。CD-ROM 扇区方式 01 中,有一个 4 字节共 32 位的 EDC 字域,用来存放 CRC 码。CD-ROM 采用的 CRC 校验码生成多项式是一个 32 阶的多项式:

$$P(x)=(x^{16}+x^{15}+x^{2}+1)(x^{16}+x^{2}+x+1)$$

计算 CRC 码时用的数据块是从扇区的开头到用户数据区结束为止的数据字节,即字节 0—2063 共 2064 个字节。在 EDC 中存放的 CRC 码的次序如表 5-2-2 所示。

表 5-2-2　EDC 中存放的 CRC 码次序

EDC	$x^{24}-x^{31}$	$x^{16}-x^{23}$	$x^{8}-x^{15}$	$x^{0}-x^{7}$
字节号	2064	2065	2066	2067

3. RS(Reed-Solomon,里德-所罗门)编码

RS 编码就是计算信息码符多项式$M(x)$除以校验码生成多项式$G(x)$之后的余数。对一个信息码符多项式$M(x)$,RS 校验码生成多项式的一般形式为:

$$G(x)=\prod_{i=0}^{K-1}(x-\alpha^{K_0+i})$$

式中,m_0是偏移量,通常取$K_0=0$或$K_0=1$,而$(n-k)\geqslant 2t$(t为要校正的错误符号数)。

RS(Reed-Solomon)码在伽罗华域(GF,Galois Field)中运算。在 GF(2^m)域中,助记符(n,k)RS 的含义如下:

m	表示符号的大小,如 m=8 表示符号由 8 位二进制数组成
n	表示码块长度
k	表示码块中的信息长度
$K=n-k=2t$	表示校验码的符号数
t	表示能够纠正的错误数目

例如,(28,24)RS 码表示码块长度共 28 个符号,其中信息代码的长度为 24,检验码有 4 个检验符号。在这个由 28 个符号组成的码块中,可以纠正两个分散的或者两

个连续的符号错误,但不能纠正 3 个或者 3 个以上的符号错误。

RS 码的错误纠正过程分三步:一是计算校正子(syndrome);二是计算错误位置;三是计算错误值。

4. CIRC(Cross Interleaved Reed-Solomon Code,交叉交插里德-所罗门码)

在用 RS 编译码前后,对数据进行交插处理和交叉处理。其基本思想是把本该连续存放的数据错开放,那么当出现一片错误时,这些错误就分散到各处,错误就容易得到纠正,这种技术被称为交插(interleaving)技术。CIRC 纠错码综合了交插、延时交插、交叉交插等技术,不仅能纠随机错误,而且对纠突发错误特别有效。

5. RSPC

RSPC(Reed-Solomon Product Code,里德-所罗门乘积码)是一种差错校正体系,被 DVD 所采用。DVD 采用里德-所罗门行和列编码以增加差错校正的效率。

按 ISO/IEC 10149 的规定,CD-ROM 扇区中的 ECC 码采用 $GF(2^8)$ 域上的 RSPC 码产生 172 个字节的 P 校验符号和 104 个字节的 Q 校验符号。RS 码采用本原多项式 $P(x)=x^8+x^4+x^3+x^2+1$ 以及本原元 $\alpha=(00000010)$ 构造 $GF(2^8)$ 域。

6. CLV(Constant Linear Velocity,恒定线速度)

使用 CLV 技术的光驱特点是读取光盘内圈时加快转速,可以保证在读取盘片内外圈时有大致相同的传输速度。该技术是早期 CD-ROM 的标准技术,已经无法适应现代高倍速 CD-ROM 驱动器。

7. CAV(Constant Angular Velocity,恒定角速度)

CAV 即无论激光头读取光盘片外圈还是内圈时,马达都以相同的速度旋转。使用此技术的光驱最大特点是为了保持盘片的旋转速度稳定,CD-ROM 的数据传输速率是可变的,一般光驱读外道的速度比读内道的速度大得多。因此,高速 CD-ROM 的倍速都是指光驱“可以”达到的最高数据传输率。好处是噪声比较小。

8. PCAV(Partial Constant Angular Velocity,局部恒定角速度)

PCAV 把 CAV 和 CLV 合二为一,主要特点是,当激光头读盘片的内圈数据时,旋转速度保持不变,而大幅增加数据传输率;当激光头读取外圈数据时,逐渐增加旋转速度,使性能保持提高。因此,使用局部恒定角速度 PCAV 技术的光驱能基本实现其标称倍速值,是目前 CD-ROM 的主流技术。

三、CD 光盘的分类及标准

1. CD-DA(CD-Digital Audio)

CD-DA 又叫激光数字唱盘,用来存储数字音频信息,如音乐歌曲等。早期,Philips 公司、SONY 公司希望用 CD 来保存数字高保真音乐,为此制定的标准被称为 Compact

Disc-Digital Audio 标准，简称 CD-DA 标准（CD-Audio Book）。符合这个标准的光盘都标有"Digital Audio"的标识。正式标准定义在 1982 年发布的红皮书中，包括定义了 CD 的尺寸、物理特性、编码方式、错误校正等。

CD 唱盘是 CD 家族的第一个成员，其标准是其他 CD 标准的基础。声音是一种连续变化的模拟量，传统上采用模拟的方式记录。CD-DA 克服了模拟唱盘的弱点，采用数字方式记录声音信息。基本方式如下：

（1）采样、量化。把模拟的声音信号通过采样、量化转换成数字信号。

（2）编码。所谓编码，就是在有用数据中加入一定的纠错、同步和控制数据。在数据回放时，可以根据所记录的纠错数据判别读出的声音数据是否有错，如在一定范围内有错，可加以纠正。CD-DA 采用差错校验码 CIRC 来检测和纠正因 CD 表面的划伤或灰尘产生的差错。

在 CD-DA 中，立体声有两个声道（左右声道），因此每次采样有两个 16 位的样本，分别组成两个 8 位字节。6 次采样共 24 字节组成一帧，左右声道各 12 字节。红皮书定义 98 帧构成 1 节，也称 1 个扇区。

CD-DA 音频数据的采样频率为 44.1kHz，因此，1 秒钟的音频数据率就为：

44.1×1000×2×（16÷2）= 176,400 字节/秒。

1 秒钟所需要的帧数为：176,400÷24 = 7350 帧/秒。

1 秒钟所需要的扇区数为：7350÷98 = 75 扇区/秒。

换言之，每一扇区长度为 1/75 秒，包含 2352 字节数字音频数据。

每帧除左右声道音频数据（audio data）外，还包括：3 字节同步信号（SYNC）、1 字节控制和显示子码（subcode/control and display）、4 字节 Q 错误校验码，以及 4 字节 P 错误校验码（见表 5-2-3）。

表 5-2-3 CD-DA 的一帧

帧同步	子码	音频数据（左声道）	Q 校验	音频数据（右声道）	P 校验
3 字节	1 字节	12 字节	4 字节	12 字节	4 字节

同步位不再经 EFM（Eight-fourteen Modulation）调制，本身就是通道码。具体的码字是：1 0 0 0 0 0 0 0 0 0 0 0 1 0 0 0 0 0 0 0 0 0 0 0 1 0。

任何数据经 EFM 调制后都不会出现与同步码字相同的码。子码主要提供盘地址信息。Q 校验码和 P 校验码都采用 RS 码，其中 P 校验是由（32,28）RS 码生成的校验码，Q 校验是由（28,24）RS 码生成的校验码。

每个扇区所含音频数据量为:98×24=2352(字节)。

红皮书规定在2352字节的音频数据中添加两层错误检测和错误校验码(EDC/ECC,error detection and error correction code)。CD-DA在错误防护的前两层利用交叉插入的里德-所罗门编码。如果光盘被擦伤或沾上灰尘而使激光无法读数据,CD播放器就使用该CIRC重新形成音乐。

红皮书规定CD-DA的编码采用EFM。CD-DA的一帧36字节,除帧同步3字节外,其余均用EFM编码;每一个域还要附加3个合并位(3 merge bits)。因此,CD-DA一帧的通道位数是588(见表5-2-4)。

表5-2-4　一帧数据的通道位数

编号	字段名称	通道位数	合计
(1)	同步位(SYNC)	24+3	27
(2)	子码(Subcode)	1×(14+3)	17
(3)	左声道数据(Data)	12×(14+3)	204
(4)	Q校验码	4×(14+3)	68
(5)	左声道数据(Data)	12×(14+3)	204
(6)	P校验码	4×(14+3)	68
合计			588

红皮书规定CD上的音频数据存放在一个或多个光道上。每一光道通常是一首歌曲。一张标准CD-DA上最多可以有99条光道。一条光道可包含若干扇区。

红皮书不仅定义了如何将音频存储在CD上,还定义了一种将图信息加在CD上的方法。这种类型的光盘通常被称为CD+G光盘,或"CD plus graphics"光盘。在一张74分钟的红皮书标准光盘的子码(通道R—W)里大约可以存储16MB的图(用户数据)。

编码后的数据再经调制转换成通道码以确定光盘上凹痕和凸痕的长度。光盘记录时音频数据、控制和纠错码分别记录在不同的光道上。这也被称为红皮书规格或Mode 0规格。一张CD唱盘理论上可容纳约74分钟的立体声音乐信号。CD唱盘的成功,使它很快取代了普通留声机及密纹唱片。

红皮书的部分内容汇总如表5-2-5所示。

所有的光盘格式都是以CD-Audio格式为基础而发展的。

表 5-2-5 激光唱盘标准摘要

光盘	
播放时间	74 分钟
旋转方向	顺时针（从读出表面看）
旋转速度	1.2m/s~1.4m/s（恒定线速度）
光道间距	1.6μm
盘片直径	120mm
盘片厚度	1.2mm
中心孔直径	15mm
记录区	46mm~117mm
数据信号区	50mm~116mm
材料	折射率为 1.55 的任何材料
最小凹坑长度	0.833μm（1.2m/s）~0.972μm（1.4m/s）
最大凹坑长度	3.05μm（1.2m/s）~3.56μm（1.4m/s）
凹坑深度	~0.11μm
凹坑宽度	~0.5μm
光学系统	
激光波长	780nm（7800 纳米）
聚焦深度	±2μm
信号格式	
通道数	2 个
量化	16 位线性量化
采样频率	44.1kHz
通道位速率	4.3218Mb/s
数据位速率	1.9409Mb/s
数据:通道位	8:17
错误校正码	CIRC（Cross Interleave Reed-Solomon Code）
调制方式	EFM（Eight-to-fourteen Modulation）

2. CD-ROM（CD-Read Only Memory）

CD-ROM 又称只读光盘存储器，早期流行的光盘主要属于这一类。它的信息存放标准是根据 ISO 9660 的黄皮书定义的。在 CD-ROM 标准中定义了两种格式：CD-ROM Mode 1 和 CD-ROM Mode 2。其中 CD-ROM Mode 1 用来存放计算机数据，CD-ROM Mode 2 用来存放压缩的声音、图像和视频信息。

Mode 1 代表 CD-ROM 数据含有错误修正码（Error Correction Code，ECC），每个区

存放 2048 字节的资料。Mode 2 则没有错误修正码，将那些空间省了下来，因此每个区可以多存放 288 字节，达到 2336 字节，Mode 2 较适合存放图形、声音或影音资料（见图 5-2-7）。实际中不采用最“原始”的 Mode 2 方式来存放数据，而是采用 CD-ROM/XA 对 Mode 2 扩充的 Form 1 及 Form 2。

在 CD-ROM 扇区（sector）的表头区（Header field）内，含有指示本区内数据为 Mode 1 或 Mode 2 的字节。

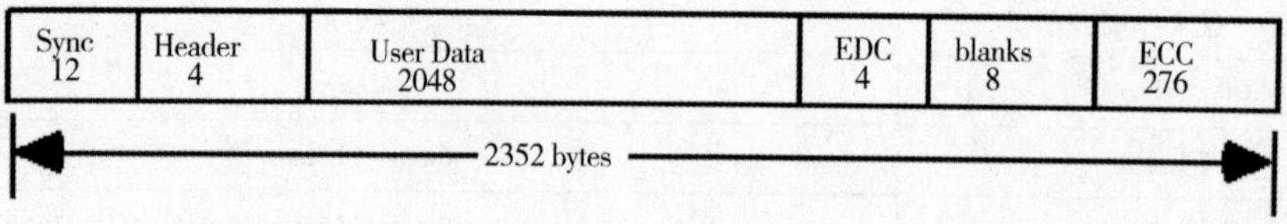

（a）Mode 1

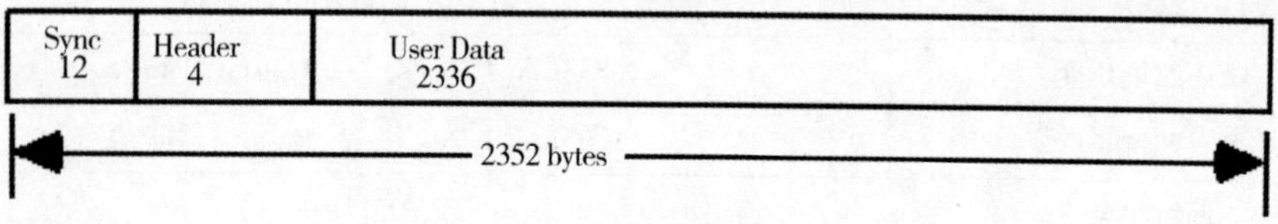

（b）Mode 2

图 5-2-7　CD-ROM 的 2352 字节布局

3. CD-I（CD Interactive）

CD-I 是由 Philips 公司和 Sony 公司定义的 Compact Disc-Interactive 标准，即绿皮书。绿皮书标准在 CD-ROM 的基础上增加了交互音频、视频、文字和数据的表达格式，允许计算机数据、压缩的声音数据和图像数据交错放在同一条 CD-I 光道上。CD-I 光道没有在 TOC（Table Of Contents，内容表）中显示，目的是不要用激光唱盘播放机去播放 CD-I 盘。绿皮书标准规定使用专用的操作系统，即光盘实时操作系统 CD-RTOS（Compact Disc-Real-Time Operating System）。它是一个多任务实时响应的操作系统，支持各种算术和 I/O 协处理器，是设备独立且由中断驱动的系统，具有支持多级树形结构的文件目录等功能。

CD-I 光盘需要通过 CD-I 播放机来播放，播放机可以直接连接电视机、立体声音响和计算机来播放 CD-I 盘上的节目。

绿皮书标准定义的扇区格式被 CD-ROM/XA 所采用。因此，CD-I 的扇区结构和 CD-ROM/XA 一致。

4. CD-ROM/XA（CD-ROM Extended Architecture）

CD-ROM/XA 综合了 CD-ROM 和 CD-I 的特点，是在 CD-ROM 的基础上扩充了对数字音频信号的编码，可以将声音、图像、文字和数据同时交错存放在光盘的同一个光道上。

CD-ROM/XA 在 CD-ROM Mode 2 标准中补充定义了 XA Form 1 和 XA Form 2 两种格式，XA Form 1 格式用来存放计算机数据；声音、图像和视频信息按 XA Form 2 格式存放（见图 5-2-8）。

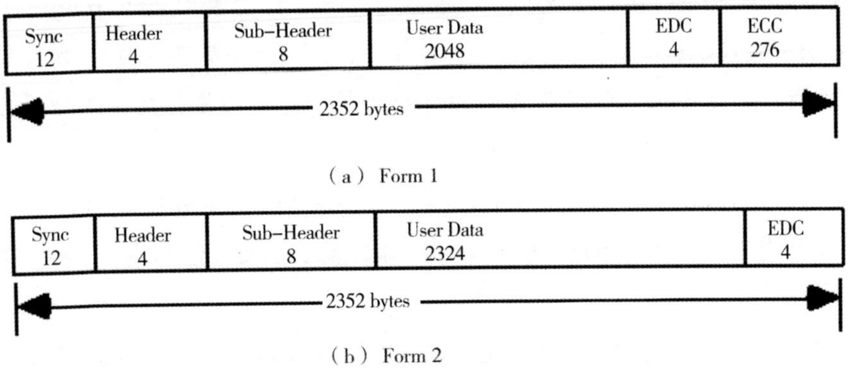

图 5-2-8 CD-ROM/XA 的 2532 字节布局

通过软件方法可以将 CD-ROM/XA 光盘在普通 CD-ROM 驱动器上播放。

5. Photo CD

Photo CD 是 Kodak 公司和 Philips 公司依据 CD-ROM/XA 标准开发的新产品，用来存放彩色照片。

6. CD-Bridge 盘

CD-Bridge 规格定义了一种把附加信息加到 CD-ROM/XA 光道上的方法，目的是让这种光盘能够在 CD-I 播放机上播放。这样一来，CD-Bridge 光盘就既可以在 CD-I 播放机上播放，又可以在计算机上播放，而且还可以在 Kodak 公司的 Photo CD 播放机上播放。CD-Bridge 盘上的光道都采用 Mode 2 的扇区结构，不使用 Mode 1 的扇区结构。声音光道则要跟在数据光道的后面。

CD-Bridge 盘的扇区结构与 CD-ROM/XA 和 CD-I 的扇区结构一致。

7. VCD（Video-CD）

VCD 就是我们常用的影视光盘，是由 JVC、Philips、Matsushita 和 Sony 联合定义的数字视频光盘技术规格，它于 1993 年问世，盘上的声音和视频图像都是以数字的形式表示的。“Video CD Specification Version 2.0”于 1994 年 7 月被发布，并被命名为 White Book（白皮书）。该标准描述的是一个使用 CD 格式和 MPEG-1 标准的数字视频存储格式。Video CD 标准在 CD-Bridge 规格和 ISO 9660 文件结构基础上定义了完整的文件系统，这样就使 VCD 节目能够在 CD-ROM、CD-I 和 VCD 播放机上播放。

8. CD-R(Compact Disc-Recordable)

前面介绍的各种光盘的内容是由出版厂家在发行时写入的,用户可以使用但是不能修改其中的内容。CD-R 光盘是一种用户可以按需要将信息写入的光盘。根据写入的情况,CD-R 光盘可以分为两类:

(1) CD-MO(Compact Disc Magneto-Optical)。这种光盘中采用了光存储和磁存储两种存储技术,所以又叫作磁光盘。磁光盘中的信息可以根据用户需要多次擦除和写入。

(2) CD-WO(Compact Disc Write Once)。CD-WO 是一种用户可以一次写入的光盘,在这种光盘中写入的信息在写入后不能擦除,写入的信息可以通过普通 CD-ROM 读出。

以上两种光盘采用了 1992 年发布的橙皮书(Orange Book)标准。可写入光盘的出现使 CD-ROM 出版系统产生了一次很大的变革。

橙皮书标准分成两个部分:橙皮书第 1 部分(Orange Book Part 1)和橙皮书第 2 部分(Orange Book Part 2)。第 1 部分描述 CD-MO,第 2 部分描述 CD-WO。整个结构如图 5-2-9 所示。

(1) 橙皮书第 1 部分(CD-MO 盘)。

橙皮书第 1 部分标准描述 CD-MO 盘上的两个区:

- Optional Pre-Mastered Area(可选预刻录区),这个区域的信息是按照 Red Book、Yellow Book 或 Green Book 标准预先刻制在盘上的,是一个只读区域。
- Recordable User Area(用户可重写的记录区),普通的 CD 播放机或者 VCD 播放机不能读这个区域的数据,这是因为 CD 唱片和 VCD 盘与磁光盘采用的记录原理不同。

(2) 橙皮书第 2 部分(CD-WO 盘)。

橙皮书第 2 部分标准定义可写一次的 CD-WO 盘。这种盘在出厂时就已经在盘上刻录有槽,称预刻槽,也就是物理光道的位置已经确定,是一片空白盘。用户把多媒体文件写到盘上之后,就把内容表 TOC(Table Of Contents)写到盘上。在写入 TOC 之前,这种盘只能在专用的播放机上读;在 TOC 写入之后,这种盘就可以在普通的播放机上播放。

橙皮书第 2 部分标准还定义了另一种 CD-WO 盘,叫作 Hybrid Disc(混合盘)。这种盘含有两种类型的记录区域:

- Pre-recorded Area(预记录区),这个区域的信息是按照 Red Book、Yellow Book 或 Green Book 标准预先记录在盘上的,是一个只读区域。

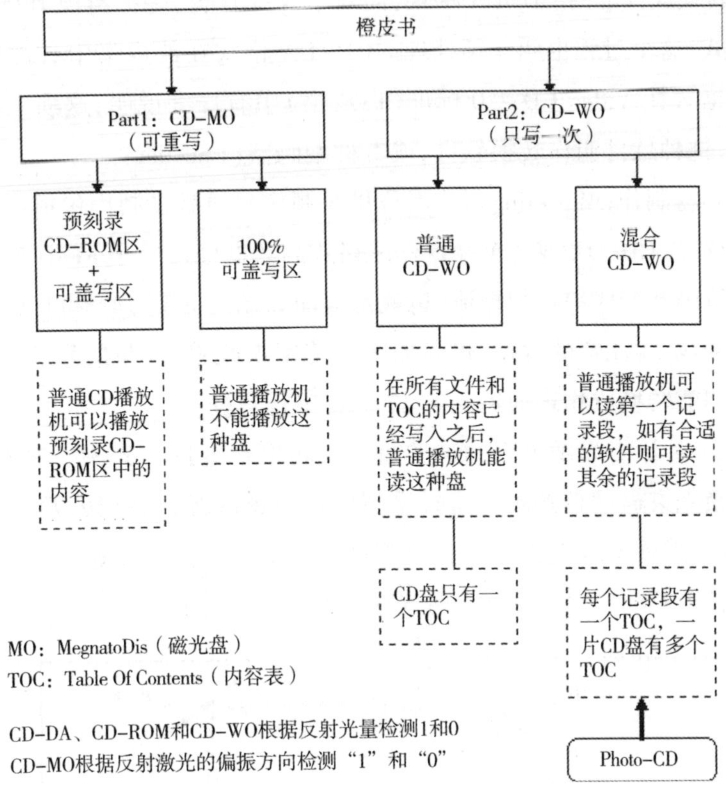

图 5-2-9　橙皮书概貌（引自 Jim Fricks 盘片制造公司）

- Recordable Area(可记录区),这个区可以把物理光道分成多个记录段(multi-session)。每段由导入区(Lead In)、信息区(Information)和导出区(Lead Out)三个区域组成,每一段要在导入区写入 TOC。

Hybrid Disc 的结构如表 5-2-6 所示。

表 5-2-6　Hybrid Disc 的结构

第 1 段			……	第 n 段		
导入区（Lead In）	信息区（Information）	导出区（Lead Out）	……	导入区（Lead In）	信息区（Information）	导出区（Lead Out）

5.2.6　CD 光盘制造

激光唱盘(CD-DA)、数字激光视盘(V-CD)和 CD-ROM 的制作过程都相同,大致分成三个阶段:

(1) 原版盘预制作(Premastering),或者称母盘预制作。对于激光唱盘,是把制作好的音乐节目转换成标准的 CD-DA 格式，而对于 V-CD 盘，是把影视节目转换成 V-CD 标准记录格式，这个过程也叫作预处理。CD-DA 格式在红皮书中有详细说明，V-CD 的标准记录格式在 Video CD 2.0 标准（白皮书）中有详细说明，这项工作通常是由软件来完成的，这种软件叫作转换软件，或者称编码器（Encoder）。

（2）原版盘制作（Mastering），或者称母盘制作。原版盘制作包括：

第一，把符合 CD-DA 或者 V-CD 标准格式的数据经过一个 EFM（Eight-to-Fourteen Modulation）编码器变成串行数据流，也就是前面介绍的 8 到 14 调制，意思是把一个 8 比特的数据变成 14 比特的数据，再附加 3 比特用来改善读/写信号的质量，这样 8 比特的并行数据就转换成物理通道上的 17 比特串行数据。

第二，把一片涂有光敏电阻的玻璃盘在旋转平台上进行光刻。参看图 5-2-10，激光源发出的激光束通过激光调制器时受到串行数据的控制，例如，数据"0"不让激光束通过，光敏电阻就不曝光；数据"1"让激光束通过，光敏电阻就曝光，这样在玻璃盘上就形成了长短不同的曝光区和非曝光区。激光调制器犹如一个开关。

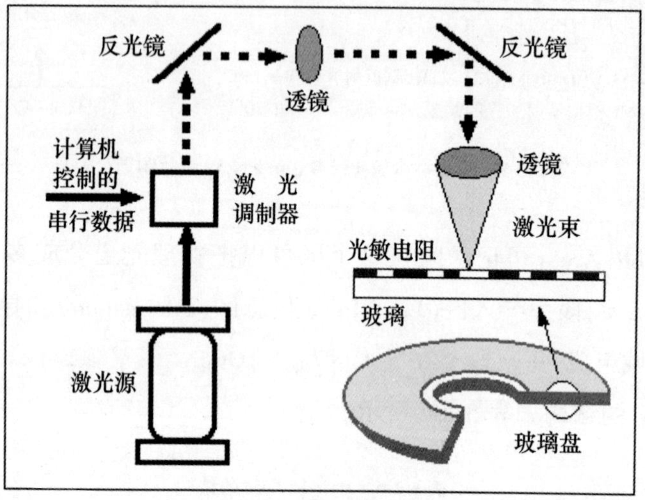

图 5-2-10 光刻系统示意图

第三，对光刻的玻璃盘进行化学处理，盘上曝了光的区域被腐蚀掉形成凹坑，没有曝光的区域被保留下来，"0""1"信号就以凹坑和非凹坑的形式记录在螺旋形光道上。

第四，对经过化学处理的玻璃盘进行化学电镀生成金属原版盘，称父盘（father disc），通过父盘再制作母盘（mother disc），然后由母盘制作出子盘（son disc），子盘就是压模（stamper）。

原版盘制作的整个过程如图 5-2-11 所示。

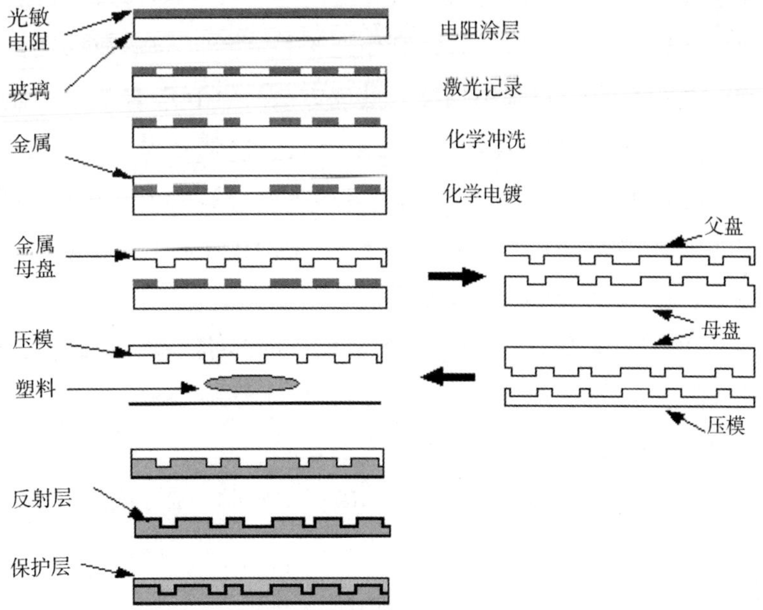

图 5-2-11 V-CD 盘的整个制作过程

(3) 大批量复制。V-CD 的盘基是用聚碳酸脂塑料做的,因此大多数大批量复制设备用塑料注射成型机。聚碳酸脂加热之后注入盘模里,压模就把它上面的数据压制到正在冷却的塑料盘上,然后在盘上溅射一层铝,用于读出数据时反射激光束,最后涂一层保护漆和印制标牌。

5.2.7 VCD 及 DVD 技术

从 1994 年开始,VCD(Video CD)就成为多媒体产业界极为关注的一件大事。VCD 是由 JVC、Philips、SONY、Matsushita 等多家公司联合制定的数字电视视盘技术规格,它于 1993 年问世,并于 1994 年 7 月完成了对 Video CD Specification Version 2.0 的制定工作。在 VCD 盘上的声音和电视图像都是以数字的形式存储的。

一、VCD

1.VCD 的标准

激光视盘和激光唱盘的成功使人们很自然地产生了把数字电视放到 CD 盘上的想法。从理论上讲,放置的方法可以多种多样。通过一段时间的发展,1993 年,JVC 和 Philips 公司联合制定了 CD Karaoke 规格 1.0,同年 10 月将其改名为 Video CD 1.1,并沿用传统的规格命名法,让它成为白皮书。1994 年 7 月 Video CD 2.0 规格被正式制定。

将数字电视放到VCD盘上涉及物理格式和逻辑格式两个基本概念。物理格式规定了信息放到盘上的方法，如盘区的划分、光道的定义、扇区的大小、寻址的方法、错误的检测和校正；逻辑格式又称文件格式，利用逻辑格式可以规定数据文件在盘上的组织和排列方法，如文件大小、目录结构等的处理方法。VCD综合了过去制定的物理格式和逻辑格式，以及通用的MPEG-1的逻辑格式。也就是说，VCD采用了CD-DA、CD-ROM、CD-ROM XA、CD-I物理格式及ISO 9660逻辑格式中的适用部分，而把MPEG-1作为它们的逻辑格式。VCD是介于CD-ROM和CD-I之间的一种格式。

按照Video CD 2.0，VCD应该具有下列特性：

(1) 单片VCD盘片可以存储70分钟的影视节目，图像具有MPEG-1的质量，也就是VHS(Video Home System)的质量。NTSC制式为352×288×25，PAL制式为352×288×25，声音的质量接近于CD-DA的质量。

(2) VCD节目盘上的节目可以在单速CD-ROM驱动器和安装MPEG解码卡的MPC上播放。

(3) VCD播放机除了能播放VCD盘外，还应该可以播放CD-DA盘、Karaoke CD盘、CD-ROM XA盘以及部分CD-I盘，并具有正常的播放功能。

(4) 可以显示按MPEG标准编码的两种分辨率的静态图像。一种是正常分辨率图像，NTSC制式为352×240，PAL制式为352×288；另一种是高分辨率图像，NTSC制式为704×480，PAL制式为704×576。

(5) 交互性。在VCD中并没有对交互性给出一个具体的规定，因此VCD的交互性能的强弱完全取决于播放系统的功能和VCD节目自身。线形播放系统可以不需要复杂的操作系统，因而价格也可以较低，而交互特性很强的播放系统需要操作系统的支持，因而价格较高。

2.VCD播放系统

根据计算机、电视机、激光唱机等应用的不同，VCD播放系统有：

- MPEG播放卡

利用这种卡可以在符合多媒体计算机规格的机器上播放VCD节目。

- 由激光唱机和电视构成的播放系统

这种VCD适配器利用已有的激光唱机和电视机播放VCD节目，要求激光唱机能够输出数字信号。

- VCD播放机

VCD播放机实际上是激光唱机和VCD适配器综合在一起的播放设备。再加上电视机就构成了一个VCD播放系统。

新型的 VCD 播放机采用了 MPEG-2 的解码芯片。利用 MPEG-2 的图像分辨率已增加到 740×480(NTSC 制式)/704×576(PAL 制式)。

以上各种播放系统,其核心部分均由 CD 驱动器(可以是 CD-DA、CD-ROM 或 CD-ROM XA 等)、MPEG 解压卡和微处理器三个部件组成。其工作流程可以简单描述如下:

从 CD 盘读出的是串行 MPEG 数据流和其他控制信号。按照 MPEG 标准,MPEG 数据流包含系统层和压缩层数据。系统层含有定时信号、图像和声音的同步信号等信息;压缩层包含压缩后实际的电视图像和声音数据。这个复合的数据流通过 MPEG 数据流分析器分析后,将声音和图像分别送到 MPEG-Video 译码器和 MPEG-Audio 译码器,经解压处理后送到各自的数/模转换器(DAC)。其中电视图像还要经 NTSC/PAL 编码器后才能在电视机上显示,而声音可以通过卡拉 OK 处理器,再经过功率放大器放大后去推动喇叭。

存储在 VCD 上的图像和声音信号是采用 MPEG 压缩算法压缩的数字信号,并按 VCD 格式交错存放在图像扇区和声音扇区上。

从 VCD 盘读出的位数据流(bit-stream)既包含电视图像数据,又包含声音数据,VCD 解码器首先要从这种数据流中分离出电视图像数据流和声音数据流,然后“兵分两路”,一路从压缩的电视图像数据流中重构出电视图像数据,再用“图形菜单(屏幕)显示 OSD(On-Screen Display)”选择的图形去覆盖它,最后把解压缩后的数据和同步信息送给模拟电视信号编码器,产生 NTSC 或者 PAL 制格式的电视信号送给电视机显示;另一路从压缩的声音数据流中重构出声音数据,然后把它送给模数转换器 DAC(Digital to Analog Convertor),它的输出送给麦克风回响电路,在那里和两个麦克风的输入信号进行混合之后送给立体声设备。

微控制器是一个 8 位微控制器,它用来控制 VCD 播放机的运行。它执行的主要功能是:

(1)接收并解释来自控制面板上的按钮输入命令。

(2)接收并解释来自红外遥控器的输入命令。

(3)在真空荧光数码显示器(Vacuum Fluorescent Display,VFD)上显示播放信息。

(4)控制 CD 加载器和数字信号处理器的运行。

(5)控制 CL482/484 的解码。

(6)处理 VCD 2.0 的交互播放。

二、DVD

1.DVD 概述

DVD 是 Digital Versatile Disc 的缩写，直译为“数字通用光盘”，也是光学存储媒体。DVD 原名是 Digital Video Disc 的缩写，意思是“数字视频光盘”，这是为了与 Video CD 相区别。实际上 DVD 的应用不仅仅是存放电视节目，还可以用来存储其他类型的数据，因此后来把 Digital Video Disc 更改为 Digital Versatile Disc。

MPEG-1 的电视质量是家用录像机的质量，MPEG-1 技术的成熟促成了 VCD 的诞生、产业的形成和市场的成熟；MPEG-2 的电视质量是广播级的质量，由于广播级数字电视的数据量要比 MPEG-1 的数据量大得多，而 CD-ROM 的容量尽管有近 700 兆字节，但也满足不了存放 MPEG-2 Video 节目的要求。MPEG-2 的技术已经相当成熟，为了解决 MPEG-2 Video 节目的存储问题，就促成了 DVD 的问世。

1995 年，一个由 Sony 和 Philips Electronics DV 公司领导的国际财团与另一个由 Toshiba 和 Time Warner Entertainment 公司领导的国际财团分别提出了两个不兼容的高密度 CD(HDCD——High Density Compact Disc)规格。同年 10 月，两大财团终于同意盘片的设计按 Toshiba/Time Warner 公司的方案，存储在盘上的数据编码则按 Sony/Philips 公司的方案。最终的单面单层 DVD 盘片应该能够存储 4.7GB(千兆字节)的数据，单面双层盘片的容量为 8.5GB；单面单层盘存储 133 分钟的 MPEG-2 Video，其分辨率与现在的电视相同，并配备 Dolby AC-3/MPEG-2 Audio 质量的声音和不同语言的字幕(AC-3 是 Audio Code Number 3 的缩写)。

DVD 的特点是存储容量比现在的 CD 盘大得多，最高可达到 17GB。从理论上来说，DVD 的存储容量如表 5-2-7 所示。

表 5-2-7　DVD 的存储容量

DVD 盘的类型	存储容量	MPEG-2 Video 的播放时间
单面单层(只读)	4.7GB	133 分钟
单面双层(只读)	8.5GB	240 分钟
单层双面(只读)	9.4GB	266 分钟
双层,双面(只读)	17GB	
单层双面(DVD-R)	6.6GB	215 分钟
单层双面(DVD-RAM)	5.2GB	147 分钟

2.DVD 和 CD 的比较

一片 DVD 盘要能够存储多达 17GB 的信息，需要采用许多新的技术。DVD 所采用的技术如表 5-2-8 所示。

表 5-2-8 DVD 和 CD 技术摘要

	DVD	CD	容量增益
盘片直径	120 mm	120 mm	
盘片厚度	0. 6 mm /面	1. 2 mm /面	
减小激光波长	635/650 nm	780 nm	4. 486 = (1. 6×0. 83)/ (0. 74×0. 40)
加大 N. A. (数值孔径)	0. 6	0. 45	
减小光道间距	0. 74 μm	1. 6 μm	
减小最小凹凸坑长度	0. 4 μm	0. 83 μm	
减小纠错码的长度	RS-PC	CIRC	
修改信号调制方式	8-16	8-14 加 3	1. 0625 = 17/16
加大盘片表面的利用率	86. 6 平方厘米	86 平方厘米	1. 019 = 86. 6/86
减小每个扇区字节数	2048/2060 字节/扇区	2048/2352 字节/扇区	1. 142 = 2352/2060

在外观和尺寸方面,DVD 盘与 CD 盘没有什么差别,直径均为 120mm(4. 75 英寸),厚度为 1. 2mm;DVD 播放机能够播放现在已经有的 CD 激光唱盘上的音乐和 VCD 节目。不同的是,DVD 盘光道之间的间距由原来的 1. 6mm 缩小到 0. 74mm,而记录信息的最小凹凸坑长度由原来的 0. 83mm 缩小到 0. 4mm,这是 DVD 盘的存储容量可提高到 4. 7GB 的主要原因(见图 5-2-12)。

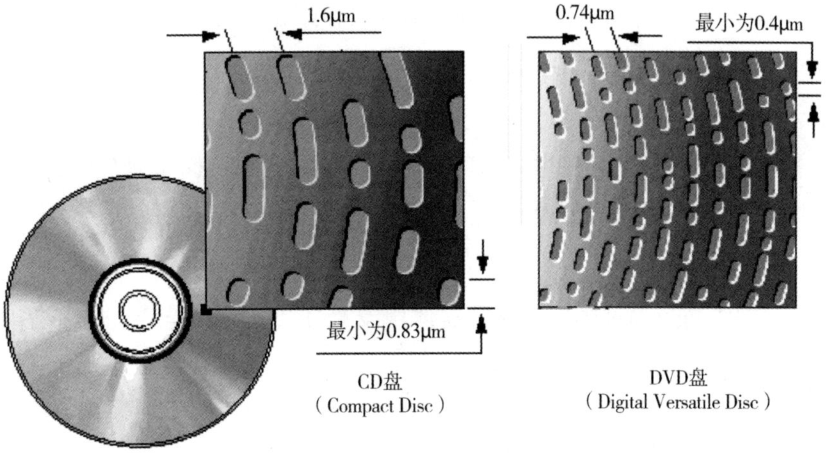

图 5-2-12 DVD 盘和 CD 盘之间的差别

DVD 信号的调制方式和错误校正方法也做了相应的修正以适应高密度的需要,CD 存储器采用 8-14(EFM)加 3 位合并位的调制方式,而 DVD 则采用效率比较高的 8-14+(EFM PLUS)的方式(16 比特),这是为了能够和现在的 CD 盘兼容,也为了和将来的可重写的光盘兼容而采用的方式；CD 存储器采用的错误校正系统是 CIRC，而 DVD 采用 RSPC 系统，它比 CIRC 更可靠。

3.DVD 标准

在 DVD 技术和产品开发方面，10 个消费电子产品公司组成了一个联盟，这个联盟叫作 DVD 联盟（DVD Consortium），并在每一种 DVD 格式的技术规范方面达成了共识。该联盟也很积极鼓励娱乐和计算机工业参与，以便得到消费电子工业和计算机工业的广泛支持。

DVD 规范将用来保证由不同生产厂商生产的 DVD 设备和不同出版商发行的节目能够相互兼容和播放。其中包括：

- DVD Video

用于观看电影和其他可视娱乐。如果采用双面且每面又双层，总容量可达 17GB。

- DVD-ROM

基本技术与 DVD Video 相同，但它包含与计算机友好的文件格式。用于存储数据。

- DVD-R

容量是 4.7GB。原始设计用于专业创作，现在正在开发一般用户使用的版本。用户使用 DVD-R 只能写一次。

- DVD-RAM

这使 DVD 可以用作虚拟硬盘，能随机存取。原始是 2.6GB 的驱动器，容量可以增至每面 4.7GB。可以重写 100,000 次。

- DVD-RW

类似 DVD-RAM，但是采用顺序读—写存取，更像电唱机而不是硬盘。每面的读—写容量是 4.7GB。可以重写 1000 次。

- DVD Audio

音频格式比标准 CD 的质量更高，立体声支持 192kHz 采样，24 比特量化；环绕声采用 AC3 编码。

5.2.8 SACD（Super Audio CD）

一、SACD 简介

1. 什么是 SACD？

CD 的问世，可以被认为是音乐重放领域中最令人激动的事件之一，它将音乐表演带到了一个新的境界。近些年来，一些要求苛刻的听众对重放声音的音质提出了更高的要求。正因为如此,Philips 和 Sony(CD 的发明方)开发出了超级声频 CD(Super Audio Compact Disk,SACD)。SACD 采用了最先进的 DSD 技术,使重放的音质更为出色,将现场演出的所有细节还原得淋漓尽致。该技术接近于重放原始的模拟波形,从而得到清晰和更为自然的声音,将音乐表演的临场感和情感交流都表现得极为真实。由于采用了比 CD 高 64 倍的采样频率,所以 SACD 可以重放出极为纯正和自然的声音——不论是双声道立体声还是多声道记录的声音。图 5-2-13 所示的是 SACD 光盘中的 LOGO 标志。

图 5-2-13 SACD 的 LOGO

2. 为什么要开发 SACD?

SACD 是 CD 的一场逻辑上的革命,它给声频产业带来了美好的发展前景。SACD 复合光盘为音乐专辑到零售商这一环节中的每一个与光盘相关的产业都带来了许多发展机遇。这是因为 SACD 复合光盘能在 SACD 播放机上播放出具有极佳音质的声音,同时这种光盘也能在现有的任何 CD 机上正常播放。

二、SACD 与其他相关声频格式的功能比较

表 5-2-9 SACD 与其他相关声频格式的功能比较

对所有新声频格式的要求	SACD	DVD-Audio	DVD-Video
应用的领域	家庭、轿车以及便携式和将来的 PC 驱动器	家庭、轿车以及便携式和将来的 PC 驱动器	家庭、轿车以及便携式和将来的 PC 驱动器
性能	优于 CD 质量的独立多声道和单独的立体声混合信号	优于 CD 质量的独立多声道信号;立体声信号在大多数情况下来自多声道混合信号	劣于 CD 质量的独立多声道信号;立体声信号在大多数情况下来自多声道混合信号
兼容性	与普通的 CD 播放机完全兼容,兼容 DVD-Video 播放机(CD 内容)	与普通的 CD 播放机不兼容,兼容 DVD-Video 播放机(当 AC-3 内容可用时)	与普通的 CD 播放机不兼容
防盗版措施和复制保护	强有力的一系列复制保护机制	一系列复制保护机制	一系列复制保护机制
增值内容	歌词、图片和视频	歌词、图片和视频	有广泛的内容增值潜力
导航式检索	与 CD 一样的导航式检索,附加内容的增强型 CD 式导航检索	在增设的 TV 屏幕上,通过菜单式结构进行光盘的导航式检索	在增设的 TV 屏幕上,通过菜单式结构进行光盘的导航式检索

三、SACD 格式简介

不论是在民用还是在专业领域,Philips 和 Sony 都是声音记录和重放技术方面最具

创新意识的先驱。例如,20 世纪 80 年代初期,他们就成功地推出了 Compact Disk 这一世界上第一台民用数字声频格式的播放设备。CD 以脉冲编码调制技术为基础,集当时最先进的技术于一身,成为播放音乐的最为友好的民用格式,很快 CD 便成为预录音乐节目最成功的记录载体。至今已经在世界范围发售了 8 亿台 CD 播放机,而软件的销售量已经超过了 140 亿盘。尽管取得了如此骄人的成绩,但是人们一直在探寻具有更高分辨力的数字声频技术,其目的是找到能够满足音乐领域非常高质量的要求,并且能让最苛刻的听众满意的数字音乐载体。

为了达到这样一个目的,就要求有一个全新的声频记录和重放方案。为此,Philips 和 Sony 提出了 SACD 这样一种解决方案。该解决方案采用了直接流数字(Direct Stream Digital,DSD)信号处理技术。这种信号处理技术原本是为珍贵的模拟主版磁带进行数字建档而开发的。

DSD 是基于 1 比特 Sigma-Delta 调制原理开发的处理技术,它使用的采样频率是 2. 8224MHz(相当于 CD 使用的 44. 1kHz 采样频率的 64 倍)。该技术使得 SACD 的可使用带宽达到 100kHz,信噪比达到 120dB。最终的 DSD 数据流比 PCM 调制的数据流更加接近于原始模拟信号。

DSD 调制的解决方案使得信号处理链路中的几个处理步骤被取消了(见图 5-2-14)。

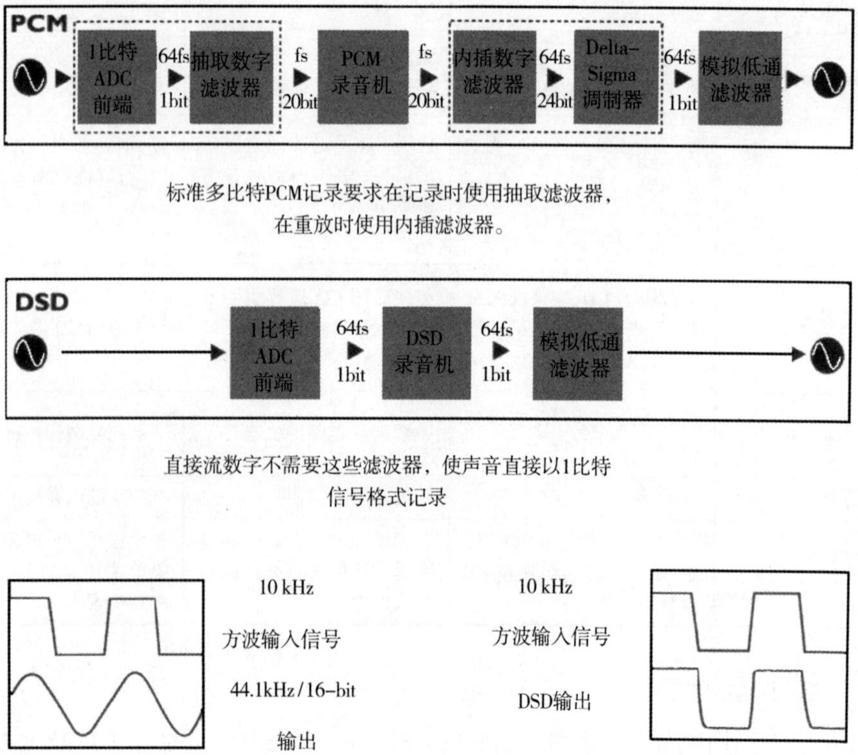

图 5-2-14　PCM 与 DSD 方案的比较

SACD 在所有的声道上均使用了 DSD 技术。在多声道盘片中，共有 8 个声轨（多声道的 6 个声道和双声道的 2 个立体声声道）存储在光盘上。SACD 的技术指标中规定，所有声道中的声频信号是完全分立的。正是由于采用了 DSD 技术作为 SACD 的技术基础，Philips 和 Sony 才能够为民用市场和音乐界提供具有无与伦比的音质的声音。

取得 SACD 音质的关键因素之一就是它的多声道能力。有些制作人打算用增加声道的办法来忠实还原演出现场的声学特征。另外一些人则打算开发出新的创造性机制，使听众能够感受到 360°的声场。这样就可以使听众有更强的情感触动，同时也给音乐人更大的艺术创作空间。多声道的 SACD 取代双声道立体声 SACD，正成为人们欣赏音乐的另一种方式。

但是如果没有光存储媒体技术的发展，要想达到这种音质水平是不可能的。通过采用更短波长的激光和特殊的光学器件，使光盘的容量较 20 世纪 80 年代提高了 7 倍。实际上，SACD 采用了 DVD 光盘技术作为物理数据载体。

四、复合光盘与兼容性

1. 复合光盘的数据结构

SACD 格式可以识别复合光盘。该种复合光盘巧妙地将通常红皮书格式的 CD 内容组合到单独的 4.7GB 记录层上。这一概念是 SACD 格式与成熟的 CD 格式之间的基本连接方式。复合光盘包含标准精度的 CD 层和高精度的 SACD 层，SACD 层可以包含多达 4.7GB 的 DSD 数据，SACD 层的逻辑结构相对简单，并且与 CD 内容层一样明了。

SACD 层中增值数据区的使用是备选的，该区可以包含诸如歌词、视频图像和图片等内容。图 5-2-15 所示的是复合光盘的内容。

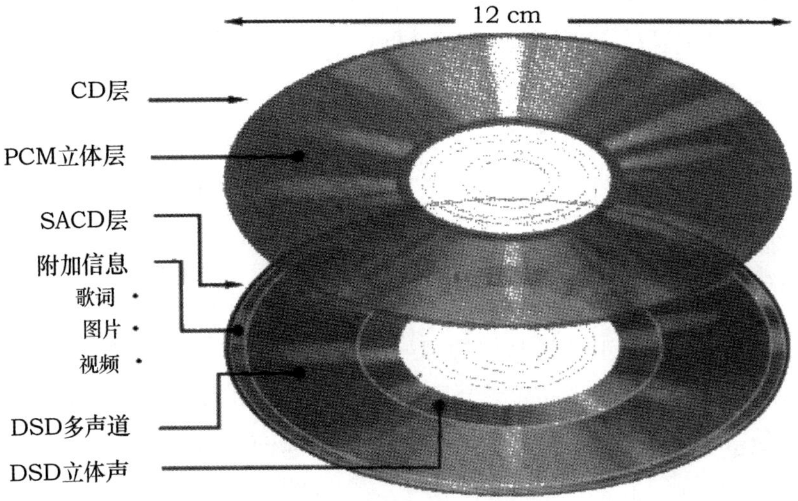

图 5-2-15 复合光盘的内容

2. 复合光盘的物理结构

从外观上看,SACD 复合光盘与直径 12cm、厚度 1.2mm 的任何光盘没有什么区别。但是从内部来看,这种光盘是将两个 0.6mm 的数据记录层粘接在一起,其中一个记录层包含的是 SACD 数据,另外一层包含的是 CD 数据。CD 数据层靠近光盘标签一侧,而 SACD 数据层位于光盘的中间,在拾取 CD 数据时,SACD 层实际上是读取激光束检测不到的。包含在 SACD 复合盘 CD 记录层中的数据是与红皮书 CD 标准完全兼容的,因此这种复合光盘可以在所有具备 CD 播放功能的机器上播放。

3. 复合光盘的粘接

复合光盘的粘接处理过程与 DVD5 一样,利用聚碳酸酯作为粘接材料。但是如果使用环烯作为粘接材料,则要想取得合适的粘接力,就需要对感光底层进行表面预处理。这一预处理过程可以在生产线上完成。

4. 检测设备与技术要求

在生产复合光盘期间,可以采用与 DVD 类似标准的在线监测系统,同样要进行离线的参数检测。对于 CD 和 SACD 层的 HF 和伺服信号的测量,可以使用大多数测试设备生产厂家生产的商用 SACD 测试设备来进行。通常,这些信号的测量标准与 DVD(SACD 层)和 CD(复合光盘的 CD 层)一样。

5. 复合光盘的生产

复合光盘的生产与 DVD 的生产类似,但也有一些差别。任何现有的 DVD 生产线都可以改造成 SACD 的生产线。所有塑质盘一般都会吸收潮湿环境中的水分,对于复合光盘而言,这种水分吸附现象只是比 CD 和 DVD 稍微严重一点。带有保护涂层的标签文字可以比激光透视一侧更能较好地阻止水分的侵入。必须采取必要的保护措施来避免潮湿环境下复合光盘发生卷曲。一般采用两种解决办法:一是使用不易吸收水分的材料来做记录层;二是增加正面涂层。

6. SACD 复合光盘的制造流程简介

(1)主版和模版。SACD 复合光盘的制造需要两套压模版,即 CD 和 SACD 模版,这两种模版均是由 413nm(DVD)激光束录音机的主版盘成型的。在制造玻璃主版的过程中要加入版权和防盗版的一些特性措施。之后关于主版和模版的一些处理就与 DVD 的制作流程一样了。

(2)感光底层。CD 和 SACD 的模版用于复制复合光盘的感光底层。对于两个记录层,复制是采用通常的 0.6mm 感光底层(DVD)模版和溅射成型设备完成的。

图 5-2-16 所示的是 CD 和 SACD 中点坑分布的不同之处。

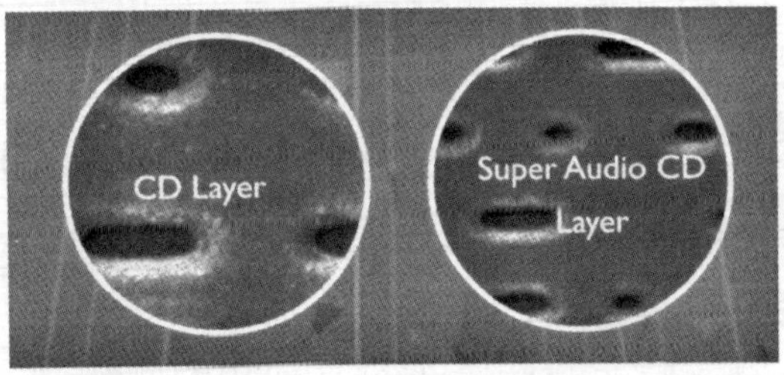

图 5-2-16 CD 和 SACD 主版上点坑分布的不同

五、CD 和 SACD 层的读取原理

复合光盘巧妙地利用了 CD 和 SACD 读取激光具有不同波长(分别是 780nm 和 650nm)这一特点。如图 5-2-17 所示,其中的 SACD 层相当于一个滤色片,它可以透过读取 CD 的激光束,但是对于拾取 SACD 的激光束而言,SACD 层的材料可以将其反射,故可以读取。复合光盘的粘接处理与单层 DVD5 一样。SACD 与 CD 层之间的距离是 0. 6mm,这样可以保证不出现光学干扰或使层与层间的串扰恶化。

在复合光盘中,CD 层的所有特性必须符合红皮书 CD 的技术要求。SACD 层的高频和伺服特性,以及它的机械和光学参量与 DVD5 相应的技术要求是一致的。复合光盘与 DVD 的不同之处只是内容的逻辑分配、数据格式和复制保护措施。

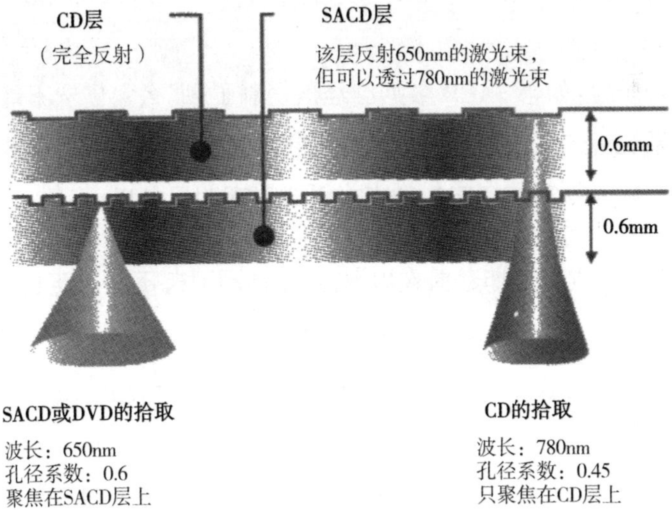

图 5-2-17 复合光盘的信号读取

六、SACD 的录制

此前已经介绍过 SACD 是采用 DSD 技术进行信号处理的,DSD 是 1 比特数字信号,它的高采样率(2. 8224MHz)可使采用的防混叠滤波器具有 100kHz 的过渡带宽,保留 10ms 的脉冲响应。DSD 在整个声频带宽上具有 120dB 的动态范围。

SACD 的内容可以来自新录制的素材,也可以是原来建档过的素材。要想创建 SACD 节目,则内容必须是 DSD 格式的。当源素材的声频格式不是 DSD 格式时,必须用专门的技术和已经开发出来的格式转换工具将其转换成 DSD 格式。

七、SACD 的内容保护

SACD 的内容保护采用了 5 道防线,每道防线均有抵御非法复制的不同措施。这些防线是相互独立的,以便即使其中的一道防线被攻破,其他的保护措施仍能够防止对其内容进行非法复制。

SACD 的内容保护措施可以避免 SACD 光盘被商业化盗版和伪造,也可以阻止进行消费形式的复制,比如在可录 DVD 上进行盘到盘的复制。

1. DSD 内容的保护

第一道保护防线:现有的 PC 光盘驱动器不能读取 SACD 光盘的数据。

在这一道防线中,SACD 光盘导引区数据是交织排列的。它隐藏了初始读取所必需的光盘参数。因此,没有在 SACD 中注册的驱动器是不能读取 SACD 光盘的,并且会将装入的光盘弹出。这种技术被称为"SACD 标记"。

SACD 标志对于那些打算盗取 SACD 交织排序系统内容的 PC 电脑黑客而言,由于他们在其硬盘上得不到原始的交织排序的 DSD 数据,所以 SACD 标志有很好的保护性能。

第二道保护防线:如果 SACD 数据已经被复制了,那么它仍然不能使用。

复制保护系统最严重的失败就是使用者将 SACD 光盘原封不动地、逐比特地复制到可录光盘上。如果复制数据中包括去交织所要求的口令,这样的光盘就可以在民用设备上播放了。

一些其他的复制保护系统依赖写在导引区的口令。虽然对于 PC 而言,应用程序通常是不能访问导引区的,但是理论上可以对录音机进行改造,使其可以将数据复制到导引区。只要导引区被访问到,就可以进行高速和无限制的复制了。

为了避免出现这样的问题,SACD 采取了一些措施,这些措施可以使得已经逐比特复制了 DSD 交织数据的可录光盘在 SACD 播放机上仍不能播放。

这是第二道保护防线,其中 SACD 光盘中包含所谓的"Pit Signal Processing Physical Disk Mark—PSP-PDM"(点坑信号处理的物理盘标记),或称不可见的水印。PSP-PDM 有两种方式工作:第一,SACD 播放机在开始播放时要检测 PSP-PDM;第二,PSP-PDM 包含了对记录在 SACD 光盘上的声频内容进行去交织处理所需要的信息。对于民用的录音机是不可能写 PSP-PDM 的。由于逐比特复制了 DSD 内容的可录光盘丢失了 PSP-PDM,所以 SACD 播放机就不能播放可录光盘了。

第三道保护防线:盗取标题的交织数据的成本是很大的。

假设交织的 DSD 数据可以在 PC 上读到,但是利用目前的高端 PC 机对口令进行彻底的检索,也要化上数月的时间。电脑黑客要想得到所有可能的关键数值就要进行彻底的口令检索。要想对 DSD 进行去交织处理必须找到 80 比特的数据。对于 PC 黑客来说,这种通过彻底的口令检索得到这些比特数值是困难的,因为这 80 比特在总线或驱动器的 IC 连接间是看不到的,即便是交织的形式也是看不到的。

这种彻底的口令检索对于每个 SACD 标题必须重复进行,因为每一个 SACD 标题的口令都是不同的。在 SACD 光盘上没有通过 PC 驱动器和 DeCSS 型软件可以恢复数据的媒体口令块或专辑 ID。

第四道保护防线:绝不会暴露交织系统的细节。

只有硬件可以使用去交织算法。特许协议不容许以软件形式制作去交织算法。所以没有必要从 SACD 传输交织口令来驱动软件应用程序。这样便消除了通常的安全隐患。另外,只有特许的 IC 制造商才能以可靠的硬件模块形式使用算法。其他的特许不需要了解复制保护系统的细节。目前还不打算为去交织算法的软件应用办理许可。因为这样的应用方案很容易被 PC 黑客攻击。

第五道保护防线:避免商业盗版和伪造的巧妙保护措施。

SACD 格式化设备和 PSP-PDM 编码器将不在开放的市场上使用。这样非特许的制造商就不可能通过对模拟输出进行再次数字化的方法来重新制作 SACD 主版。格式化设备和编码器只是租给特许的制造商,绝不销售给他们,因此市场上绝不会有二手的设备。

SACD 只有在检测到 PSP-PDM(播放控制)时才能进行播放。PSP-PDM 不能由还没有签发 SACD 技术特许的 DVD 主版制作设备写入。因此,SACD 的播放控制会弹出那些盗版的光盘。

2. 看不见的水印

看不见的水印被称为 PSP-PDM。

PSP-PDM 是非常困难地写入可写光盘上的。它只能由 SACD 特许的设备写入主版中。

PSP-PDM 用于重放控制(必须有 PSP-PDM 才能进行首次播放 SACD 光盘动作)。PSP-PDM 还可以用于内容访问的控制。

3. SACD 标志:光盘访问控制

SACD 标志隐藏了某些光盘参数。驱动器在开始读取光盘前必须有这一信息。

因此,不兼容的驱动器将不能从 SACD 光盘读取数据。

4. 重放控制

DSD 播放只能在检测到 PSP 物理光盘标志后才能进行。

5.2.9 DVD-Audio

DVD-Audio 技术规定描述了可灵活支持通道数、采样频率、字长和诸如视频元素这样的其他性能的高保真声频存储媒质。DVD-Audio 主要是对线性 PCM(LPCM)数据的高保真立体声和多声道音乐节目进行编码。DVD-Audio 的开发受代表大部分唱片利益的国际指导委员会(International Steering Committee,ISC)的影响。DVD-Audio 被设计成与其他 DVD 格式相兼容,并且在重放音质和多声道重放上有所突破。尽管 DVD-Video 格式可以提供高质量的声频(如 6 声道的 48kHz/20bit 声频),但其最高为 6.144Mbps 的声频比特率不能支持最高质量级别的声频。因此,DVD-Audio 的最高比特率被提高至 9.6Mbps。然而,6 声道的 96kHz/24bit 声频超出了最高比特率,而且高比特率缩短了播放时间。故可以使用备选的 Meridian 无损打包(Meridian Lossless Packing,MLP)这种无损压缩算法来降低比特率,同时给出高保真的音质和长的播放时间。这样的选项允许在单数据层上存储长达 74 分钟的多声道音乐节目。所有的 DVD-Audio 必须包括未压缩或 MLP-压缩的 LPCM 规格节目的 DVD-Audio 部分。为了增加与 DVD-Video 播放器兼容的性能,DVD-Audio 还可以包括带 Dolby Digital、DTS 和/或 LPCM 声轨的视频节目。

一、文件的组织

定义的 DVD-Audio 类型有两种。只有声频的(Audio-Only)光盘包含的主要是 LPCM 音乐内容。它可以将含有静止图片(每声轨一幅)、文字信息和可视菜单的内容作为备选项。在 Audio-Only 光盘中,数据存放在 DVD-Audio 区中。AUDIO_TS 目录(文件夹)存放有菜单和展示数据。Audio Manager 定义了文件类型以及声频和视频数据的组织。诸如线性 PCM 这样的声频数据被存放在 Audio Title Set (ATS,声频标题集)当中。带视频的声频(AV)光盘可以格式过的视频内容作为 DVD-Video 格式的子集来存放。不带视频功能的 DVD-Audio 播放器可以播放 DVD-Audio AV 上的声频内容和视频内容中的声频元素。它们可选择播放 DVD-Video VAN 上的声频元素。在 AV 光盘上,声频数据被存放在 Audio Title Set 当中,视频数据被存放在 Video Title Set 当中。Audio Manager 和 Video Manager 定义了文件类型,以及声频和视频的组织。菜单和节目数据被包括其中。Audio Manager 可以控制 DVD-Video 数据的子集。利用 Link Info,DVD-Audio 播放器可以播放出视频内容中的声频元素。如果光盘的 Video

Title Set 子目录中包含立体声 LPCM 或 Dolby Digital 规格的专辑光盘内容,那么 DVD-Audio 光盘可以与 DVD-Video 播放器部分兼容。通用 DVD 播放器可以播放所有DVD-Audio 和 DVD-Video 光盘。声频声轨的展示数据被存放在 AOB(Audio Object,声频对象)文件中。每个 AOB 存放有 PCM 数据以及备选的声频数据,比如 Dolby Digital。备选的非声频数据(如静止图像)被存放在 ASV (Audio Still Video,声频中的静止视频)文件中。视频轨的展示数据被存放在 VOB (Video Object,视频对象)文件中。VOB 文件包含交错的 MPEG-2 数据和声频数据。播放声频轨所必需的文件被放在 AUDIO_TS 文件夹中;视频轨的文件(也包含 VMG)被放在 VIDEO_TS 文件夹中。

在许多 DVD-Audio 中,一条声轨中包括一首歌曲。一张光盘还可以包含每张专辑的 9 个分组(一张专辑在一个光盘面上)。一个分组基本上包含多达 99 个不同声轨(每个轨带有 99 个子目录),一轨可能包含不止一个分组。用户选择一个分组和该分组内的多个声轨。这种导航由 AMG(Audio Manager)支持。SAMG (Simple Audio Manager,简单的声频管理)类似于 CD 的 TOC,并且包含声轨列表(最多 314 个)。每张光盘包括一个基于声轨导航的 SAMG。简单的播放器只识别 SAMG,并不能识别 AMG。这些播放器只有两个声道的声频输出,没有视频输出。具有视频输出的 AMG 播放器读取 AMG 的 AMG/AVTT (声频及其视频)部分,没有视频输出的 AMG 播放器读取 AMG/AOTT (只是声频)部分。在这种方式中,光盘与大量的不同性能相兼容。表 5-2-10 概括总结了在 DVD-Audio 中见到的主要数据元素。

表 5-2-10 DVD-Audio 中包含的主要数据内容

元素	内容概述
SAMG	针对简单声频播放器的导航内容，播放器只有两个声道的声频输出
AMG	整张光盘的导航信息，其中可能包含备选的文字管理 用于可视菜单的AMG菜单视频对象集
ASVS	导航静止图片的信息 用于静止图片的声频静止视频集
ATS	导航ATS的信息 用于声频数据和声频轨的备选RTI的声频对象集
VMG	导航视频部分的信息
VTS	导航VTS的信息 用于视频轨的视频/声频的视频对象集

二、目录和性能

DVD-Audio 格式支持大量的编码方案和记录参数。备选的声频编码方案包括 Dolby Digital、MPEG-1、带/不带扩展比特流的 MPEG-2、DTS、DSD、SDDS 和 MLP。线性 PCM (LPCM)轨对于所有光盘都是强制性的;所有 DVD-Audio 播放器必须支持 MLP 解码。与有些 5.1 声道系统(Dolby Digital,MPEG)不同,用在 DVD-Audio 中的 LPCM 编码对 LEF 声道并不是限带的,它是全频带声道。DVD-Audio 是可缩放的格式,为内容提供者提供了很大的灵活性。当采用 LPCM 编码时,声道数(1~6)、字长(16、20、24 比特)和采样频率(44.1、48、88.2、96、176.4 或 192kHz)都是允许的。在 176.4kHz 和 192kHz 的最高采样频率下,只可以进行双声道的重放。声频编码备选项和光盘层数决定了播放时间。例如,在一个数据层上的立体声 LPCM 节目是可以播放 258 分钟还是 64 分钟,则要取决于其记录参量。类似的,不同的多声道记录配置所生成的记录时间如表 5-2-11 所示。利用 MLP 无损压缩或有损压缩同样可以延长播放时间。

表 5-2-11 没有采用 MLP 编码的 DVD-Audio 中播放时间的例子

声频内容组合	声道组合	每面光盘的播放时间			
		12cm 光盘		8cm 光盘	
		单层	双层	单层	双层
仅2声道	48k/24-bit/2声道	258分钟	469分钟	80分钟	146分钟
仅2声道	192k/24-bit/2声道	64分钟	117分钟	20分钟	36分钟
仅2声道	192k/24-bit/2声道	125分钟	227分钟	39分钟	70分钟
仅多声道	96k/24-bit/6声道	86分钟	156分钟	27分钟	48分钟
2声道和多声道	96k/24-bit/2声道+96k/24-bit/3声道和48k/24-bit/2声道	76分钟each	135分钟each	23分钟each	41分钟each

声频声道是放在两个声道分组(Channel Groups,CG)内的。声道安排的例子如图 5-2-18 所示。编组分层图所示的是混合形式,其中采用了前 L 和前 R 声道,前 L,R 和 C 声道,以及角落 L,R,Ls 和 Rs 声道。CG1 的采样频率和字长大于或等于 CG2。一般而言,CG1 安排是针对前方声道的,CG2 安排是针对后方声道的。声道可以被安排成单声道至 6 声道分组、不同的字长分组,并且前后声道可以采用不同的采样频率。例如,为了降低存储要求,前方声道可以用 24/96 编码,后方声道可以用 16/48 编码。采样频率必须呈简单的整数倍关系,比如 48/96/192kHz,或者 44.1/88.2/176.4kHz。

声频内容可能变化相当大。例如,一张光盘可能使用立体声 LPCM 声频作为其选项。另一张光盘可能包含为多声道 LPCM 选择的一种编码,以及为立体声 LPCM 安排的另外一种编码。另外的光盘还可能包含立体声 LPCM 作为一种选择编码,另外一种编码是备选格式,诸如 Dolby Digital。这样的好处是:Dolby Digital 数字轨可以在DVD-Video 播放器上播放。有些光盘还可能包括一个以 24/96(还可能有 MLP 压缩)编码的 6 声道 DVD-Audio 选项,一个立体声 LPCM 选项和一个用在 DVD-Video 部分的 Dolby Digital 5.1 声道选项。

DVD-Audio 可以为 LPCM 声轨采用 SMART (System Managed Audio Resource Technique,系统管理声频资源技术)。利用 SMART,播放器可以将多声道声频节目缩混成双声道通过立体声系统来播放。内容控制选用 16 个系数表中的一个进行所需的

		Channel Number					
		0	1	2	3	4	5
Mono/stereo playback	1	C					
	2	L	R				
Left front, Right front weighted	3	Lf	Rf	S			
	4	Lf	Rf	Ls	Rs		
	5	Lf	Rf	LFE			
	6	Lf	Rf	LFE	S		
	7	Lf	Rf	LFE	Ls	Rs	
	8	Lf	Rf	C			
	9	Lf	Rf	C	S		
	10	Lf	Rf	C	Ls	Rs	
	11	Lf	Rf	C	LFE		
	12	Lf	Rf	C	LFE	S	
	13	Lf	Rf	C	LFE	Ls	Rs
Front weighted	14	Lf	Rf	C	S		
	15	Lf	Rf	C	Ls	Rs	
	16	Lf	Rf	C	LFE		
	17	Lf	Rf	C	LFE	S	
	18	Lf	Rf	C	LFE	Ls	Rs
Corner weighted	19	Lf	Rf	Ls	Rs	LFE	
	20	Lf	Rf	Ls	Rs	C	
	21	Lf	Rf	Ls	Rs	C	LFE
				Channel Group1		Channel Group2	

图 5-2-18 采用 CG1 和 CG2 的通道安排

注:Channel Number=声道号;Mono/stereo playback=单声道/立体声重放;Left front,Right front weighted=左前,右前加权;Front weighted=前方加权;Corner weighted=角落加权;Channel group1=声道分组 1;Channel group2=声道分组 2。

下变换。每个系数表定义了电平(0~-60dB)、声像位置和相位;不同的表可用于一个 Audio Title Set 中的每一轨。通过 SMART,多声道光盘就不必有单独的立体声缩混了,不浪费光盘的存储空间。虽然 SMART 的使用是光盘的备选项,但是在播放器中其支持是强制性的。

DVD-Audio 格式采用了加密和嵌入水印技术的备选内容保护。针对预录媒质(Pre-Recorded Media,CPPM)的内容保护(Content Protection)加密编码要强于 DVD-Video 格式中所采用的加密编码,并且有撤销、终止或恢复密钥的功能。备选的 CPPM 水印通过不加密的数字(和模拟)链路识别内容。这在高速加密链路中并不使用,取而代之的是核实未加密信号的复制状态。水印包含在声频信号当中,它对模拟和数字压缩传输链路呈鲁棒特性。

三、MLP

Meridian 无损压缩包(Meridian lossless packing,MLP)是一种用来取得无损数据压缩的声频编码算法。它降低了平均和峰值的声频数据率,从而减缓了对存储容量的要求。MLP 打包声频数据在不改变内容的前提下减小文件大小的效率更高。相对 PCM,MLP 具有另外一些特殊的增强改进:当通过制作链的时候,生成损失、传输误码和其他因素可能会使 PCM 信号稍有改变,然而通过 MLP 编码文件的检测和其比特精度的核准,MLP 可以确保输出信号与输入信号完全相同。MLP 所取得的压缩量取决于被编码的音乐。非常确切地讲,它可以提供 1.85:1的压缩比,从而将比特率降低约 50%,播放时间加倍,同时没有音质上的损失。例如,对于无压缩的 96kHz/24bit 声频,每个声道需要的比特率为 2.304Mbps。因此 6 个声道的记录就需要 13.824Mbps,这已经超出了 DVD-Audio 的 9.6MHz 的最高比特率。因此,在配置时终究不能再使用 LPCM 了。相对而言,MLP 允许 6 声道的 96kHz/24-bit 的记录,其可能达到的带宽减小了 38%~52%,将带宽减小到了 6.6~8.6Mbps,从而在 DVD-5 光盘上可以实现 73~80 分钟的播放时间。在 192kHz/24-bit 的双通道立体声模式中,MLP 提供的播放时间约为 117 分钟,远长于 LPCM 编码 74 分钟的播放时间。

与有损感知编码不同,MLP 是逐比特地保存声频信号的内容。MLP 的压缩量要比有损方法的小,具体的压缩程度取决于声频信号的内容,虽然输出比特率可以根据信号条件而连续变化,但是其也提供了固定比特率模式。MLP 是强制编码选项,因此,所有的 DVD-Audio 播放器必须支持 MLP 解码,但是光盘上 MLP 的使用是内容提供者的备选项。MLP 可以逐声轨采用。MLP 支持所有的 DVD-Audio 采样频率,并且量化也可以以 1 比特为步长从 16 变化至 24 比特。MLP 可以同时对立体声和多声道进行编码。

5.2.10 其他种类的光盘存储器

除了 CD-ROM 和 CD-R 以外,还有一些光盘存储器得到了广泛的应用,包括 WORM、磁光盘、相变光盘。

一、WORM 光盘

WORM(Write Once Read Many Times)光盘,也就是说在这种存储介质上只允许写入一次,记录在盘上的信息既不能被抹掉,也不能被覆盖。信息一旦被记录在盘上,可以反复读出,并长期保存。

WORM 的写入和读出原理和 CD-R 相同。事实上,CD-R 就是综合了 CD-ROM 和 WORM 的特点开发的新产品。不同的是,WORM 的着眼点是大量信息的永久保存,而 CD-R 的主要用途是多媒体出版系统。

WORM 记录密度高,存储容量大,可以随机存取,抗恶劣环境能力强,工作稳定可靠,介质可换,信息保存寿命长,价格便宜。适合于数字图像等文档信息的存储和检索。

二、磁光盘

磁光盘(Magneto-Optical Disk,MO)不像 CD-ROM、WORM、CD-R 等纯粹使用光技术的存储器,它是利用光技术和磁技术相结合来记录信息和读取信息的,是一种可重写光盘。

磁光盘的光学读/写头的工作原理和 CD-ROM 相同,记录信息的磁性介质是稀土过渡金属合金,通过磁畴来记录信息。在磁光记录中,对信号的记录和抹除都是将激光照射在记录介质上,使其局部温度升高,与此同时,再从外部施加磁场使该处的磁畴取向改变来记录或抹除信息。

要使磁畴从一个方向变成另一个方向所需要的磁场强度和温度有很大的关系,在常温下不易改变。只有用激光将磁畴加热到一定温度,使其矫顽力变成几乎为零,才可以在偏置磁场的作用下完成。等激光撤离后,该区域迅速冷却,磁畴的方向也就固定了。

信息的擦除和重写一般采用先擦除后写入的方法。即先让光道上的所有磁畴先取相同的方向,然后加入反向恒定磁场,用写入信号调制写入激光的输出功率。要使磁畴反向的区域输出功率大,使该区域的温度升高,在反向磁场的作用下磁畴的磁化方向发生翻转,磁畴不反向的区域,激光输出功率小,该区域的磁畴保持原有方向。从原理上看,擦除和重写不用分开进行。

三、相变光盘

相变光盘(Phase change disk)系统不同于磁光盘系统。磁光盘的记录和读出原理是利用磁技术和光技术相结合来记录和读出信息的,而相变光盘的记录和读出原理只是用光技术完成的。在磁光盘中,"写"激光仅仅用于加热记录区域,使温度升高,然后在外磁场的作用下改变磁畴的取向,用磁畴的正反方向来区别记录的 0 和 1 信息,并通过克尔磁性效应来检测 0 和 1。在相变光盘系统中,"写"激光加热记录介质的目的是改变相变记录介质的晶体状态,用结晶状态和非结晶状态来区分信息 0 和 1,利用这两个状态具有不同的反射率这一特性来检测 0 和 1 信号。

与磁光盘相比,由于相变光盘仅用光学技术来读/写,所以读/写光学头可以做得相对简单,存取时间也可以提高;由于相变光盘的读出方法与 CD-ROM 光盘相同,所以容易实现多功能的光盘驱动器;由于相变光盘仅用光学技术读/写,将来有可能实现用电子束代替激光束,使记录密度大大提高。

思考题

1. 只读光盘是如何记录“0”和“1”的？
2. CD 盘中的 EFM 是什么意思？
3. 什么叫作 CD 盘的物理格式？
4. 计算单速 CD-ROM 的用户数据传输率是多少 KB/s（1KB=1024 bytes）。

5.3 半导体和硬盘技术

5.3.1 半导体存储技术

半导体存储器种类繁多，不同产品技术原理不同，均各有优缺点和适用领域。例如，SRAM（静态随机存储器）能利用触发器的两个稳态来表示信息 0 和 1，即不需要刷新电路就能保存它内部存储的数据，故 SRAM 读写速度非常快，但是它非常昂贵，且功耗大，只用在 CPU 的一、二级缓存（Cache）等对存储速度要求很严格的地方。当下最主流的存储器是 DRAM、NAND Flash、NOR Flash，其中 NOR 和 NAND 其实是取用了电路逻辑运算中的或非（Not OR）和与非（Not AND）来进行命名的。这三者占据了所有半导体存储器规模的95%左右，尤其是前两者，约占总规模的 9 成，因此主要针对这三者进行介绍。

一、工作原理

类似于微处理器，存储芯片是一个集成电路（integrated circuit，IC），由数以百万计的晶体管和电容构成。大多数计算机内存是动态随机访问存储器（dynamic random access memory，DRAM），一个晶体管和一个电容搭配起来形成一个存储单元（memory cell），它可以存储一个比特的数据。电容保持这个信息比特是 0 还是 1，晶体管则像一个开关，使存储芯片上的控制电路读该电容或改变电容的状态。

一个电容好像一个能容纳电子的小桶。对于存储 1 的内存单元，桶是装满了电子的，对于存储 0 的单元来说它是空的。对于电容这个“桶”来说，问题是它有泄漏，在很短时间内装满的桶会变空。因此，要使动态内存工作，无论是 CPU 还是存储控制器都不得不对所有为 1 的电容在它们漏电前重新充电。为了完成这个任务，内存控制器读内存后再写回去。这个更新操作在一秒内自动进行几千次。

如果没有方法取出和放入信息，单个的内存单元是没有用处的。实际上，有一套支持电路帮助内存单元完成读、写操作。这些电路完成的功能如下：

- 区分每个行和列(行地址选择和列地址选择)
- 保持对刷新序列的跟踪(计数器)
- 从一个单元读出并恢复其信号(传感放大器)
- 告诉一个单元是否应该充电(可写)

二、常用存储技术对比

1. DRAM

DRAM 即动态随机存储器(Dynamic RAM),“动态”两字指的是每隔一段时间要刷新充电一次,否则内部的数据会消失。这是因为 DRAM 的基本单元是一个晶体管加一个电容,并用电容有无电荷来表示数字信息 0 和 1,电容漏电很快,为防止电容漏电而导致读取信息出错,需要周期性地给 DRAM 的电容充电,故 DRAM 速度比 SRAM 慢。

另一方面,这种简单的存储模式也使得 DRAM 的集成度远高于 SRAM,一个 DRAM 存储单元仅需一个晶体管和一个小电容,而每个 SRAM 单元需要四到六个晶体管和其他零件,故 DRAM 在高密度(大容量)方面比 SRAM 有优势。SRAM 多用于对性能要求极高的地方(如 CPU 的一级二级缓冲),而 DRAM 主要用于计算机的内存条等领域。

2.NAND Flash

为更好地讲述 NAND Flash 和 NOR Flash 这两大存储产品,我们首先来认识一下 Flash 技术。

Flash 存储器又称闪存,是一种非易失性存储器。闪存的存储单元是场效应晶体管,是一种受电压控制的三端器件,由源极(Source)、漏极(Drain)、栅极(Gate),以及衬底组成,在栅极与硅衬底间有二氧化硅绝缘层,用来保护浮置栅极中的电荷不会泄漏。

NAND 的擦和写均基于隧道效应,电流穿过浮置栅极与硅基层之间的绝缘层,对浮置栅极进行充电(写数据)或放电(擦除数据)。而 NOR 擦除数据仍基于隧道效应(电流从浮置栅极到硅基层),在写入数据时则采用热电子注入方式(电流从浮置栅极到源极)。

NAND Flash 是目前闪存中最主要的产品,具备非易失、高密度、低成本的优势。在 NAND 闪存中,数据是以位的方式保存在 Memory Cell 中的,一个 Cell 存储一个 bit,这些 Cell 或 8 个或 16 个为单位,连成 bit line,而这些 line 组合起来会构成 Page,而 NAND 闪存就是以页为单位读写数据,以块为单位擦除数据,故其写入和擦除速度虽比 DRAM 慢 3~4 个数量级,却也比传统的机械硬盘快 3 个数量级,被广泛用于

eMMC/EMCP、U 盘、SSD 等市场。

3.NOR Flash

NOR Flash 的特点是芯片内执行(Execute In Place,XIP),即应用程序不必再把代码读到系统 RAM 中,而是可以直接在 Flash 闪存内运行。NOR 的传输效率很高,读取速度也比 NAND 快很多,然而其擦除是以 64~128KB 的块为单位进行的,执行一个写入/擦除操作的时间为 5s,而 NAND 器件的擦除是以 8~32KB 的块为单位进行的,执行相同的操作最多只需要 4ms,故其很低的写入和擦除速度大大影响到了它的性能。此外,NOR 的单元尺寸几乎是 NAND flash 的两倍,这使得 NOR 的使用范围受到了更大的限制。

5.3.2 硬盘存储技术

5.3.2.1 硬盘基础

一、概述

硬盘在 1950 年被发明。开始其只是一个直径 20 英寸的大碟片,仅能存储几个 MB。它们最开始被称作"固定磁盘(fixed disks)"或者"温盘(Winchesters)"(一个流行的 IBM 产品的代号),后来被叫作"硬盘(hard disks)",以便和"软盘"区分。硬盘有一个用于支撑磁介质的硬底盘,这不同于磁带和软盘上的易弯曲的塑料薄片。

硬盘用磁性记录技术记录数据。磁性介质很容易被擦去和重写,而且它们能"记忆"记录在介质上的磁通量模式很多年。一个典型的桌面机有一个容量在 1T 到 4T 之间的硬盘。数据以文件的形式存储,文件是一个命名的简单字节集合。字节可以是文本文件的 ASCII 码,或者计算机可执行的应用软件指令,或者是数据库记录,还可能是 GIF 图像的像素色彩等。不管文件包含什么,它都是一串字节,当运行程序需要文件的时候,硬盘取得字节并且一个个传给 CPU。

有两种方法测量硬盘的性能:

(1)数据传送速率。数据传送速率是每秒能传送到处理器的字节数。

(2)寻道时间。寻道时间是在当处理器请求一个文件到文件的第一个字节被送到 CPU 之间的时间。

另一个重要的参数是硬盘容量,即它能存储的字节数目。

二、硬盘结构

硬盘是一个密封的铝盒子,一面连接有控制电路。电路控制读写机制和转盘的电机。电路还将驱动器上的磁性记录转换成为字节(读),以及将字节直接转换成为磁性记录(写)。电路被包含在一个与驱动器分开的小电路板上。电路板下面是旋转转盘的马达的接口,它就像一个过滤通风口一样让内外的空气压力相等。

(1)转盘,一般工作时转动3600~7200rpm。

(2)读写臂,托着读写头,被左上角的机械控制,可以在硬盘中心和边缘之间移动读写头。读写臂和移动它的机械异常轻而快。

为了增加驱动器存储的信息量,大多数硬盘有多个盘面。

如图5-3-1所示的硬盘有三个盘片和6个读写头。

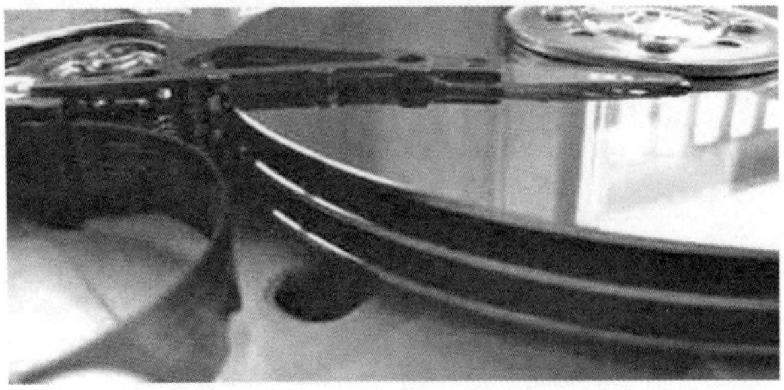

3盘片

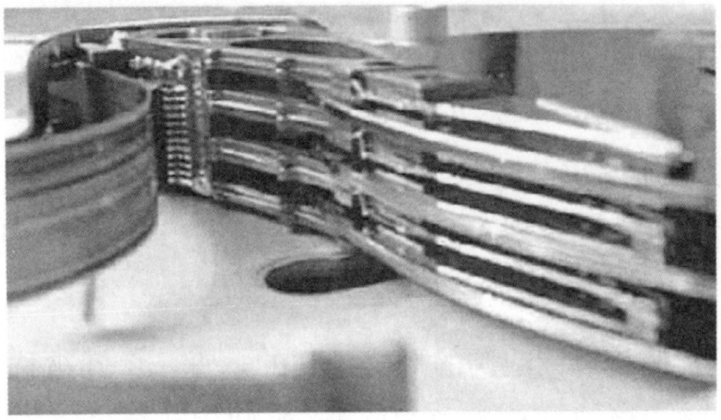

6读写头

图5-3-1 硬盘的盘片和读写头

三、存储数据

数据以磁道和扇区的方式存储在盘面的表面。磁道是一些同心圆,而扇区是像馅饼一样的磁道上的楔型区域,如图5-3-2所示。

一个典型的磁道以黄色显示,一个典型的扇区以蓝色显示。一个扇区包含固定数目的字节——比如256或者512。不管是驱动器级还是操作系统级,扇区都被集合成一些簇。

低级格式化一个驱动器,在磁盘盘面上建立磁道和扇区。每个扇区的开始和结束都被写在磁盘上。这个过程为磁盘存储字节数据做了准备。像文件分配表一样,高级

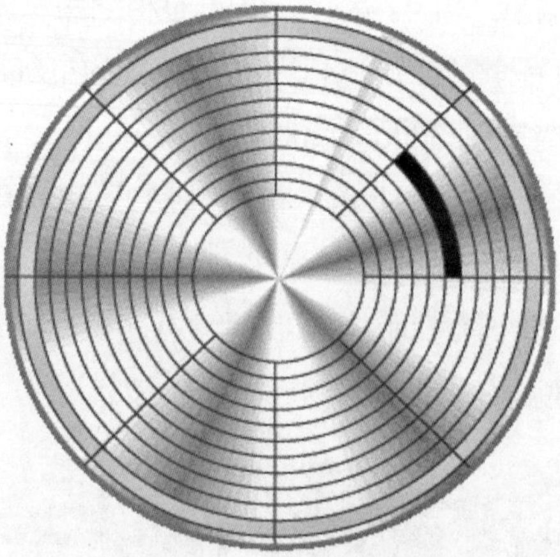

图 5-3-2 磁道和扇区

格式化接下来写文件存储结构到扇区上面，这个过程让磁盘存储文件。

5.3.2.2 硬盘性能指标

一、转速

转速是硬盘所有指标中除了容量之外最引人注目的性能参数，以每分钟多少转(RPM)为单位，因为转速对于硬盘传输速度和持续传输速度至关重要，转速越快，硬盘取得及传送数据的速度也就越快。目前，硬盘转速主要为 5400RPM、7200RPM 和 10,000RPM。

二、容量

硬盘上信息的存储是以同心圆的形式排列的。每一个圆被称为一个磁道。半径方向单位长度内的磁道数目被称为道密度 Dt，沿圆周单位长度上的信息比特数被称为位密度 Db，面密度 Da 为道密度与位密度的乘积，即 $Da = Dt \times Db$。Da 越大表明一个盘片上能存储的信息量越大。

面密度的提高会使相邻磁道间的数据干扰加大，磁头在磁道上进行数据读写时易发生偏离，差错概率增大。硬盘的容量与盘片数、面密度关系密切，这两项数值越大则容量越大。但是盘片数的增加会使硬盘体积增厚。单碟容量的大小直接关系到整个硬盘容量的大小。因为目前的硬盘里一般只能放进 4~5 张碟片，只有提高每张碟片的容量才可以不断地增加硬盘的容量。然而随着磁碟密度的提高，磁头就必须随之越来越灵敏。目前，单碟容量超过 20GB 的硬盘已经全部使用了 GMR 磁头。

单碟容量除了对容量大小产生影响之外，还和硬盘的数据传输速度有密切的关系。磁道数的增加对于减少磁头的寻道时间大有好处，因为磁片的半径是固定的，磁道数的增加意味着磁道间距离的缩短，而磁头从一个磁道转移到另一个磁道所需的就位时间就会缩短，这将有助于随机数据传输速度的提高。而磁道内线性磁密度的增长则和硬盘的持续数据传输速度有着直接的联系，新一代 GMR 磁头技术确保了这个增长不会因为磁头灵敏度的限制而放慢速度。所以在很多时候，更高单碟容量的 5400RPM 硬盘会比单碟容量较低的 7200RPM 硬盘速度更快。

三、平均寻道时间

平均寻道时间指的是磁头到达目标数据所在磁道的平均时间，它直接影响硬盘的随机数据传输速度。磁头平均寻道时间除了和单碟容量有关外，最主要的决定因素是磁头动力臂的运行速度。目前硬盘平均寻道时间大约为 7~9 毫秒。

四、缓存

缓存也是硬盘相当重要的一个参数，其大小也会直接影响到硬盘的整体性能。在数据的读取过程中，硬盘里的控制芯片发出指令，将系统指令正在读取的簇的相邻的下一个或几个簇的数据读入硬盘高速缓存。这样，当系统指令开始要读取下一个簇的数据的时候，硬盘便不需要重新开始一个读取动作，只需要将缓存中的数据传送到系统主存中去就行了。因此，缓存容量的加大可以容纳更多的预读数据，这样能大大缩短系统等待的时间。

五、传输速率（transfer rate）

传输速率分为内传输速率与外传输速率。内传输速率是从硬盘到缓存的传输速度，外传输速率是从缓存到通信接口的传输速度。内传输速率更能反映硬盘的实际表现，通常以每秒 MB 为单位。目前，最快的传输速度已达 6GB/s。

5.3.2.3 硬盘接口

早期的硬盘接口类型有 ST506、IDE、EIDE、ESDI、Ultra-ATA、SCSI 等多种，其中使用最多的硬盘接口主要是 IDE（E-IDE/ATAPI）和 SCSI 两种。随着存储技术的发展以及接口技术的更新，现在常用的接口主要是 SATA（串行接口）。

SATA 是 Serial ATA 的缩写，即串行 ATA。它是一种电脑总线，主要功能是用作主板和大量存储设备（如硬盘及光盘驱动器）之间的数据传输。这是一种完全不同于并行 PATA 的新型硬盘接口类型，由于采用串行方式传输数据而得名。SATA 总线使用嵌入式时钟信号，具备了更强的纠错能力，与以往相比其最大的区别在于能对传输指令（不仅仅是数据）进行检查，如果发现错误会自动矫正，这在很大程度上提高了数据传输的可靠性。串行接口还具有结构简单、支持热插拔的优点。

SATA 2000 年 11 月由“Serial ATA Working Group”团体所制定，已经完全取代了

旧式 PATA(Parallel ATA 或旧称 IDE)接口的旧式硬盘,因采用串行方式传输数据而得名。在数据传输上,一方面,SATA 的速度比以往更加快捷,并支持热插拔,使电脑运作时可以插上或拔除硬件。另一方面,SATA 总线使用了嵌入式时钟频率信号,具备了比以往更强的纠错能力,能对传输指令(不仅是数据)进行检查,如果发现错误会自动矫正,提高了数据传输的可靠性。不过,SATA 和以往最明显的分别,是用上了较细的排线,有利于机箱内部的空气流通,某种程度上增加了整个平台的稳定性。

现时,SATA 分别有 SATA 1.5Gbit/s、SATA 3Gbit/s 和 SATA 6Gbit/s 三种规格。

5.3.2.4 RAID

独立磁盘冗余阵列(Redundant Arrays of Independent Disks,RAID)是一种大数据量的数据存储方法,被用在日益增长的音视频工作站和因特网上的各种服务器中。

由于多媒体应用中热点内容同时被访问的概率很大,如果把整个文件部放在一个磁盘上,那么同时访问该文件的用户数目必然受到磁盘传输带宽的限制。一种解决的办法是在多个磁盘上保持多个备份,不过这种方法过于昂贵。更有效的方法是将文件分散到多个磁盘中,这就是多媒体服务器广泛使用 RAID 的主要原因。

RAID 是一种在多个硬盘上的不同地方(冗余的)存储相同数据的方法。通过放置数据于多个磁盘,I/O 操作可以平衡地交迭,从而改善性能。因为多磁盘可以增加硬盘平均无故障时间(mean time between failure,MTBF),存储冗余数据也增加了容错。

RAID 技术的核心思想是"磁盘分带(striping)",把每个驱动器的存储空间分割成许多带区(stripe),带区可以小到一个扇区(512 个字节),也可以大到几兆字节,然后把多个驱动器的带区循环交叉地组合成一个逻辑存储器单元。带区的大小取决于应用的类型、输入/输出或者数据传输的性能要求。磁盘存储系统最重要的问题是吞吐速度和可靠性,而 RAID 技术将这两方面结合在一起,成为多媒体存储的有效手段。虽然目前单个硬盘的容量和数据传输率已相当可观,但硬盘的真正优势在于它可以组成硬盘阵列,通过独立磁盘冗余阵列技术的管理将多个硬盘作为一个逻辑硬盘,保证多媒体文件的整体性。选择合适的 RAID 级别就可使其数据读写、传输速度加倍,同时提高系统的安全性。RAID 对于主计算机来讲就像一个单一的逻辑磁盘驱动器。它将多个磁盘组成一组阵列,由阵列控制器进行控制,将数据分布在多个驱动器上,通过冗余技术,来保证其容错性。RAID 通过把读写操作并行地分布在多个磁盘驱动器上实现,使单一的 I/O 请求的不同部分由多个磁盘平行地服务,从而提高了吞吐量速度。

在单用户系统中,条带一般较小(可能是 512 字节),这样通过在同一时间读许多磁盘使得跨越多个磁盘的单一记录可以在同一时间被快速地处理。在多用户系统中，更高的性能要求建立足够宽的条带化以保存标准的或者最大尺寸的记录。这将允许驱动器间交迭磁盘进行写入/读出。

当前至少有九种 RAID 并加上一种非冗余阵列(RAID-0)。

- RAID-0:这个技术条带化但是没有数据冗余。它提供最佳性能但是没有容错。
- RAID-1:这个也被称为磁盘镜像(disk mirroring),它至少包含两个驱动器,用来复制数据,没有条带化。因为可以同时读,使读性能得到改善。写性能则和单个磁盘一样。RAID-1 提供了多用户系统下最好的性能和最好的容错。
- RAID-2:它使用跨磁盘的条带化,用一些磁盘存储错误检验和纠正(ECC)信息。同 RAID-3 比较,它没有什么优点。
- RAID-3:它使用条带化并且使用一个磁盘存储奇偶校验信息。嵌入的错误检验和纠正(ECC)信息被用来检测错误。数据恢复是通过异或(EOR)计算记录在其他驱动器上的信息而实现的。因为一个 I/O 操作同时在所有驱动器间寻址,RAID-3 不能交迭 I/O。因为这个原因,RAID-3 最好用于单用户系统的长纪录应用。
- RAID-4:这个类型使用了大条带,这意味着可以从任意单一驱动器读数据。这允许读操作利用交迭 I/O 的优点。因为所有写操作必须更新奇偶驱动器,所以不能用交迭 I/O。RAID-4 不具有 RAID-5 的优势。
- RAID-5:这种方式包含了一个循环奇偶阵列,克服在 RAID-4 中写操作的局限性。这样,所有读写操作都可以交迭进行。RAID-5 存储奇偶校验信息但没有冗余数据(奇偶信息可以用来重建数据)。RAID-5 至少需要 3 个磁盘(一般是 5 个)来建立阵列。它最好是用于对性能要求并不是很严格或写操作很少的多用户系统。
- RAID-6:它类似于 RAID-5,但包含第二个奇偶方案。它跨越不同驱动器并且提供了极高的容错性和容忍驱动器失效。现在还没有商业产品。
- RAID-7:这个类型包含一个实时嵌入操作系统作控制器,通过高速总线进行缓存,还具有一个独立计算机的其他特征。只有一个商家提供这种系统。
- RAID-10:这个类型提供一个条带阵列,这里每个条带都是一个 RAID-1 驱动器阵列。它提供了比 RAID-1 更高的性能和更高的价格。
- RAID-53:这个类型提供了一个条带阵列,其中每个条带都是 RAID-3 磁盘阵列。它提供了比 RAID-3 更高的性能和更高的价格。

思考题

1. 简述半导体存储技术的工作原理。
2. 常用的半导体存储类型包括哪些?
3. 硬盘记录与光盘记录之间的差异有哪些?各自的优势是什么?
4. RAID 主要有哪几种形式?常用的 RAID-0 的特点是什么?

6 数字音频技术应用

6.1 数字广播技术

目前国际上存在几种发展较为成熟的数字广播技术——数字声音广播(DAB)、数字多媒体广播(DMB)、数字卫星声音广播(DSB)、数字调幅广播(DRM)、网上(数字)广播,在此作一些简单的介绍。

6.1.1 数字声音广播

DAB数字声音广播,是以数字技术为基础,采用先进的音频数字编码、数据压缩、纠错编码以及数字调制技术,对广播信号进行系列数字化的广播。听众利用DAB接收机能收到更接近原始发送信息质量的节目内容。

目前国际上有三种DAB系统:

(1)欧洲的尤里卡147-DAB制式:1988年9月,欧共体在世界无线电行政大会上首次进行了尤里卡147-DAB的试验,其质量可以与CD音质相同。尤里卡147-DAB制式已于1995年标准化,它是一种典型的DAB系统,除了欧洲外,在世界上其他一些国家和地区都得到了一定的发展。例如,在加拿大、新加坡、澳大利亚等地DAB都得到了应用。

(2)美国的带内同频(IBOC)DAB制式:其优点是,在现有AM和FM发射设备的基础上,增加少量设备和少量投资,就可实现数字音频信号与原有的模拟广播信号用同一频道发射。这样一方面保留了原有的模拟系统,另一方面不需要为DAB业务准备新的频率规划，达到了频率复用的目的，节省了频率资源。美国的 DAB 系统接收机简单，价格便宜。

(3)日本的单套节目 DAB 方案：日本的 DAB 是在地面数字电视 DTV 的基础上发展起来的。该方案最大的意义在于，可根据广播信息的容量灵活确定系统带宽，占用频带较窄，节省频带资源。

我国利用尤里卡 147-DAB 标准，于 1996 年底在广东佛山、中山和广州建起的中国（亚太地区）第一个 Eureka-147 DAB 先导网正式试播。北京、天津、廊坊地区的 DAB 单频网（SFN）也已于 2000 年 6 月 28 日开通进行试播。

DAB 与现行的广播相比，具有音质好、接收质量高、抗干扰性强、发射功率小、覆盖面积大、频谱利用率高等特点。其优点归纳如下：

(1)不论固定、便携或移动接收，DAB 都能提供 CD 级的接收质量。

(2)接收机操作方便、简单。只需在接收机输入一个“节目号数”即可，抛弃了现今采用繁琐的频率寻找。

(3)DAB 接收机还可实现可变的动态控制，无论在汽车、居室还是室外，接收机均可自动调整到最佳聆听的信号动态。

(4)抗干扰能力强。使用便携式收音机和汽车收音机时，没有杂音，没有干扰。

(5)频谱利用率高。信道可容几十路立体声，在传送声音广播节目的同时，DAB 的数据信道还有能力传送其他附加信息，如音乐、语言、发射的识别以及节目类型等信息的传送。

(6)数字广播具备加扰、加密功能，使有偿节目服务成为可能。

(7)DAB 降低了发射功率，减少了电磁污染。

6.1.2 数字多媒体广播

数字多媒体广播 DMB 是从数字声音广播 DAB 的基础上发展而来的，与 DAB 广播不同的是，DMB 广播不再是单纯的声音广播，而是一种能同时传送多套声音节目、数据业务和活动图像节目的广播。它充分利用了 DAB 数字音频广播技术优势，在功能上将传输单一的音频信号扩展为可传输数据文字、图形、电视等多种载体信息的信号。目前，我国广东已于 1999 年完成了从 DAB 向 DMB 的技术过渡，随后，在珠江三角洲成功进行了 DMB 试播。2003 年 8 月，佛山电台、粤广公司的工程人员成功地在佛山的公共汽车上安装了首台数字多媒体广播接收机，使乘客可以在车上享受到高质量的广播和实时视频新闻。现在，全国的 DMB 项目已朝商业化运营方式发展。DMB 潜在的市场优势为：

第一,可以拥有多种受众群体优势。

(1)用户可以在地面高速移动的状态下高质量地接收声音、数据信息和视频节目。因此,户外活动者、交通工具(公交、火车甚至飞机)使用者都将是DMB的移动用户群体。

(2)DMB信息不但可以移动接收,也可以在室内外的固定场合采用移动式或固定式接收。因此,传统固定用户(电视用户、各种数据信息用户)也将是DMB的用户群体。

第二,可以开展多种服务项目优势。

(1)音频服务市场:DMB的多媒体特性打破了传统广播节目单一声音业务模式。在节目播出的同时还可传送与节目相关的图文信息(如主持人的资料、图片、歌曲的背景资料和节目预告等)、交通信息、天气预报，能为听众提供声音以外的视觉效果。它将会成为今后广播节目形式的主流，逐渐取代传统的AM、FM广播，占领巨大的音频服务市场。

(2)移动影视节目服务市场:DMB移动接收电视功能,能为城市或郊外静止、移动状态中的人群提供和现有模拟电视图像质量相当的新闻、影视娱乐节目及信息服务。

(3)交通信息服务市场:可以为驾驶人士提供交通导航服务,如提供城乡电子地图、实时路面交通情况、天气信息、文本交通及紧急报警信息等。

(4)经济信息服务市场:提供实时金融股市信息、汇市交易信息,且图文声并茂。

(5)网络服务市场:利用DMB接收器,计算机可以在固定或移动环境下接收互联网的网络信息。

随着现在生活节奏的加快,移动人群将成为主流。可以预见,除了在公交、地铁、火车、候车室、购物广场、大中专院校等一些公共场所安装DMB接收机外,人们用来进行信息联络的手机也不仅能接收广播,还能接收电视和图文信息,成为一个小型便携视听媒介。眼下,制约多媒体数字广播发展的主要因素是接收机的价格及推广。

6.1.3 数字调幅广播

调幅广播始于20世纪20年代,其工作频段为150kHz~30MHz,因此,调幅广播又被称为30MHz以下的广播方式。据统计,现在全世界范围内大约有数千座长、中、短波广播发射台,20亿部调幅收音机,6亿部短波收音机。2003年6月16日,世界DRM组织在日内瓦宣布了DRM的标准。由于数字处理技术应用于调幅广播具有许多优点,越来越多的广播电台、广播网络运营商、广播产品制造商启动了自己的DRM实施计划。目前,全球已有 50 多个广播电台每天、每周或定期播出 DRM 制式的节目,DRM 的使用正在全球范围内快速增长。2003 年 11 月,我国广东省广播电视技术中心与美国哈里斯公司共同进行了 DRM 数字中波广播首次实验,并获得成功。

数字调幅广播与模拟调幅广播相比具有下列优点:

(1)在保持相同覆盖的情况下,数字调幅发射机比模拟调幅发射机的功率低(降低大约 3/4 的发射功率),其节约了能源消耗,并减小了电磁污染。工作效率和经济效益都得到了提高。

(2)在保持模拟调幅广播相同带宽的情况下,调幅波段信号传送的音质得以改善,可以达到调频(FM)单声道广播的质量。如果带宽加倍,还可以达到 CD 级质量。

(3)抗干扰能力强,使调幅波段信号传送的可靠性大大提高。

(4)它能与模拟信号传送兼容,实现同播。即在所规定的带宽内,同时传送一个模拟信号和一个数字信号,两信道之间无相互干扰,比较容易实现从模拟广播到全数字广播的平稳过渡,兼容了模拟、数字用户的接收。

(5)可以充分利用现有中、短波频谱资源,不需要重新进行频率规划。

(6)模拟和数字传输方式仅需用一部发射机,其改造费用很低,可以经济地实施。

(7)数字调幅广播频率在 30MHz 以下,穿透能力和绕射能力很强,其覆盖范围大,适合于移动接收和便携接收。

(8)DRM 系统能够提供附加业务和数据传输。

随着全世界统一的 30MHz 以下的调幅波段的数字广播标准的开发,不久的将来,任何一个接收机在世界各地都可以正常工作,都能获得高质量的音频和数据信息服务。

6.1.4 数字卫星声音广播

数字卫星声音广播指用卫星来传送 DAB 数字声音广播。20 世纪末,经国际电信联盟认可的世广卫星集团(World Space)推出的卫星数字音频广播系统已登场亮相。这套系统由亚洲之星、非洲之星和美洲之星三颗地球同步卫星、广播上行站、数字接收机及地面控制运营网组成。它向全球直接播放数字音频广播,覆盖面已经超过 120 个国家。它不仅在音频广播领域独具魅力,而且给多媒体广播带来了广播、娱乐及信息传播领域的一场革命。

卫星音频广播系统与传统的广播系统相比,拥有诸多优势:

(1)音质纯净,可与 CD 盘媲美。

(2)覆盖面积大,任何地面广播系统都无法与之相比,尤其对以全国、全球覆盖为目标的大台来说更具重要性。

(3)扩展以往广播频率数量。

(4)投资和运营费用低,主要用于地面上行站的建设。另外,世广系统还最大幅度地降低了广播节目的传输费用。

(5)接收机价格低,首批投放中国市场的进口机型最初价位定在1500元(人民币)左右,普及型则在500元。随着本土化生产,价格会进一步降低。

(6)可根据播出广播节目音质的需要从最经济的角度来选择播出带宽,其节目带宽选择和编排可轻而易举地完成。如一般的声讯播出,可选择16kb/s乃至8kb/s;CD般音乐节目播出,可选择128kb/s。

(7)可以移动接收。在行驶的汽车、火车上均可满意地接收。

6.1.5 网络广播

将广播节目的声音送上因特网是网上媒体信息传播的另一种新形式。1995年8月,美国ABC广播公司首先利用因特网进行了全球播音。随后,世界上主要的国际广播公司纷纷踏进网络。美国之音将50多种语言的电子版送上了网络,并用23种语言在web网络上进行新闻广播。英国广播公司也将45种语言的电子版推上网络,并且都实现了在线广播。法国国际广播电台目前用5种语言在网上进行新闻广播。加拿大国际广播电台有6种语言的电子版实现了新闻在线广播。在我国,1996年10月,广东人民广播电台率先在互联网上建立了自己的网站,成为国内电台上网的先行者。随后,上海广播电台、东方广播电台、中央人民广播电台、珠江广播电台、北京广播电台等也先后建立了自己的网站,推出了网络广播。1998年12月,中国国际广播电台陆续将9种语言节目送上了互联网,形成了9种语言的多媒体广播新闻站。至今,国内已有几百家广播电台开通了网络广播。

目前网络广播节目的播出形式大体上有两种:一是在线广播,它与电台广播节目的播出同步,时效性强;二是点播节目,网上见诸文字的新闻和其他各类专题,都可以按受众需要提供点击收听服务。实践证明,在互联网上,广播可以扬长避短,在竞争中利用网络优势增强实力。主要表现在:

(1)全球覆盖优势。广播一旦进入互联网,就是面对全球网络用户。对传统广播而言,任何一家电台都无法做到全球覆盖,唯有网络具有这一优势。

(2)自由选择优势。受众可以按照自己的意愿选择节目,不受传统广播播出时间的限制。

(3)信息资料优势。网络广播可以利用网络庞大的存储空间和强大的传输能力，大大扩展广播的信息容量，为受众提供一个丰富的信息资料库。

(4)同步交流优势。网络为受众提供广阔的发表意见的空间（电子邮件、电子论坛、聊天室等），最大限度地满足了受众参与节目的需求，改变了以往听众只有通过热线电话与电台联系的方式。

思考题

1. DAB与现行广播技术相比有哪些优势？
2. 数字调幅广播与模拟调幅广播相比有哪些优势？
3. 网络广播的优势有哪些？

6.2 数字硬盘录音与数字音频工作站系统

20世纪80年代前，大多数录音棚与声音制作机构使用的都是基于盘式或盒式磁带的模拟录音系统。随着数字音频技术的成熟，出现了大量的数字磁带录音系统：基于盘式磁带的固定磁头系统，如DASH与PD；基于盒式磁带的旋转磁头系统，如多轨的DTRS系统、MDM系统，两轨的DAT系统。但上述这些数字记录系统依然是传统的线性记录方式，无法提供快速寻址与灵活的剪辑能力。所以，20世纪90年代中后期，随着计算机性能的提高，大量出现的基于非线性工作方式的硬盘录音与音频工作站系统，逐渐代替了传统的基于线性工作方式的磁记录系统。

6.2.1 非线性音频剪辑

在硬盘录音系统中，数字音频信息以文件的形式储存在硬盘内。与计算机系统其他文件一样，所有文件在硬盘中都占有唯一的寻址地址。硬盘寻址方式是以磁头（Heads）、柱面数（Cylinders）、扇区数（Sectors）这三个参数为基础的，如图6-2-1所示，所以可以快速寻找到响应文件进行读取。

但在传统的线性记录系统中，如果需要寻找素材，必须进行“倒带”。首先指定时间码位置，等待磁带回卷，或根据磁带快放音频信息找到所需位置，非常繁琐且耗费时间。另外，无论是物理性的剪辑还是双机对编剪辑，都对原始素材有损耗。

音频非线性剪辑的实现，首先建立在数字音频文件化储存与索引的基础上。同时，音频文件的图形化，即生成与数字音频相关波形图示，更加方便了音频非线性剪

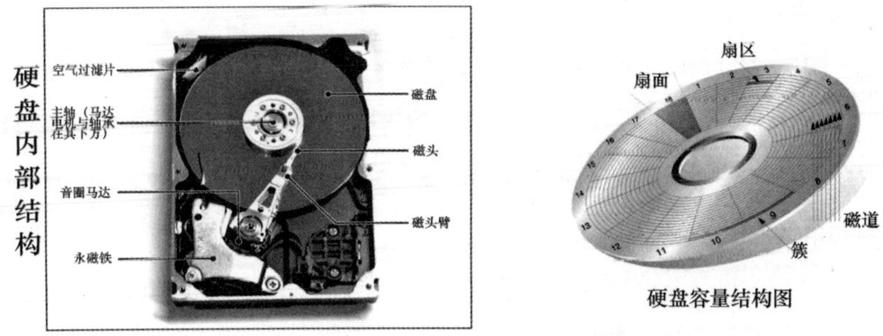

图 6-2-1 硬盘内部结构与硬盘容量结构图

辑。如图 6-2-2 所示,同一声部的多次录音,标注不同颜色的波形图示以便于区分,波形图示与相关音频文件完全对应。最顶端完成剪辑的轨道,不同的颜色标示可见,是由下方各次录音的不同“部分”组合而成,音频软件一般称这些“部分”为“区段”。但这些剪辑并不破坏原始录音素材,其实质相当于一个播放列表,指示音频软件在回放当前轨道音频信息时,去索引硬盘上已经录制好不同音频文件的不同部分,从而完成非线性剪辑。

图 6-2-2 音频软件 PRO TOOLS 剪辑窗口示例

非线性剪辑由于完全不破坏原始素材,所以方便修改剪辑点位置以及剪辑点的过渡方式(即交叉淡出淡入方式),甚至重新修改几段素材的排序。

6.2.2 数字硬盘录音系统

由于数字硬盘录音是基于计算机的文件系统的,所以其发展也受计算机技术以及软硬件水平的影响。早期的数字硬盘录音系统,特别是 20 世纪 80 年代初的起步阶段,受制于计算机运算水平以及高昂硬件价格,当时的数字硬盘录音机厂商,只能生产独立于通用个人计算机以外的硬盘数字录音系统。

这些数字录音系统往往不使用通用个人计算系统,其系统组成较封闭,软硬件几乎独立开发,操作系统界面并不友好,并且借助大量音频专用 DSP 芯片来辅助当时运算性能不高的 CPU。

第一款商用的数字硬盘录音系统，是 1982 年为 New England Digital 公司的 Synclavier II 合成器产品开发的可以进行 16bit、50kHz 采样的录音模块。当时的硬盘录音设备由于性能低下，储存空间小，价格昂贵，基本不能适用于专业录音制作。

图 6-2-3 IZ RADAR 24 轨硬盘录音系统

随着 CD 的出现，数字录音变成了当时专业厂商开发的重点，但大量的数字录音系统依然采用的是传统开盘磁带或者基于录像机系统的盒式磁带。但在 20 世纪 90 年代初，还是有厂商推出了新的数字硬盘系统。如 Fairlight MXF2 系统、IZ 的 RADAR 系统。这两个都是 24 轨的录音系统，MXF2 基于 PC 平台，RADAR 则基于自己开发的软件平台。如图 6-2-3 所示，RADAR 24 轨硬盘录音系统带有双硬盘系统，互为备份，并且硬盘可以随意抽取。

这一时期的硬盘录音系统，其数据处理能力已经可以达到专业录音的要求，随着计算机系统特别是硬盘价格的降低，以及硬盘容量的不断增大，基于硬盘的录音系统被越来越多地应用到专业录音棚，特别是小型录音工作室。

随着计算机性能的提高以及数字音频软件技术的不断发展，硬盘录音系统从单一的多轨记录、非线性剪辑的功能逐渐发展到了具有信号处理与混合能力的音频工作站系统，并且系统开放性越来越高，以至于普通个人电脑可以胜任大量的音频制作工作。但这些传统的硬盘录音系统，由于其系统的成熟与稳定，到今天依然活跃在现场录音、广播电视等需要录制安全等级高的应用场合。类似产品还有 Tascam X48、Alsis ADAT H24 等。同时，很多电子乐器厂商如 Yamaha、Roland、Korg 也推出了很多相对便携的硬盘多轨录音系统，这些系统往往带有一定的音频工作站和 MIDI 音序器的功能，方便音乐创作。

随着储存介质的不断发展，近期也出现了大量基于闪存的录音产品，如 CF 卡、SD 卡、SSD(固态硬盘)录音机。这些录音系统原理与硬盘录音类似，也是基于磁盘文件系统的，但这些储存介质可以大大缩小设备体积以及提高设备抗震能力，往往被应用于影视现场录音等场合，如图 6-2-4 所示的 Sound devices 788T SSD 硬盘录音机。

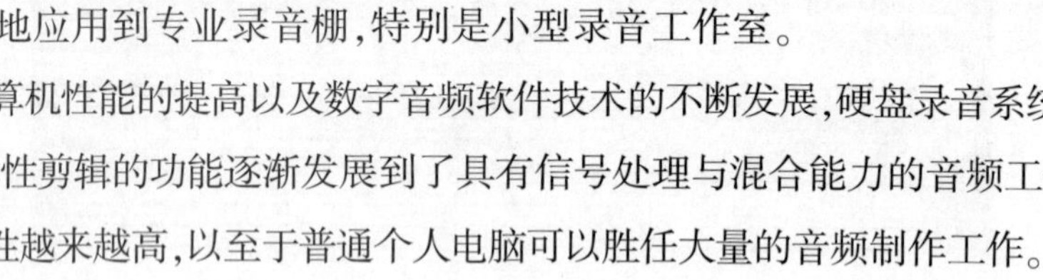

图 6-2-4 Sound devices 788T SSD 硬盘录音机

6.2.3 数字音频工作站系统

数字硬盘录音系统发展到20世纪90年代中期后，伴随着计算机性能的提高与数字音频软件技术的成熟，其功能从单一的多轨记录、简单的非线性剪辑，逐渐扩展至后期音频处理等整个音频制作流程，这种一体化的工作能力颠覆了传统的工作方式。随着个人计算机能力的提升，基于硬盘的数字录音系统，逐渐转向通用型的操作系统，如PC或MAC，并且分化出两种不同概念的音频工作站系统。

一、基于DSP板卡的音频工作站系统

这些工作站系统基本是从原来的数字硬盘录音系统发展过来的，大部产品结构为：在通用的个人计算机系统中，插入厂商专门针对该工作站软件设计的专用处理卡，不同厂商的软件与硬件不可兼容，且必须使用厂商规定的专用音频接口。大量音频信号路由以及音频处理的运算由专用板卡上的DSP芯片运算，电脑系统的CPU只负责电脑系统其他方面的处理。

例如AVID公司的PRO TOOLS HDX系统，如图6-2-5所示。整个系统需要由一定数量的HDX处理卡配合一系列专用音频接口构成。处理卡数量决定了音频处理能力，处理卡插入MAC或PC系统的个人计算机以后，用专用的DIGI LINK接口连接专用音频接口，并在计算机中安装相应版本的PRO TOOLS HD软件来构成完整系统。

图6-2-5 AVID PRO TOOLS HDX 2系统

这样基于DSP处理卡的音频工作站系统，系统配置封闭，往往具有较好的工作稳定性与较短的处理延时，被大量应用于大型商业录音棚以及音频后期制作公司。但这样的系统造价较高，且硬件选择较少，往往在整体架构升级时付出较多的成本，不适于成本较低的录音工作室。典型的系统还有Merging的Pyramix、PrismSound的SADiE等。

二、基于通用计算机CPU运算的Native系统

随着计算机CPU性能的提高，也因为音频处理的数据量并不是太大，所以出现了大量开放式的音频工作站软件。这些软件可使用大量具备专业音频驱动（如ASIO或CoreAudio等标准）的音频接口，甚至民用音频接口。这些音频接口有大量选择，它们与电脑的连接形式从PCI、PCI-E、IEEE 1394（火线）、USB到今天最新的Thunderbolt（雷电接口），其应用的计算机平台也包括PC、MAC甚至Linux系统。

例如图 6-2-6 所示的 RME UFX 音频接口,其同时具备 USB 与 1394 接口。

图 6-2-6　RME UFX 音频接口

同时其运算完全依靠计算机的 CPU 来完成,不需要借助其他 DSP 运算,且有大量第三方(基于 VST 或 AU 等格式)的效果器插件可以使用。

这种基于 CPU 运算的 Native 系统,其系统构成灵活,成本相对较低。但也是因为其灵活性较高,所以影响整个系统性能和稳定性的环节较多,目前依然多用于个人家庭工作室和部分录音棚以及后期制作公司,在对稳定性要求很高的场合使用较少。目前这类工作站的软件品牌种类繁多,往往与 MIDI 制作绑定。比较典型的有 Steinberg 公司的 Cubase(见图 6-2-7)、Nuendo、苹果公司的 LOGIC PRO 等。上述基于 DSP 板卡的音频工作站厂商目前也都推出了基于 CPU 的 NATIVE 版本,只是工作站软件功能有部分限制或性能有所下降。

图 6-2-7　Cubase 7 软件界面

思考题

1. 非线性音频编辑与线性音频编辑相比有哪些优势?
2. 简述硬盘录音系统的组成。
3. 数字音频工作站的主要功能有哪些?

参 考 文 献

[1] 张绍高.数字声频技术原理及应用[M].北京:国防工业出版社,2000.

[2] 朱伟.录音技术[M].北京:中国传媒大学出版社,2017.

[3] 王鑫,唐舒岩.数字多声道环绕声技术[M].北京:人民邮电出版社,2008.

[4] 钟玉琢.多媒体计算机技术[M].北京:清华大学出版社,1993.

[5] 胡泽.数字音频工作站[M].北京:中国广播电视出版社,2003.

[6] 霍华德,安格斯.音乐声学与心理声学[M].陈小平,译.4 版.北京:人民邮电出版社,2014.

[7] 波尔曼.数字音频原理与应用[M].苏菲,译.4 版.北京:电子工业出版社,2002.

[8] 陈武,高天增.迎接专业音频世界的 AoIP[J].演艺科技杂志,2017(2).

图书在版编目(CIP)数据

数字声频技术应用 / 胡泽编著. -- 北京：中国传媒大学出版社，2021.10
ISBN 978-7-5657-2813-6

Ⅰ.①数…　Ⅱ.①胡…　Ⅲ.①语音数据处理　Ⅳ.①TN912.3

中国版本图书馆 CIP 数据核字(2020)第 220708 号

数字声频技术应用
SHUZI SHENGPIN JISHU YINGYONG

著　　者　胡　泽
责任编辑　于水莲
责任印制　李志鹏
封面设计　拓美设计

出版发行　中国传媒大学出版社
社　　址　北京市朝阳区定福庄东街 1 号　　邮　　编　100024
电　　话　86-10-65450528　65450532　　传　　真　65779405
网　　址　http://cucp.cuc.edu.cn
经　　销　全国新华书店

印　　刷　艺堂印刷(天津)有限公司
开　　本　787mm×1092mm　1/16
印　　张　16.5
字　　数　305 千字
版　　次　2021 年 10 月第 1 版
印　　次　2021 年 10 月第 1 次印刷

书　　号　ISBN 978-7-5657-2813-6/TN · 2813　　定　　价　69.00 元

本社法律顾问:北京李伟斌律师事务所　郭建平